接入网与核心网技术

主　编：孙妮娜　李　可

副主编：黄　博　张　伟　王中宝

参　编：王　晖　郝良文

主　审：孙鹏娇

北京理工大学出版社

BEIJING INSTITUTE OF TECHNOLOGY PRESS

图书在版编目（CIP）数据

接入网与核心网技术／孙妮娜，李可主编. --北京：
北京理工大学出版社，2022.11
ISBN 978-7-5763-1801-2

Ⅰ. ①接… Ⅱ. ①孙… ②李… Ⅲ. ①第五代移动通信系统—教材 Ⅳ. ①TN929.538

中国版本图书馆 CIP 数据核字（2022）第 206420 号

出版发行／北京理工大学出版社有限责任公司
社　　址／北京市海淀区中关村南大街 5 号
邮　　编／100081
电　　话／（010）68914775（总编室）
（010）82562903（教材售后服务热线）
（010）68944723（其他图书服务热线）
网　　址／http://www.bitpress.com.cn
经　　销／全国各地新华书店
印　　刷／唐山富达印务有限公司
开　　本／787 毫米×1092 毫米　1/16
印　　张／14
字　　数／328 千字
版　　次／2022 年 11 月第 1 版　2022 年 11 月第 1 次印刷
定　　价／78.00 元

责任编辑／王玲玲
文案编辑／王玲玲
责任校对／刘亚男
责任印制／施胜娟

前言

本教材主要讲述5G网络建设的相关知识，融合岗、赛、证的考核标准，将教材内容重新整合，分为Option 3x、Option 2及Option 4a网络建设三大模块，分别模拟智慧城市、远程医疗、车联网三大5G应用场景。每个模块按照5G网络建设的工作流程设置了5G网络的勘察设计，5G网络规划，5G网络设备配置，5G网络数据配置，5G网络基础业务调试，5G网络优化业务调试，5G网络重选、切换、漫游业务调试等若干工作任务。

本教材主要利用5G移动网络运维1+X软件进行模拟仿真建设，辅以现网使用的华为5G基站设备编写教学内容，虚拟与现实相结合。同时，在操作过程中融入国标、行规、安全生产、通信思政等元素。

本教材紧跟产业发展趋势和行业人才需求，及时将产业发展的新技术、新工艺、新规范纳入教材内容，反映典型岗位（群）职业能力要求，并吸收行业企业技术人员、能工巧匠等深度参与教材编写。

本教材采用模块化设计，以“任务”为驱动，强调“理实一体、学做合一”，突出实践性，力求实现情境化教学。教材共分三个模块，每个模块按照工作流程下设若干任务，每个任务设置“任务描述”“任务分析”“方案制订”“任务实施”“考核评价”“知识点精”“拓展任务”等，明确学习目标，激发学习兴趣，学生通过完成任务，总结知识，循序渐进，实现必要知识的积累、分析能力的提高、动手能力的实践和综合素质的拓展。

本教材提供配套教学课件、课程标准、习题、三维动画、微课视频等，同时配备二维码学习资源，手机扫描教材上印制的二维码，即可获得在线的数字课程资源支持，充分发挥“互联网+教材”的优势，满足学生即时学习和个性化学习的需求，有助于教师借此创新教学模式。

本教材由孙妮娜、李可担任主编，黄博、张伟、王中宝任副主编，王晖、郝良文参编，由孙鹏娇教授主审。孙妮娜负责编写模块一，李可、王晖、郝良文负责编写模块二，黄博、王中宝、张伟负责编写模块三。

由于编者水平和时间有限，书中难免存在不足之处，敬请读者批评指正。

目 录

模块一　5G－Option 3x 网络建设 …… 1
学习目标 …… 1
建议学时 …… 1
工作情境描述 …… 1
工作流程 …… 1
任务1　Option 3x 网络拓扑规划 …… 2
学习目标 …… 2
建议学时 …… 2
1.1　任务描述 …… 2
1.2　任务分析 …… 2
1.3　方案制订 …… 2
1.4　任务实施 …… 3
1.5　考核评价 …… 3
1.6　知识点精 …… 4
1.7　拓展任务 …… 13
任务2　Option 3x 网络的规划计算 …… 14
学习目标 …… 14
建议学时 …… 14
2.1　任务描述 …… 14
2.2　任务分析 …… 17
2.3　方案制订 …… 17
2.4　任务实施 …… 18
2.5　考核评价 …… 18
2.6　知识点精 …… 19
2.7　拓展任务 …… 30

任务3 Option 3x 网络设备配置 …… 34
学习目标 …… 34
建议学时 …… 34
3.1 任务描述 …… 34
3.2 任务分析 …… 34
3.3 方案制订 …… 35
3.4 任务实施 …… 36
3.5 考核评价 …… 36
3.6 知识点精 …… 37
3.7 拓展任务 …… 41
任务4 Option 3x 网络数据配置 …… 42
学习目标 …… 42
建议学时 …… 42
4.1 任务描述 …… 42
4.2 任务分析 …… 42
4.3 方案制订 …… 44
4.4 任务实施 …… 45
4.5 考核评价 …… 50
4.6 知识点精 …… 50
4.7 拓展任务 …… 72
任务5 Option 3x 网络基础业务调试 …… 73
学习目标 …… 73
建议学时 …… 73
5.1 任务描述 …… 73
5.2 任务分析 …… 73
5.3 方案制订 …… 74
5.4 任务实施 …… 74
5.5 考核评价 …… 76
5.6 知识点精 …… 77
5.7 拓展任务 …… 78
任务6 优化业务调试 …… 79
学习目标 …… 79
建议学时 …… 79
6.1 任务描述 …… 79
6.2 任务分析 …… 79
6.3 方案制订 …… 80
6.4 任务实施 …… 80
6.5 考核评价 …… 81

6.6 知识点精 …… 82
6.7 拓展任务 …… 87

模块二 5G-Option 2 网络建设 …… 88

学习目标 …… 88
建议学时 …… 88
工作情境描述 …… 88
工作流程 …… 88
任务1 Option 2 网络拓扑规划 …… 89
学习目标 …… 89
建议学时 …… 89
1.1 任务描述 …… 89
1.2 任务分析 …… 89
1.3 方案制订 …… 89
1.4 任务实施 …… 90
1.5 考核评价 …… 90
1.6 知识点精 …… 91
1.7 拓展任务 …… 95
任务2 Option 2 网络容量规划与站点选址 …… 96
学习目标 …… 96
建议学时 …… 96
2.1 任务描述 …… 96
2.2 任务分析 …… 99
2.3 方案制订 …… 99
2.4 任务实施 …… 99
2.5 考核评价 …… 100
2.6 知识点精 …… 101
2.7 拓展任务 …… 105
任务3 Option 2 网络设备配置 …… 106
学习目标 …… 106
建议学时 …… 106
3.1 任务描述 …… 106
3.2 任务分析 …… 106
3.3 方案制订 …… 107
3.4 任务实施 …… 107
3.5 考核评价 …… 108
3.6 知识点精 …… 108
3.7 拓展任务 …… 113

任务4　Option 2 核心网数据配置 …… 114
学习目标 …… 114
建议学时 …… 114
4.1　任务描述 …… 114
4.2　任务分析 …… 114
4.3　方案制订 …… 115
4.4　任务实施 …… 115
4.5　考核评价 …… 116
4.6　知识点精 …… 116
4.7　拓展任务 …… 141
任务5　Option 2 基础业务验证 …… 142
学习目标 …… 142
建议学时 …… 142
5.1　任务描述 …… 142
5.2　任务分析 …… 143
5.3　方案制订 …… 144
5.4　任务实施 …… 144
5.5　考核评价 …… 145
5.6　知识点精 …… 146
5.7　拓展任务 …… 164
任务6　重选切换业务调试 …… 165
学习目标 …… 165
建议学时 …… 165
6.1　任务描述 …… 165
6.2　任务分析 …… 165
6.3　方案制订 …… 165
6.4　任务实施 …… 166
6.5　考核评价 …… 167
6.6　知识点精 …… 167
6.7　拓展任务 …… 173
任务7　Option 2 网络漫游调试 …… 174
学习目标 …… 174
建议学时 …… 174
7.1　任务描述 …… 174
7.2　任务分析 …… 174
7.3　方案制订 …… 175
7.4　任务实施 …… 175
7.5　考核评价 …… 176

7.6 知识点精 …… 176
7.7 拓展任务 …… 179
任务 8 Option 2 网络切片业务调试 …… 180
学习目标 …… 180
建议学时 …… 180
8.1 任务描述 …… 180
8.2 任务分析 …… 180
8.3 方案制订 …… 181
8.4 任务实施 …… 181
8.5 考核评价 …… 182
8.6 知识点精 …… 183
8.7 拓展任务 …… 194

模块三 5G – Option 4a 网络建设 …… 195

学习目标 …… 195
建议学时 …… 195
工作情境描述 …… 195
工作流程 …… 195
任务 1 Option 4a 网络拓扑规划 …… 196
学习目标 …… 196
建议学时 …… 196
1.1 任务描述 …… 196
1.2 任务分析 …… 196
1.3 方案制订 …… 196
1.4 任务实施 …… 197
1.5 考核评价 …… 197
1.6 知识点精 …… 198
1.7 拓展任务 …… 201
任务 2 Option 4a 网络设备配置 …… 202
学习目标 …… 202
建议学时 …… 202
2.1 任务描述 …… 202
2.2 任务分析 …… 202
2.3 方案制订 …… 203
2.4 任务实施 …… 203
2.5 考核评价 …… 204
2.6 知识点精 …… 204
任务 3 Option 4a 基础业务调试 …… 206

学习目标…………………………………………………………………………………… 206
建议学时…………………………………………………………………………………… 206
3.1　任务描述 ………………………………………………………………………… 206
3.2　任务分析 ………………………………………………………………………… 206
3.3　方案制订 ………………………………………………………………………… 207
3.4　任务实施 ………………………………………………………………………… 207
3.5　考核评价 ………………………………………………………………………… 211
3.6　知识点精 ………………………………………………………………………… 212
3.7　拓展任务 ………………………………………………………………………… 213

模块一

5G – Option 3x 网络建设

学习目标

1. 掌握 Option 3x 组网模式的网络架构；
2. 掌握 Option 3x 网络的各网元与接口的作用；
3. 能够进行 Option 3x 网络的网络规划；
4. 能安装 Option 3x 网络设备；
5. 能配置 Option 3x 网络的数据；
6. 能进行 Option 3x 网络基础业务调试；
7. 能进行优化业务调试。

建议学时

20 学时

工作情境描述

××城市作为国内首批 5G 网络试点城市，积极抢抓“新基建”战略机遇，快速部署 5G 网络建设，率先在 5G + 智慧城市领域展开积极探索，计划加快建设一批智慧应用示范标杆项目，以某社区作为 5G 智慧灯杆建设区域试点，启动了“5G 智慧社区试点项目”。根据项目规划，一期任务要实现 5G Option 3x 网络基础业务正常运行，同时实现 5G 智慧灯杆试点应用落地。作为该项目主要技术人员，根据无线网络规划要求，完善现有网络配置，确保整个项目顺利完成。

工作流程

1. 网络规划
2. 设备安装
3. 数据配置
4. 基础业务调试
5. 优化业务调试

任务1　Option 3x 网络拓扑规划

学习目标

1. 掌握 Option 3x 组网模式的网络结构；
2. 能够合理设计 5G - Option 3x 的网络拓扑图。

建议学时

2 学时

1.1　任务描述

根据 4G 现网的结构及周围环境，设计 Option 3x 网络拓扑图，使其拓扑规划合理，完成 Option 3x 网络拓扑结构的设计。

1.2　任务分析

分析工作任务的主要内容，查阅资料，需明确表 1 - 1 - 1 中的主要问题。

表 1 - 1 - 1　任务分析表

序号	问题	答案	备注
1	Option 3x 组网模式的核心网设备是什么？		
2	Option 3x 组网模式的承载网设备是什么？		
3	Option 3x 组网模式的接入网设备是什么？		
4	5G 基站的部署方式是什么？		
5	核心网冗余的作用是什么？		
6	承载网的布置方式是什么？		

1.3　方案制订

根据任务要求，在下面的方框中制作小组工作方案。

1.4　任务实施

用 1 + X 5G 全网建设软件进行仿真设计，选取 JA 市按照表 1 - 1 - 2 中的步骤进行拓扑规划设计。

表 1 - 1 - 2　任务实施表

操作步骤	操作方法	操作记录
打开软件，进入拓扑规划模块	（1）输入账号和密码 （2）选择城市	
核心网设计	（1）布放设备：鼠标从设备池中单击选中设备，拖拽至相应的位置 （2）设备连接：鼠标单击一个设备后，单击另一个设备即可将两个都连接	
承载网设计	（1）布放设备：鼠标从设备池中单击选中设备，拖拽至相应的位置 （2）设备连接：鼠标单击一个设备后，单击另一个设备即可将两个都连接	
无线侧设计	（1）布放设备：鼠标从设备池中单击选中设备，拖拽至相应的位置 （2）设备连接：鼠标单击一个设备后，单击另一个设备即可将两个都连接	
核心网 - 承载网 - 接入线缆连接	（1）使用设备连接的方法将三层网络连接即可 （2）思考：如何删除连线或网元设备	

1.5　考核评价（表 1 - 1 - 3）

表 1 - 1 - 3　考核评价表

考核项目	考核内容	分值	评分细则	自我评价	小组评价	教师评价
职业素养	不迟到、不早退	2	违反一次不得分			
	积极思考、回答问题	4	根据上课情况统计			
	精益求精	5	能提出改进建议且效果明显			
	创新精神	5	优化操作步骤			
	执行命令	4	根据任务完成过程统计			

续表

考核项目	考核内容	分值	评分细则	自我评价	小组评价	教师评价
岗位技能	核心网网元布放	10	网元完整，布放位置正确			
	核心网线缆	5	线缆连接正确			
	核心网冗余	10	设计冗余线缆连接正确加分			
	承载网元布放	10	网元选择合理、布放位置正确。 环形8分起，链5分起			
	承载线缆连接正确	5	线缆连接正确			
	接入网元布放正确	10	网元完整、布放位置正确			
	接入线缆连接正确	5	线缆连接正确			
	网络拓扑规划	10	网络拓扑分层合理、结构完整、线缆连接正确			
行业知识	EPC核心的结构	5	根据测试结果赋分			
	5G接入网的特点	5	根据测试结果赋分			
	承载的作用及结构	5	根据测试结果赋分			

1.6 知识点精

移动通信网络由接入网、承载网、核心网三部分组成，如图1-1-1所示。通俗地说，接入网是“窗口”，负责把数据收上来；承载网是“卡车”，负责把数据送来送去；核心网就是“管理中枢”，负责管理这些数据，对数据进行分拣，然后告诉它该去何方。

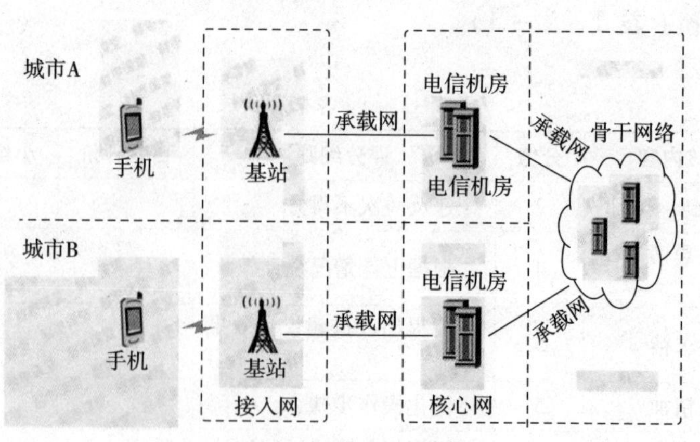

图1-1-1 移动通信网络架构

移动通信网络经过1G、2G、3G、4G、5G的发展过程，同样，核心网、承载、接入网也经历了各自的发展演进。

1.6.1 核心网的发展过程

2G时代核心网是由MSC、VLR、HLR、AUC、EIR构成的。MSC是移动交换中心，主要负责完成呼叫连接、越区切换控制、无线信道管理等功能，是核心网最重要的组成部分；VLR是访问位置寄存器；HLR是归属位置寄存器；AUC是鉴权中心；EIR是设备识别寄存器。组网结构非常简单，如图1-1-2所示。MSC和VLR可以是一个功能实体，相当于一个设备实现了两个功能，HLR/AUC也是如此。

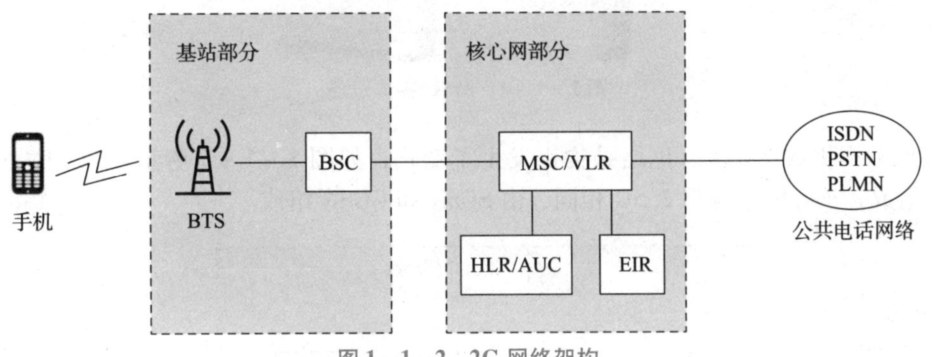

图1-1-2 2G网络架构

2.5G是2G和3G网络的一个过渡时代，也就是GPRS网络，开启了移动通信网络的数据（上网）业务时代。核心网开始使用PS（Packet Switch，分组交换）核心网，如图1-1-3所示。SGSN（Serving GPRS Support Node）是服务GPRS支持节点，GGSN（Gateway GPRS Support Node）是网关GPRS支持节点。

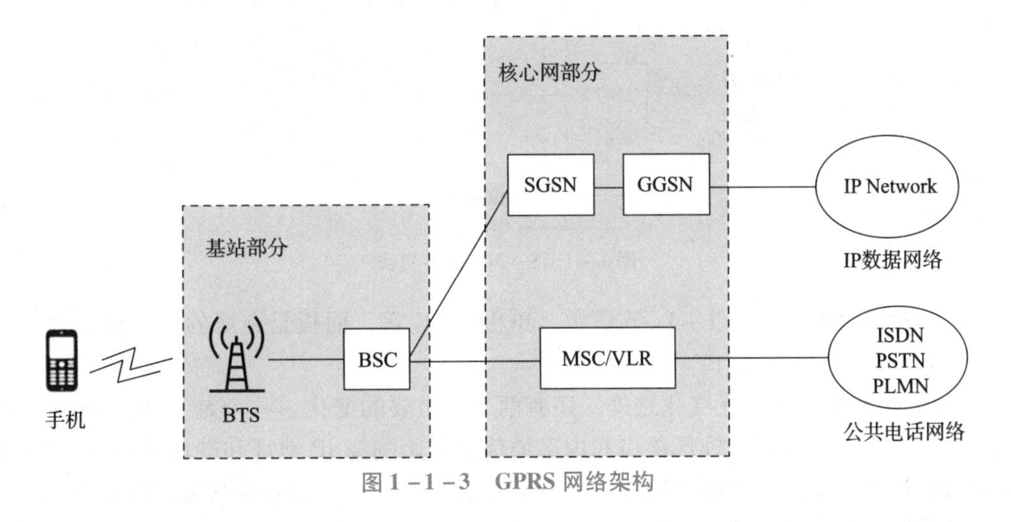

图1-1-3 GPRS网络架构

从硬件上来看，2G时代的机柜大而宽，机框多层，每层机框可以插多个单板。单板薄且轻，面板由塑料制成，易损坏，如图1-1-4所示。

图1-1-4　MSC 实体设备

3G 能够提供数据业务，网络结构也发生了变化，如图 1-1-5 所示。3G 基站由 RNC 和 BSC 组成，核心网架构与 2.5G 相同，由 SGSN 和 GGSN 组成。

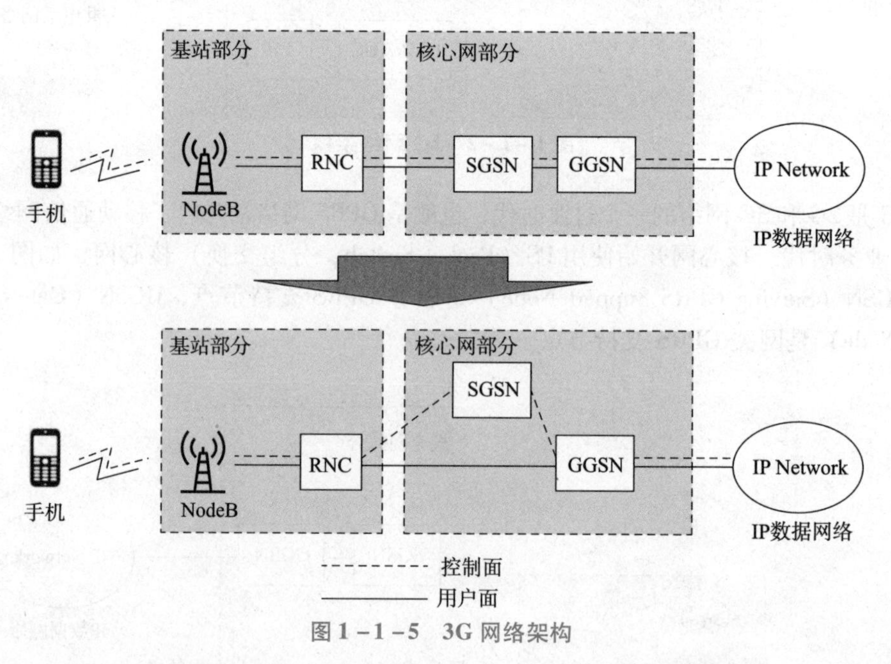

图1-1-5　3G 网络架构

从实体设备来看，如图 1-1-6 所示，单板比 2G 重，面板是金属的，机框后侧主要提供网线、时钟线、信号线接口。

3G 除了硬件变化和网元变化之外，还有两个很重要的变化。一个是 IP 化，网线、光纤开始大量投入使用，设备的外部接口和内部通信都开始围绕 IP 地址和端口号进行，3G 能够提供更大的带宽和更高的数据传输率；另一个是分离，即用户面和控制面进行分离。用户面是用户的实际业务数据，就是语音数据、视频流数据等，而控制面是为了管理数据走向的信令、命令，使分离升级方便，组网更加灵活，更易于管理。

第四代移动通信系统提供了 3G 不能满足的无线网络宽带化。4G 网络是全 IP 化网络，

图 1-1-6　3G 实体设备

主要提供数据业务，其数据传输的上行速率可达 20 Mb/s，下行速率高达 100 Mb/s，基本能够满足各种移动通信业务的需求。

4G 网络架构如图 1-1-7 所示，SGSN 变成 MME（Mobility Management Entity，移动管理实体），GGSN 变成 SGW/PGW（Serving Gateway，服务网关；PDN Gateway，PDN 网关），也就演进成了 4G 核心网。

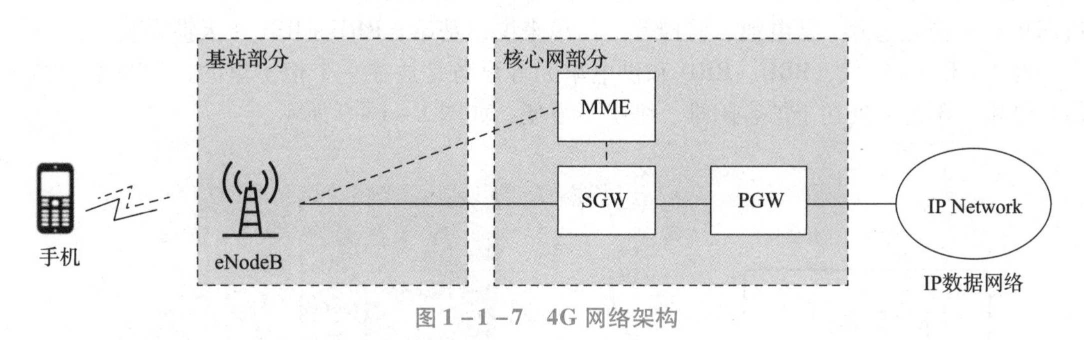

图 1-1-7　4G 网络架构

MME：Mobility Management Entity，移动管理实体。

SGW：Serving Gateway，服务网关。

PGW：PDN Gateway，PDN 网关。

为了实现扁平化，基站里去掉了 RNC，基站功能一部分给了核心网，一部分给了 eNodeB，这样减少了基站到核心网的开销，减少网络时延，有助于提高 4G 网络的传输性能。

5G 网络为了应对差异性的挑战，逻辑结构发生了彻底的改变。5G 核心网采用 SBA 架构，也就是基于云原生构架设计，借鉴了 IT 领域的“微服务”理念。将原来具有多个功能的整体分拆为多个具有独自功能的个体。每个个体实现自己的微服务。从宏观上来看网元大量增，但都是虚拟化的网络功能，如图 1-1-8 所示，除 UPF 之外都是控制面。因此，容易扩容、缩容、升级、割接等，相互之间不会造成太大影响。

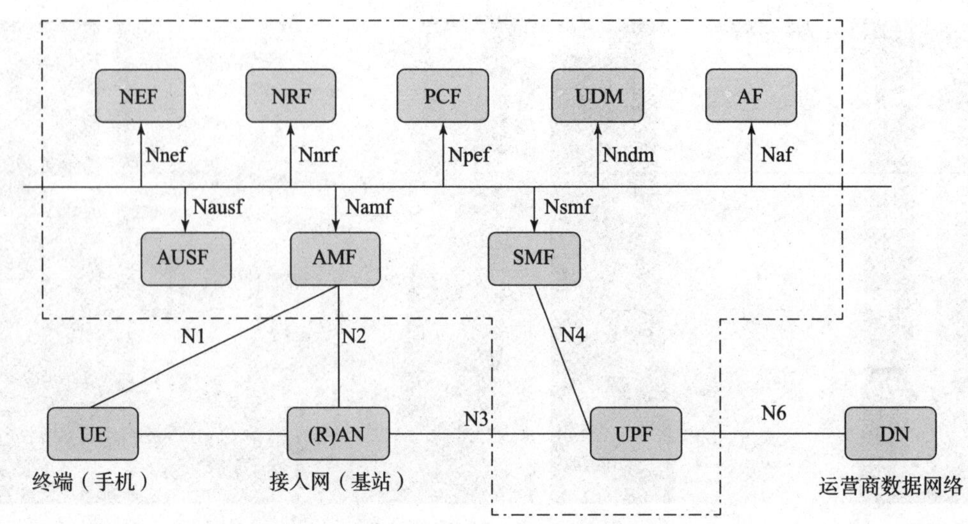

图 1-1-8　5G 的网络架构

1.6.2　接入网的发展

接入网的发展过程

无线接入网（Radio Access Network，RAN）是把终端接入通信网络中的网络，基站就是接入网的核心组成部分。手机与接入网也就是基站之间是通过电磁波来传递信号的，所以叫作无线通信。

接入网主要由基站构成，基站主要由机房和铁塔上的天线组成，机房里有机柜、电源、蓄电池、监控等。简单来说，基站 = RRU + BBU + 天馈系统。

在 1G 和 2G 时代，BBU、RRU 和供电单元等设备是放在一个柜子里的，称为基站的一体化结构。不足之处在于扩容困难，维护不方便，如图 1-1-9 所示。

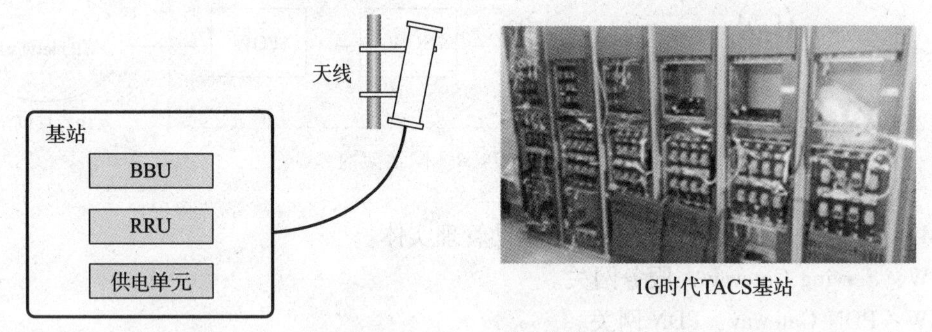

图 1-1-9　一体化基站

后来 RRU 和 BBU 分开，硬件上不再放在一起，RRU 通常会挂在机房的墙上，BBU 有时候挂墙，大部分时候放在机柜里。再后来，RRU 拉远，被搬到了天线的身边，放在了铁塔上。这样，RAN 就变成了 D-RAN（分布式无线接入网），如图 1-1-10 所示。天线与 RRU 之间用馈线连接，RRU 与 BBU 之间用光纤连接。与之前相比，天线到 RRU 的馈线长度变短，信号在馈线中的传输损耗变少，提高了信号的传输质量，成本也降低了。运营商在 4G 网络中大量部署了 D-RAN，并将其作为长期主流建网模式。因此，在 5G 网络部署中，D-RAN 也是长期作为无线接入网的架构方案。

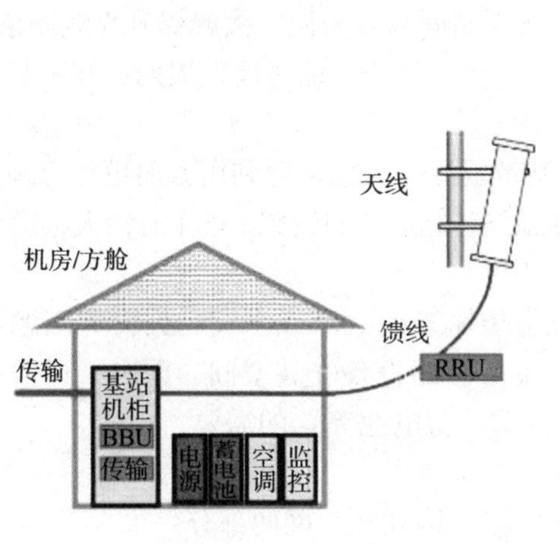

图 1－1－10　D－RAN 结构

在 D－RAN 架构中，每个站点均独立部署机房，BBU 与拉远射频单元 RRU（Remote Radio Unit）共站部署，配电供电设备及其他配套设备均独立部署。在站点传输方面，D－RAN 采用各 BBU 独立星形拓扑架构，每个站点和接入环设备独立连接。D－RAN 的优势在于 BBU 与 AAU/RRU 共站部署，站点回传可根据站点机房实际条件，采用微波或光纤方案灵活组网。BBU 和 AAU/RRU 共站部署，CPRI 接口光纤长度短，而回传方面单站只需一根光纤，整体光纤消耗低。若单站出现供电、传输方面的故障问题，不会对其他站点造成影响。但缺点也非常明显，主要有站点配套独立部署，投资规模大；新站点部署机房时，建设周期长；站点间资源独立，不利于资源共享；站点间信令交互需要经网关中转，不利于站间业务高效协同。

在 D－RAN 的架构下，运营商仍然要承担非常巨大的成本。因为为了摆放 BBU 和相关的配套设备（电源、空调等），运营商需要租赁或建设室内机房或方舱，于是出现了 C－RAN（集中化无线接入网）的解决方案，如图 1－1－11 所示。在 C－RAN 架构中，多个站点的 BBU 模块集中部署在一个中心机房，变成一个 BBU 基带池，各站点射频模块通过前传拉远光纤与中心机房 BBU 连接，减少了基站机房数量，减少了配套设备（特别是空调）的能耗。在站点传输方面，一般情况下，接入环传输设备直接部署在 C－RAN 机房，各 BBU 直接连接到接入环传输设备的不同端口中心机房中，可以选择两种 BBU 集中方案：一种是普通 BBU 堆叠，该方案无法实现基带资源共享以及站点间业务的高效协同；另一种是通用交换单元（Universal Switching Unit，USU）之类的上层设备互连，可以实现多站点基带资源共享。另外，BBU 之间会保持高精度时钟同步，可以部署对站间同步要求较高的一些协同特性，如载波聚合、协作多点等。C－RAN 将会是 5G 无线接入网部署的未来趋势。

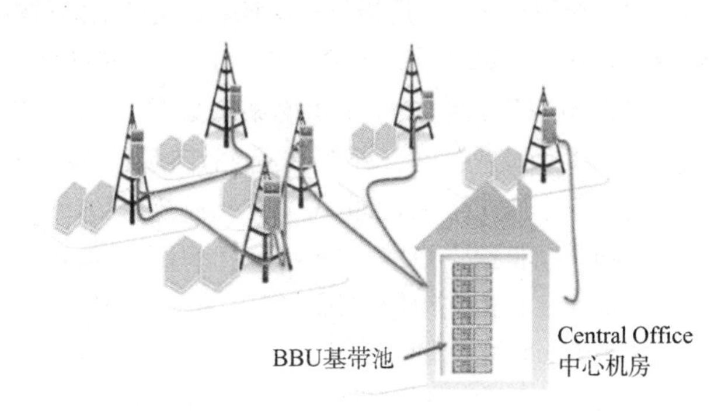

图 1－1－11　C－RAN 网络架构

与 D－RAN 相比，C－RAN 具有以下优势：

①5G 的超密集站点组网会形成更多覆盖重叠区，C－RAN 更适合部署 CA、CoMP 和单频网（Single Frequency Network，SFN）等，实现站间高效协同，大幅提升无线网络性能。

②可以简化站点获取难度，实现无线接入网快速部署，缩短建设周期；在不易于部署站点的覆盖盲区，可以更容易实现深度覆盖。

③可通过跨站点组建基带池，实现站间基带资源共享，资源利用方面更加合理。

BBU 集中部署，BBU 和 RRU 之间形成长距离拉远，前传接口光纤消耗大，会带来较高的光纤成本。

BBU 集中在单个机房，安全风险高，机房传输光缆故障或水灾、火灾等问题易导致大量基站故障；BBU 集中部署要求集中机房具备足够的设备安装空间，同时，还需要机房具备完善的配套设施用于支撑散热、备电（如空调、蓄电池等）的需要。

1.6.3　5G Option 3x 的网络架构

5G 网络沿用传统网络架构，网络分为无线接入网和核心网两部分。

无线接入网所使用的接入制式包括 LTE 和 NR（new radio），即 5G 无线接入网可以选择 4G 的 LTE 作为无线接入或者选择 NR 提供无线接入；核心网的组网选择包括 EPC 和 5GC，即 5G 核心网可以选择 EPC 作为 5G 核心网或者选择 5GC 作为 5G 核心网，所以 5G 网络中无线接入网和核心网分别有两种不同的选择。5G 不同组网策略实际指的就是 5G 无线接入网和核心网不同选项的不同组合。比如，运营商在进行 5G 组网策略选择的时候，无线侧可以选择 LTE，核心网可以选择 EPC 或者 5GC；无线侧可以选择 NR，核心网可以选择 EPC 或者 5GC；无线侧还可以同时选择 NR 和 LTE，核心网选择 EPC 或者 5GC。

综上所述，5G 的无线接入网可以有三种不同的选择：LTE、NR 及 LTE + NR，如果同时选择 LTE + NR，此时网络结构被称为双连接 DC；5G 的核心网有 EPC 和 5GC 两种选择。

无线侧和核心网不同的组合方式，对应到的就是不同的 Option。从整体来分，5G 组网方案分为 SA（Standalone）独立组网和 NSA（Non－Standalone）非独立组网两种。

独立组网（SA）是指以 5G NR 作为控制面锚点接入 5G 核心网，非独立组网（NSA）是指 5G NR 的部署以 LTE eNB 作为控制面锚点接入 4G 核心网，或以 eLTE eNB 作为控制面锚点接入 5G 核心网。5G 的组网架构如图 1－1－12 所示。

选项 1：独立组网，即 LTE 基站连接 4G 核心网，这是目前 4G 网络的组网架构。

选项 2：独立组网，即 5G NR 基站连接到 5G 核心网。

选项 3：非独立组网，即 LTE 和 5G NR 基站双连接 4G 核心网。

选项 4：非独立组网，即 5GNR 和 LTE 基站双连接 5G 核心网。

选项 5：独立组网，即 LTE 基站连接 5G 核心网。

选项 6：独立组网，即 5G 基站连接 4G 核心网，实用价值小，商用未采纳。

选项 7：非独立组网，即 LTE 和 5G NR 基站双连接 5G 核心网。

Option 3x 是非独立组网选项 3 系列中的一种。

选项 3 系列具有 3、3a 和 3x 三个子选项，如图 1－1－13 所示。终端同时连接到 5G NR 和 4G LTE，核心网沿用 EPC。在控制面，选项 3 系列完全依赖现有的 LTE，但在用户面的锚点有所不同。

Option 3x 是 5G 初期建设的首选网络部署方案。如图 1－1－14 所示，基站连接 4G 核心网（EPC），5G 基站的控制面锚点在 4G 基站，而 4G 和 5G 数据流量在 5G 基站分流后再传

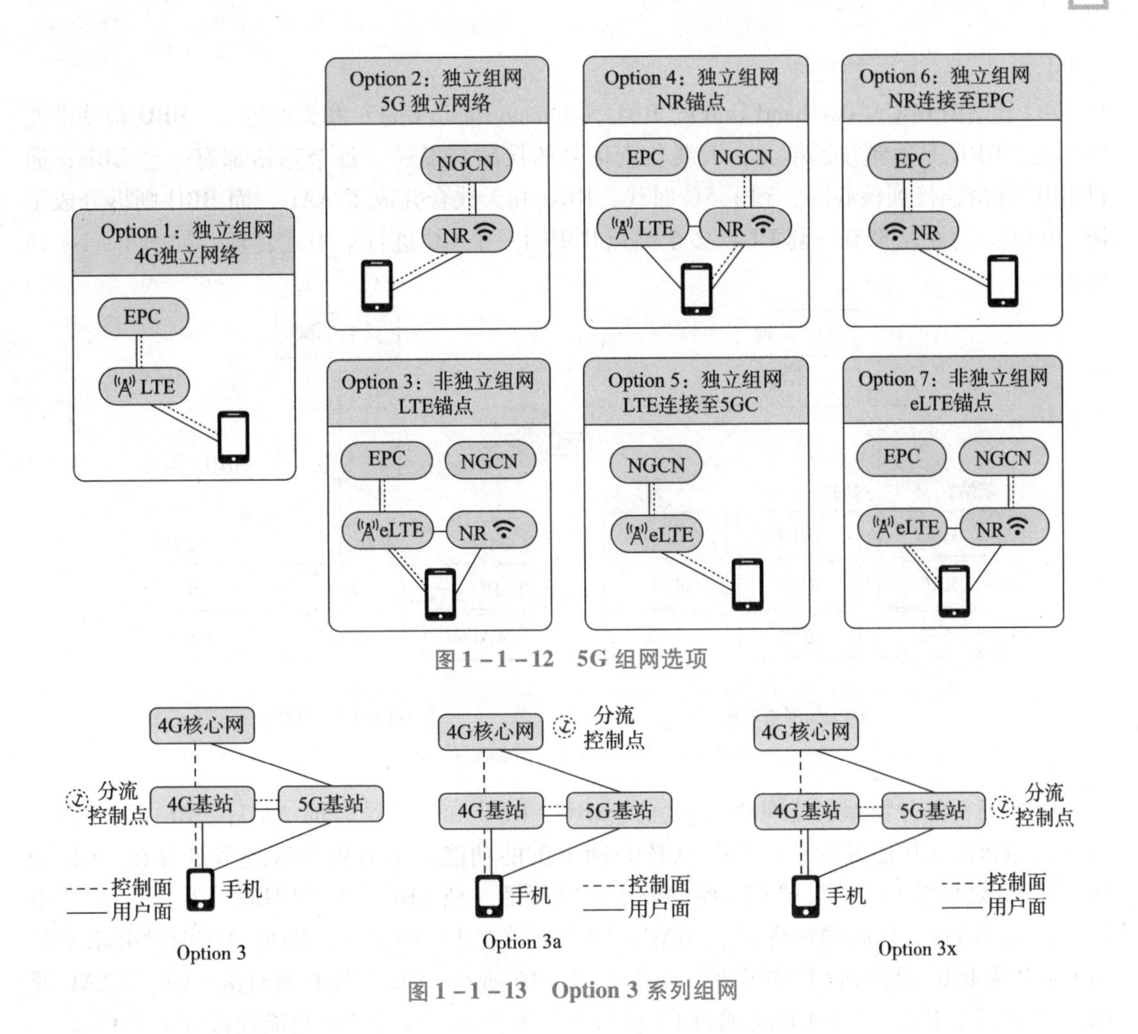

图 1-1-12　5G 组网选项

图 1-1-13　Option 3 系列组网

送到终端，这样充分发挥了 5G 基站超强的处理能力，也减轻了 4G 基站的负载，避免对现在运行的 4G 网络进行过多的改动。

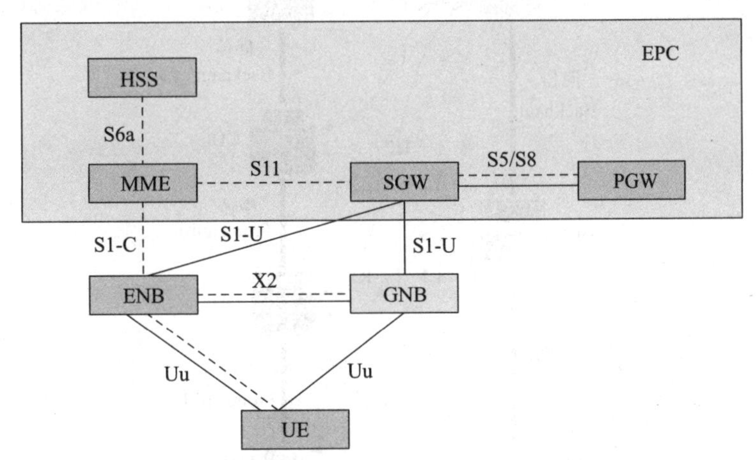

MME—移动性管理设备；SGW—服务网关；PGW—分组数据网关；
HSS—存储用户签约信息；ENB—4G 基站；GNB—5G 基站。

图 1-1-14　Option 3x 网络架构图

1.6.4 5G 基站的重构

4G 基站由 BBU（Baseband Unit）、RRU（Remote Radio Unit）和天线组成。BBU 是基带处理单元，RRU 是射频拉远单元，天线负责信号的接收与发送。每个基站都有一套 BBU，通过 BBU 直接连接到核心网。到了 5G 时代，RRU 和天线合并成了 AAU，而 BBU 则拆分成了 DU 和 CU，每个站都有一套 DU，多个站点共用同一个 CU 进行集中式管理，如图 1－1－15 所示。

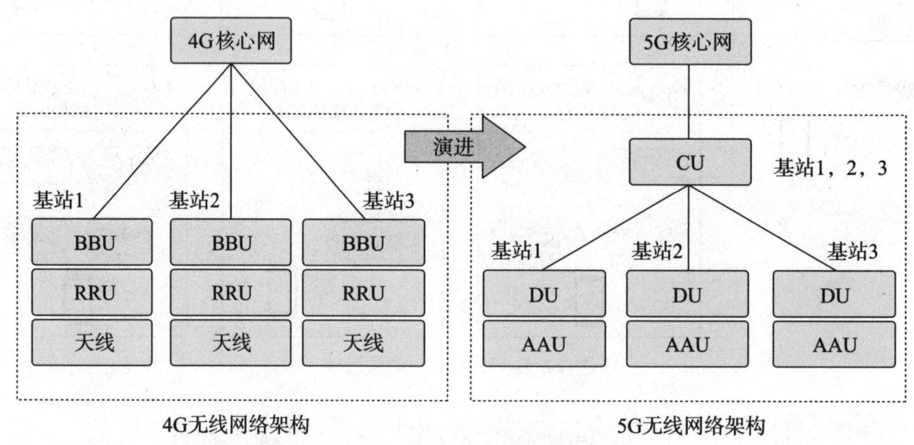

图 1－1－15 4G/5G 无线架构演进

BBU 的一部分物理层处理功能下沉到 RRU，RRU 和天线结合成 AAU；BBU 拆分为 CU 和 DU，同时，CU 还融合了一部分从核心网下沉的功能，作为集中管理节点存在。CU 和 DU 的切分是根据不同协议层实时性的要求来进行的，把 BBU 中的物理底层下沉到 AAU 中处理，对实时性要求高的物理高层 MAC、RLC 层放在 DU 中处理，而把对实时性要求不高的 PDCP 和 RRC 层放到 CU 中处理，如图 1－1－16 所示。CU 与核心网对接，DU 与 AAU 或 RRU 射频设备对接，1 个 CU 可通过 F1 接口连接多个 DU，1 个 DU 只能连接到 1 个 CU。

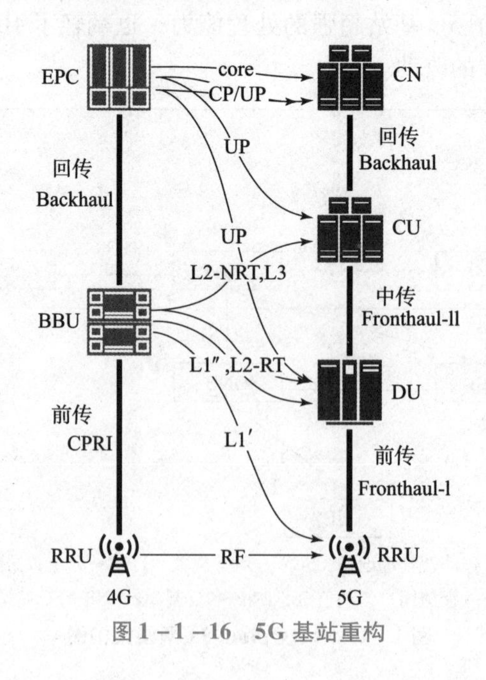

图 1－1－16 5G 基站重构

CU 与 DU 分离的好处如下：

（1）有利于实现基带资源的共享

由于各个基站的忙闲时候不一样，传统的做法是将每个站都配置为最大容量，而这个最大容量在大多数时候是达不到的，因此会造成很大的资源浪费。

如果一片区域内的基站能够统一管理，把 DU 集中部署，并由 CU 统一调度，就能够节省一半的基带资源。这种方式和之前提出的 C-RAN 架构非常相似，而 C-RAN 架构由于对于光纤资源的要求过高而难以普及。在 5G 时代，虽然 DU 可能由于同样的原因难以集中部署，但 CU 的集中管理也能带来资源的共享，算是 5G 时代对于 C-RAN 架构的一种折中的实现方式。

（2）有利于实现无线接入侧的切片和云化

网络切片作为 5G 的一大亮点技术，能更好地适配不同业务对网络能力的不同要求。网络切片实现的基础是虚拟化，但是在现阶段，无线接入侧实现完全的虚拟化还有一定的困难，这是因为对于 5G 基站的实时处理部分，通用服务器的效率还太低，无法满足业务需求，必须采用专用硬件，而专用硬件又难以实现虚拟化。

这样一来，就只好把需要用专用硬件的部分剥离出来成为 AAU 和 DU，剩下非实时部分组成 CU，运行在通用服务器上，再经过虚拟化技术，就可以支持网络切片和云化了。

（3）有利于解决 5G 复杂组网情况下的站点协同问题

5G 频段引入了毫米波，由于毫米波的频段高，覆盖范围小，站点数量将会非常多，会和低频站点形成一个高低频混合的复杂网络。要在这样的网络中获取更大的性能增益，就必须有一个强大的中心节点来进行话务聚合和干扰管理协同，CU 就可以作为这个中心节点。

CU 和 DU 在逻辑上分离，但在物理设备上可以合设，根据不同的业务需求可以把 CU 和 DU 放在不同的地方部署。比如要支持 uRLLC，就必须要 CU 和 DU 合设，从而降低处理时延。如果要支持 mMTC，可以将 CU 和 DU 分离，CU 集中云化部署，从而达到节约成本的目的。

1.6.5　操作演示

扫描二维码查看具体操作。

Option 3x 的拓扑规划

1.7　拓展任务

××城市 5G 网络的组网方式为 Option 3x，5G-NR 的布置方式为 CU、DU 分离，请完成城市的拓扑规划设计。

任务2 Option 3x网络的规划计算

学习目标

1. 能够阐述容量规划的参数；
2. 理解容量计算的方法；
3. 能够利用软件进行容量计算。

建议学时

4学时

2.1 任务描述

××城市建筑密集，用户高度集中，总移动上网用户数为1 800万，规划覆盖区域2 400 km^2。请根据提供的话务模型与网络拓扑中规划的组网架构进行网络规划计算。话务模型请参照表1－2－1～表1－2－7，根据网络拓扑规划架构选择合适的核心网规划参数、无线网规划参数进行规划计算。

表1－2－1 PUSCH信道参数规划

参数名	取值	单位
终端发射功率	23	dBm
终端天线增益	0	dBi
基站灵敏度	－122	dBm
基站天线增益	28	dBi
上行干扰余量	3	dB
线缆损耗	0	dB
人体损耗	0	dB
穿透损耗	20	dB
阴影衰落余量	11.7	dB
对接增益	4.5	dB
单站小区数	3	个

表1-2-2　PDSCH 信道参数规划

参数名	取值	单位
基站发射功率	53	dBm
基站天线增益	28	dBi
终端灵敏度	-100	dBm
终端天线增益	0	dBi
下行干扰余量	7	dBi
线缆损耗	0	dB
人体损耗	0	dB
穿透损耗	20	dB
阴影衰落余量	11.7	dB
对接增益	4.5	dB
单站小区数	3	个

表1-2-3　传播模型参数

参数名	取值	单位
平均建筑高度	20	m
街道宽度	20	m
终端高度	1.5	m
基站高度	25	m
工作频率	2.6	GHz
本市区域面积	2 400	km^2

表1-2-4　上行容量计算参数规划

参数名	取值
调制方式	64QAM
流数	2
μ	1
缩放因子	0.75
S 时隙中上行符号数	2
最大 RB 数	272
R_{max}	948/1 024

续表

参数名	取值
开销比例	0.08
单小区 RRC 最大用户数	700
本市 5G 用户数	1 800 万
编码效率	0.8
上行速率转化因子	0.7
在线用户比例	0.09

表 1-2-5 下行容量计算参数规划

参数名	取值
调制方式	256QAM
流数	4
μ	1
缩放因子	0.8
S 时隙中下行符号数	10
最大 RB 数	272
R_{max}	948/1 024
开销比例	0.14
单小区 RRC 最大用户数	700
本市 5G 用户数	1 800 万
编码效率	0.8
下行速率转化因子	0.68
在线用户比例	0.09

表 1-2-6 无线综合参数规划

参数名	取值	单位
上行覆盖规划站点数目	参考无线覆盖计算项目结果	个
下行覆盖规划站点数目	参考无线覆盖计算项目结果	个
热点区域扩容比例	1.5	—
4G 小区覆盖半径	0.6	km

表 1-2-7　EPC 核心网参数规划

参数名称	默认取值	单位
在线用户比	0.07	—
附着激活比	0.8	—
S1-MME 接口每用户平均信令流量	12	Kb/s
S11 接口每用户平均信令流量	6	Kb/s
S5 接口每用户平均信令流量	6	Kb/s
S6a 接口每用户平均信令流量	3	Kb/s
SGi 接口每用户平均信令流量	8	Kb/s
单用户忙时业务平均吞吐量	135	Kb/s

2.2　任务分析

分析工作任务的主要内容，查阅资料，需明确表 1-2-8 中的主要问题。

表 1-2-8　任务分析表

序号	问题	答案	备注
1	无线网络规划有哪些网络参数?		
2	无线容量规划的原理与目的是什么?		
3	无线覆盖规划的原理与目的是什么?		
4	核心网规划主要确定哪些参数?		

2.3　方案制订

2.4 任务实施

用 1 + X 5G 全网建设软件进行仿真规划，选取 JA 市按照表 1 – 2 – 9 的方法和步骤进行规划计算。

表 1 – 2 – 9 任务实施表

序号	操作步骤		操作方法	操作记录
1	打开软件，进入容量规划模块		（1）输入账号和密码 （2）选择建设城市	
2	无线网规划	1. 覆盖规划	（1）上、下行分别计算 （2）计算最大路径损耗 （3）计算终端与基站的直线距离 （4）计算单扇区覆盖半径 （5）计算覆盖规划站点数	
		2. 容量规划	（1）计算单时隙时长 （2）计算下行符号占比 （3）理论峰值速率 （4）计算平均速率 （5）计算单站平均吞吐量和站点数	
		3. 无线综合规划	（1）计算 5G 的站点数 （2）计算 5G 站点吞吐量	
3	核心网规划	1. MME	（1）计算附着用户数 （2）计算 MME 系统信令吞吐量	
		2. PGW	（1）计算 EPS 承载上下文数 （2）计算 PGX 系统处理能力 （3）计算 PGW 系统吞吐量	
		3. SGW	（1）计算 EPS 承载上下文数 （2）计算 SGX 系统处理能力 （3）计算 SGW 系统吞吐量	

2.5 考核评价（表 1 – 2 – 10）

表 1 – 2 – 10 考核评价表

考核项目	考核内容	分值	评分细则	自我评价	小组评价	教师评价
职业素养	不迟到、不早退	2	违反一次不得分			
	积极思考、回答问题	4	根据上课统计情况			
	精益求精	5	能提出改进建议且效果明显			
	创新精神	5	优化操作步骤			
	执行命令	4	根据任务完成过程统计			

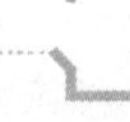

续表

考核项目	考核内容	分值	评分细则	自我评价	小组评价	教师评价
岗位技能	已知参数运用	5	已知参数运用得当			
	传输模型选择	5	传输模型选择合理			
	符号占比计算	5	符号占比计算准确			
	5G 站点数量	10	5G 站点数量计算准确			
	5G 站点吞吐量	10	5G 站点吞吐量计算准确			
	MME 规划	5	MME 规划参数计算准确			
	PGW 规划	5	PGW 规划参数计算准确			
	SGW 规划	5	SGW 规划参数计算准确			
行业知识	无线网络规划公式的理解及公式应用	20	根据测试结果赋分			
	EPC 核心网规划方法的理解及公式应用	10	根据测试结果赋分			

2.6　知识点精

网络规划是移动通信网络建设的重要前提，是网络优化分析的基础保障。5G 网络规划可分为网络覆盖估算、网络覆盖仿真和网络参数规划三个阶段。网络规模估算包括覆盖估算和容量估算，计算扇区的覆盖半径、单站容量、所需站点数等初步网络配置信息。本任务主要进行规模估算。规模估算的流程如图 1-2-1 所示。

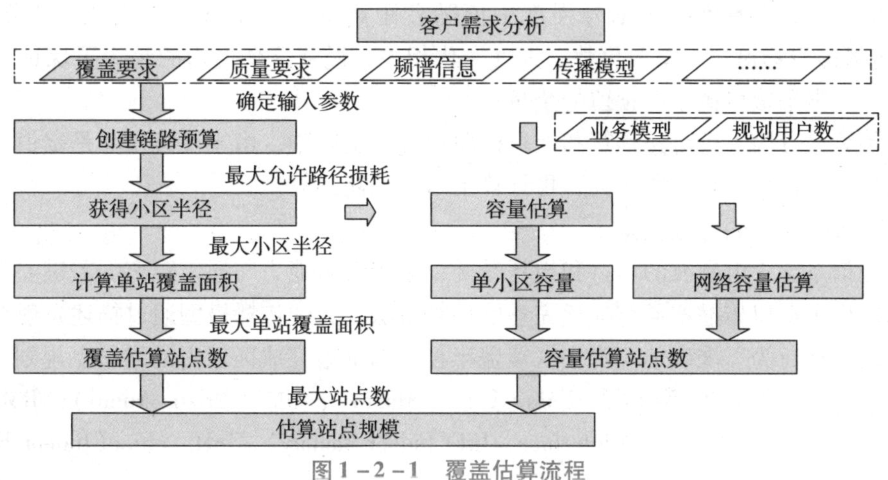

图 1-2-1　覆盖估算流程

覆盖估算是根据边缘速率要求估算覆盖半径；根据现网站间距估算5G边缘用户体验速率；估算给定区域内所需的站点规模。

估算覆盖半径需要用到传播模型和链路预算公式，估算体验速率需利用用户峰值速率与平均速率得到站点吞吐量。完成覆盖和容量对应的站点估算后，综合考虑场景内站点规模，在实现连续覆盖基础上得到初步站点数目。

2.6.1 链路预算

链路预算是网络规划中的重要环节，是对系统的覆盖能力的评估，通俗地讲，就是计算小区能覆盖多远。计算的思路是在保证最低接收灵敏度的前提下，对收发信机之间的增益与损耗进行分析，进而得到无线传播的路径上所能容忍的最大传播损耗，即最大允许路损（MAPL）。得到最大允许路损值后，再结合传播模型公式，计算出单小区的覆盖半径。

$$\text{MAPL} = \text{Effective Tx Power} + \text{Rx Gain} - \text{Rx Sensitivity} - \text{Margin} - \text{Loss}$$

链路预算模型如图1－2－2所示。

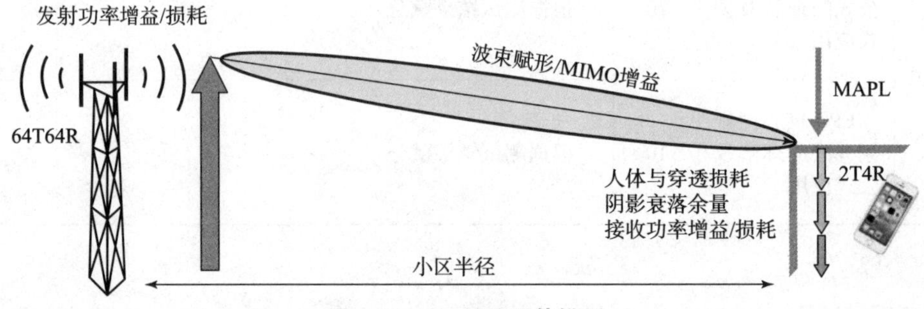

图1－2－2 链路预算模型

链路预算受到确定性因素和不确定性因素影响。确定性因素是一旦产品形态及场景确定，相应的参数也就确定了，如功率、天线增益、噪声系数、解调门限、穿透损耗、人体损耗等；还有一些不确定性因素影响，如慢衰落余量、雨雪影响、干扰余量，这些因素不是随时或随地都会发生，当作链路余量考虑。干扰余量为了克服邻区及其他外界干扰导致的底噪抬升而预留的余量；雨/冰雪余量是为了克服概率性的较大降雨、降雪、裹冰等导致信号衰减而预留的余量；慢衰落余量信号强度中值随着距离变化会呈现慢速变化（对数正态分布），与传播障碍物遮挡、季节更替、天气变化相关，慢衰落余量指的是为了保证长时间统计中达到一定电平覆盖概率而预留的余量。

链路预算又分为下行链路预算和上行链路预算，实际中，由于手机功率是定值，上行受限情况较多，先计算上行链路预算，再计算下行的链路预算。

2.6.2 5G典型的传输模型

移动通信系统中电磁波的增益和损耗是衡量系统覆盖能力与通信距离的关键要素，而传播模型则提供了空口传播增益与损耗完整的估算方法。无线传播模型通过描述发射机到接收机间信号的传播行为，准确估算出小区覆盖半径，精准地完成区域内网络站点规划。

5G网络中常见的模型包含UMa（Urban Macro）、UMi（Urban Micro）、RMa（Rural Macro）、SUI（Stanford University Interim）、InF（Indoor Factory）、InH－office（Indoor Hotspot－office）等。

1. UMa 模型

UMa 模型是一种适合高频的传播模型，适用频率在 0.8～100 GHz 之间，基站一般安装在居民楼等较高建筑的楼顶上。3GPP 协议 TR36.873 中规定了标准的 3D-UMa 模型，见表 1-2-11 和表 1-2-12。

表 1-2-11　UMa 模型公式

场景	路损/dB （$-f_c$单位：GHz，d 单位：m）	阴影衰落/dB	适用范围，天线高度默认值
LOS	$PL=22\log_{10}d_{3D}+28+20\log_{10}f_c$ $PL=40\log_{10}d_{3D}+28+20\log_{10}f_c-9\log_{10}[(d'_{BP})^2+(h_{BS}-h_{UT})^2]$	$\sigma_{SF}=4$ $\sigma_{SF}=4$	$10\ \text{m}<d_{2D}<d'_{BP}$ $d'_{BP}<d_{2D}<5\ 000\ \text{m}$ $h_{BS}=25\ \text{m}$ $1.5\ \text{m}\leqslant h_{UT}\leqslant 22.5\ \text{m}$
NLOS	$PL=\max\{PL_{3D-UMa-NLOS},PL_{3D-UMa-LOS}\}$ $PL_{3D-UMa-NLOS}=161.04-7.1\log_{10}W+7.5\log_{10}h-[24.37-3.7(h/h_{BS})^2]\log_{10}h_{BS}+(43.42-3.1\log_{10}h_{BS})(\log_{10}d_{3D}-3)+20\log_{10}f_c-[3.2(\log_{10}17.625)^2-4.97]-0.6(h_{UT}-1.5)$	$\sigma_{SF}=6$	$10\ \text{m}<d_{2D}<5\ 000\ \text{m}$ h=平均建筑高度 W=街道宽度 $h_{BS}=25\ \text{m}$ $1.5\ \text{m}\leqslant h_{UT}\leqslant 22.5\ \text{m}$ $W=20\ \text{m}$ $h=20\ \text{m}$ 取值范围： $5\ \text{m}<h<50\ \text{m}$ $10\ \text{m}<h_{BS}<150\ \text{m}$ $1.5\ \text{m}\leqslant h_{UT}\leqslant 22.5\ \text{m}$

表 1-2-12　UMa 模型公式主要参数含义

参数名	含义	典型配置
h	平均建筑物高度	20 m
w	街道宽度	20 m
h_{UT}	终端高度	1.5 m
h_{BS}	基站高度	25 m

主要高度之间关系如图 1-2-3 所示。

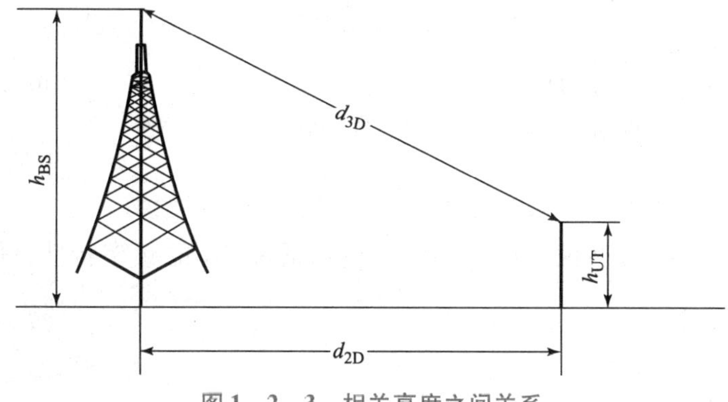

图 1-2-3　相关高度之间关系

TR38.901 中对 UMa 模型做了简化，简化模型中与评价建筑物高度 W、平均街道宽度 h 无关，仅与频率、接收天线高度、天线间距有关。

UMa 的传播模型公式见表 1-2-13。

表 1-2-13 UMa 模型简化公式

场景	路损/dB（$-f_c$单位：GHz，d 单位：m）	阴影衰落/dB	适用范围，天线高度默认值
LOS	$PL_{UMa-LOS}=\begin{cases}PL_1, 10\ m\leqslant d_{2D}\leqslant d'_{BP}\\PL_2, d'_{BP}\leqslant d_{2D}\leqslant 5\ km\end{cases}$ $PL_1=28+22\log_{10}d_{3D}+20\log_{10}f_c$ $PL_2=28+40\log_{10}d_{3D}+20\log_{10}f_c-9\log_{10}[(d'_{BP})^2+(h_{BS}-h_{UT})^2]$	$\sigma_{SF}=4$	$1.5\ m\leqslant h_{UT}\leqslant 22.5\ m$ $h_{BS}=25\ m$
NLOS	$PL_{UMa-NLOS}=\max\{PL_{UMa-LOS}, PL'_{UMa-NLOS}\}$ $PL'_{UMa-NLOS}=13.54+39.08\log_{10}d_{3D}+20\log_{10}f_c-0.6(h_{UT}-1.5)$	$\sigma_{SF}=6$	$1.5\ m\leqslant h_{UT}\leqslant 22.5\ m$ $h_{BS}=25\ m$
	$PL=32.4+20\log_{10}f_c+30\log_{10}d_{3D}$	$\sigma_{SF}=7.8$	

在选择模型时，综合考虑场景特征与需求精度，选择合适的传播模型公式。

2. UMi 模型

UMi 模型一般用于城市道路小基站场景，基站高度一般低于周边建筑物高度。3GPP 协议 TR36.873 中规定了通用的 3D-UMi 模型，见表 1-2-14。

表 1-2-14 UMi 模型公式

场景	路损/dB（$-f_c$单位：GHz，d 单位：m）	阴影衰落/dB	适用范围，天线高度默认值
LOS	$PL=22\log_{10}d_{3D}+28+20\log_{10}f_c$ $PL=40\log_{10}d_{3D}+28+20\log_{10}f_c-9\log_{10}[(d'_{BP})^2+(h_{BS}-h_{UT})^2]$	$\sigma_{SF}=3$ $\sigma_{SF}=3$	$10m<d_{2D}<d'_{BP}$ $d'_{BP}<d_{2D}<5\ 000\ m$ $h_{BS}=10\ m$ $1.5\ m\leqslant h_{UT}\leqslant 22.5\ m$
NLOS	$PL=\max\{PL_{3D-UMi-NLOS}, PL_{3D-UMi-LOS}\}$ $PL_{3D-UMi-NLOS}=36.7\log_{10}d_{3D}+22.7+26\log_{10}f_c-0.3(h_{UT}-1.5)$	$\sigma_{SF}=4$	$10\ m<d_{2D}<2\ 000\ m$ $h_{BS}=10\ m$ $1.5\ m\leqslant h_{UT}\leqslant 22.5\ m$

TR38.901 中对 UMi 模型做了修改，使其更加适配 5G 的频率特性，修改后的模型见表 1-2-15。

表 1-2-15　UMi 简化模型公式

场景	路损/dB（f_c单位：GHz，d 单位：m）	阴影衰落/dB	适用范围，天线高度默认值
LOS	$PL_{UMi-LOS}=\begin{cases}PL_1, & 10m\leqslant d_{2D}\leqslant d'_{BP}\\ PL_2, & d'_{BP}\leqslant d_{2D}\leqslant 5km\end{cases}$ $PL_1=32.4+21\log_{10}d_{3D}+20\log_{10}f_c$ $PL_2=32.4+40\log_{10}d_{3D}+20\log_{10}f_c-9.5\log_{10}[(d'_{BP})^2+(h_{BS}-h_{UT})^2]$	$\sigma_{SF}=4$	$1.5\ m\leqslant h_{UT}\leqslant 22.5\ m$ $h_{BS}=10\ m$
NLOS	$PL_{UMi-NLOS}=\max\{PL_{UMi-LOS},PL'_{UMi-NLOS}\}$ $PL'_{UMi-NLOS}=35.3\log_{10}d_{3D}+22.4+21.3\log_{10}f_c-0.3(h_{UT}-1.5)$	$\sigma_{SF}=7.82$	$1.5\ m\leqslant h_{UT}\leqslant 22.5\ m$ $h_{BS}=10\ m$

根据传播模型公式进行拟合发现两种模型随着收发天线的距离增大，其结果差值越大，由于5G小基站规划覆盖距离一般较小，在一定覆盖规划距离内，两者差距在合理范围之内，均可作为小基站场景下无线网络规划参考。

3. RMa 模型

RMa 模型是5G郊区宏站的适配模型，一般用于农村、城市郊区等开阔且用户相对分散的场景。3GPP 协议 TR38.901 修改后的模型见表 1-2-16。

表 1-2-16　RMa 模型公式

场景	路损/dB（f_c单位：GHz，d 单位：m）	阴影衰落/dB	适用范围，天线高度默认值
LOS	$PL_{RMa-LOS}=\begin{cases}PL_1, & 10m\leqslant d_{2D}\leqslant d_{BP}\\ PL_2, & d_{BP}\leqslant d_{2D}\leqslant 10km\end{cases}$ $PL_1=20\log_{10}(40\pi d_{3D}f_c/3)+\min\{0.03h^{1.72},10\}\times\log_{10}d_{3D})-\min\{0.044h^{1.72},14.77\}+0.002\log_{10}(hd_{3D})$ $PL_2=PL_1(d_{BP})+40\log_{10}(d_{3D}/d_{BP})$	$\sigma_{SF}=4$ $\sigma_{SF}=6$	$h_{BS}=35\ m$ $h_{UT}=1.5\ m$ $W=20\ m$ $h=5\ m$ 适用范围： $5\ m\leqslant h\leqslant 50\ m$ $5\ m\leqslant W\leqslant 50\ m$ $10\ m\leqslant h_{BS}\leqslant 150\ m$ $1\ m\leqslant h_{UT}\leqslant 10\ m$
NLOS	$PL_{RMa-NLOS}=\max\{PL_{RMa-LOS},PL'_{RMa-NLOS}\}$，$10m\leqslant d_{2D}\leqslant 5\ km$ $PL'_{RMa-NLOS}=161.04-7.1\log_{10}W+7.5\log_{10}h-[24.37-3.7(h/h_{BS})^2]\log_{10}h_{BS}+(43.42-3.1\log_{10}h_{BS})(\log_{10}d_{3D}-3)+20\log_{10}f_c-\{3.2[\log_{10}(11.75h_{UT})]^2-4.97\}$	$\sigma_{SF}=8$	

2.6.3　5G 的帧结构

5G帧结构与 LTE 类似，1个无线帧时长 10 ms，由两个半帧组成，每个无线帧共包含10个子帧，5G帧结构如图 1-2-4 所示。每个子帧包含多个时隙，可以灵活配置。每个时隙中的 OFDM 符号可以配置成上行、下行或者特殊时隙。

每个子帧包含的时隙数与参数集有关，参数集可以理解为一套包括子载波间隔（Sub Carrier Spacing，SCS）、时隙（Slot）、符号数（Symbol）的参数。5G 可变参数集是与 LTE 最大的区别之一，LTE 只存在一套固定的参数，5G 引入了参数集的概念，针对不同环境可

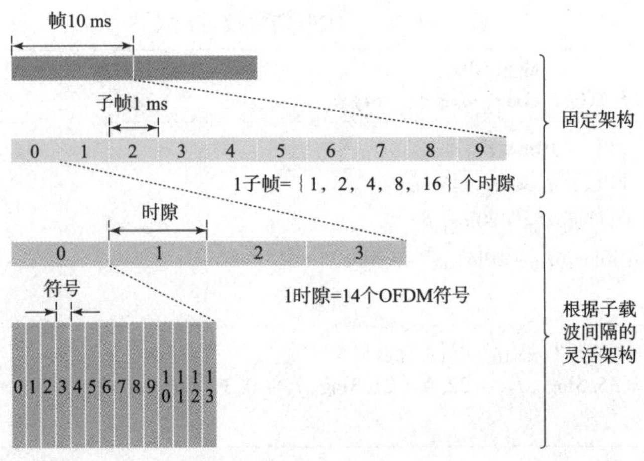

图 1-2-4　5G 灵活的帧结构

以选择不同的参数集，增加了通信的灵活性。

1. 子载波间隔

与 LTE（子载波间隔和符号长度）相比，NR 支持多种子载波间隔（在 LTE 中，只有 15 kHz 子载波间隔）。子载波间隔的取值由一个新引入的 μ 值决定，μ 的取值范围为 0～4，子载波间隔 $\Delta f = 2^{\mu} \times 15\ \text{kHz}$。

不同的子载波间隔下子载波分布如图 1-2-5 所示。

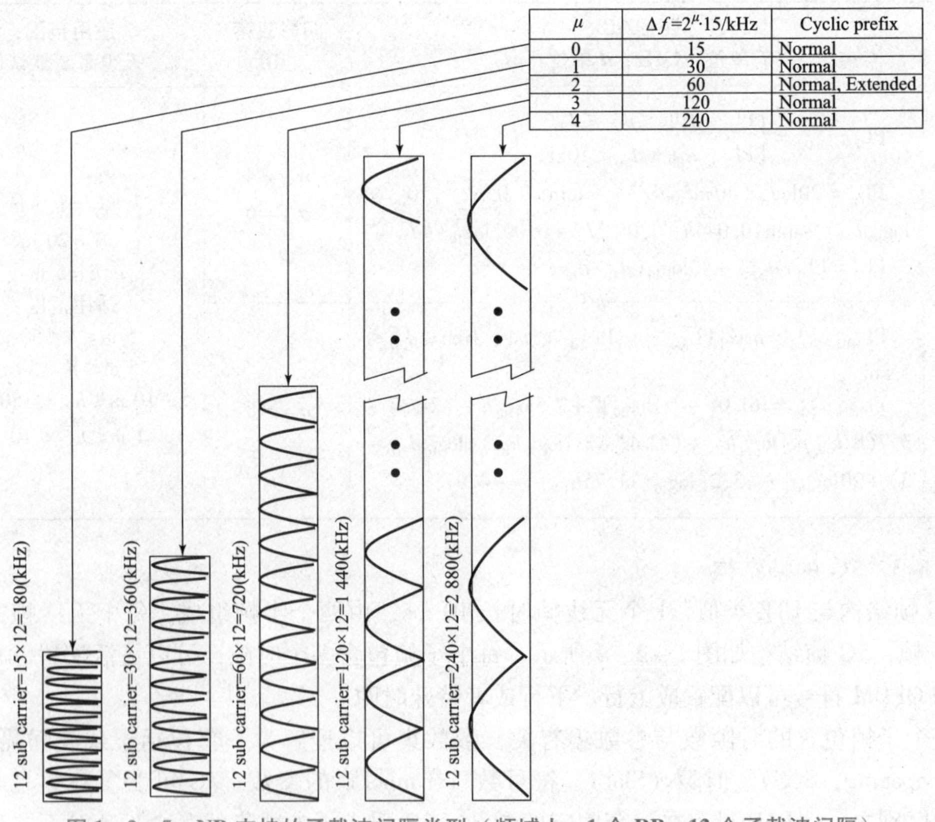

μ	$\Delta f=2^{\mu}\cdot 15$/kHz	Cyclic prefix
0	15	Normal
1	30	Normal
2	60	Normal, Extended
3	120	Normal
4	240	Normal

图 1-2-5　NR 支持的子载波间隔类型（频域上，1 个 RB=12 个子载波间隔）

2. 时隙和符号数

μ 除了决定子载波间隔外，还决定每个子帧中的时隙数目。在时域上，5G 与 LTE 相同，1 个无线帧时长 10 ms，1 个无线帧中包含 10 个子帧，每个子帧 1 ms。不同的是，在 LTE 中，1 个子帧固定包含 2 个时隙，而 5G 中一个子帧所包含的时隙个数根据 μ 的取值不同而变化。如图 1－2－6 和图 1－2－7 所示。

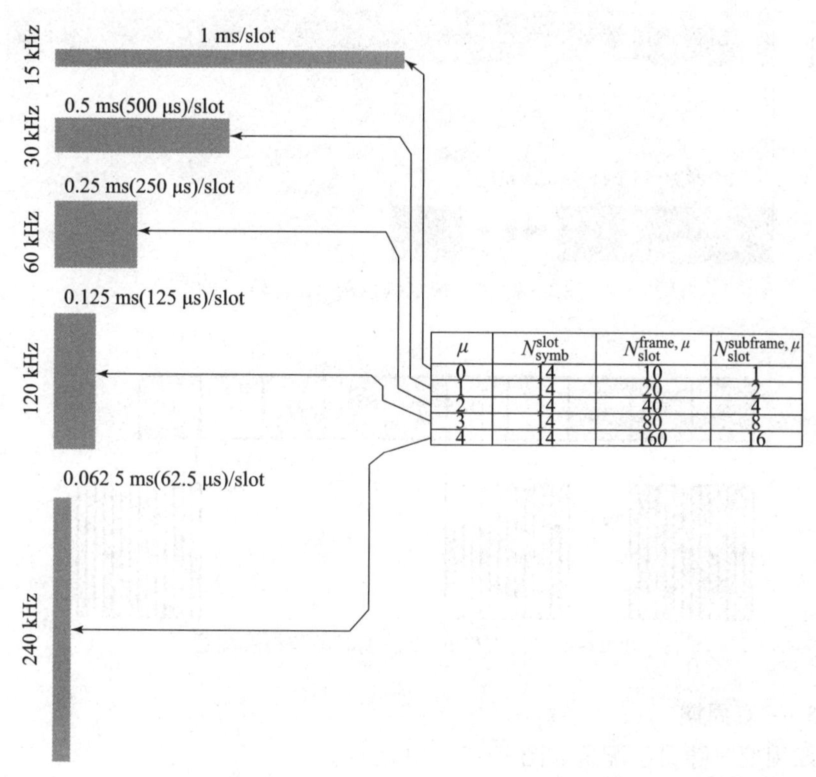

μ	N_{symb}^{slot}	$N_{slot}^{frame,\mu}$	$N_{slot}^{subframe,\mu}$
0	14	10	1
1	14	20	2
2	14	40	4
3	14	80	8
4	14	160	16

图 1－2－6　正常 CP 情况下时隙的长度（每个时隙有 14 个符号）

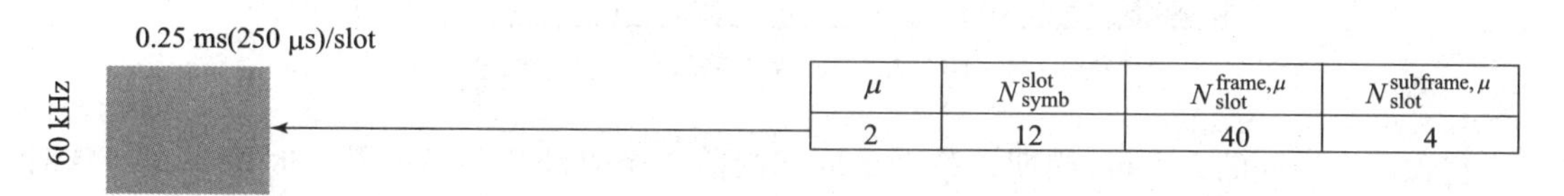

μ	N_{symb}^{slot}	$N_{slot}^{frame,\mu}$	$N_{slot}^{subframe,\mu}$
2	12	40	4

图 1－2－7　扩展 CP 情况下时隙的长度（每个时隙有 12 个符号）

以参数 μ 等于 2，子载波间隔为 60 kHz，使用普通循环前缀为例，帧结构如图 1－2－8 所示。

常见的几种帧结构配置如下（$\mu=1$，子载波间隔为 30 kHz，单个时隙长度为 0.5 ms）：

（1）2.5 ms 单周期

2.5 ms 单周期的时隙与符号的典型配置如图 1－2－9 所示。

每 2.5 ms 内前 3 个时隙为下行时隙，时隙 3 为特殊时隙，S 时隙配比可自定义，推荐 10∶2∶2，时隙 4 固定为上行时隙，依此循环。

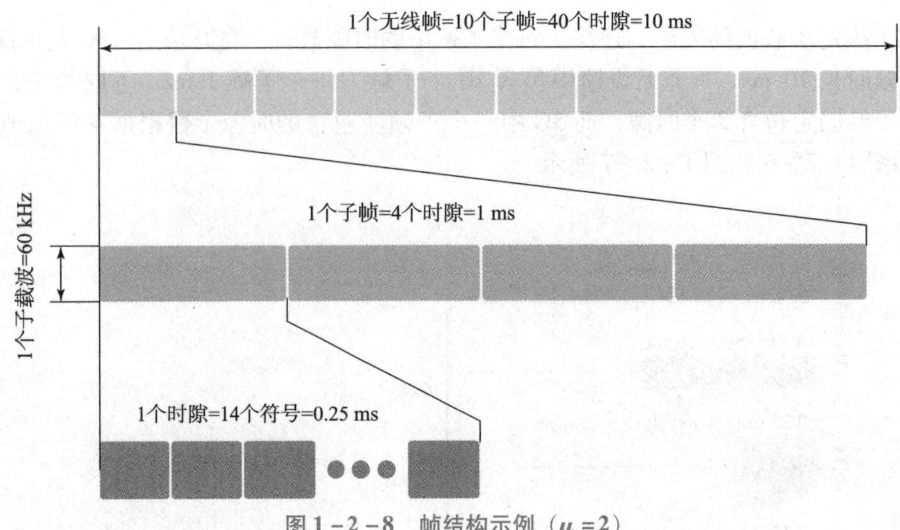

图 1-2-8 帧结构示例（$\mu=2$）

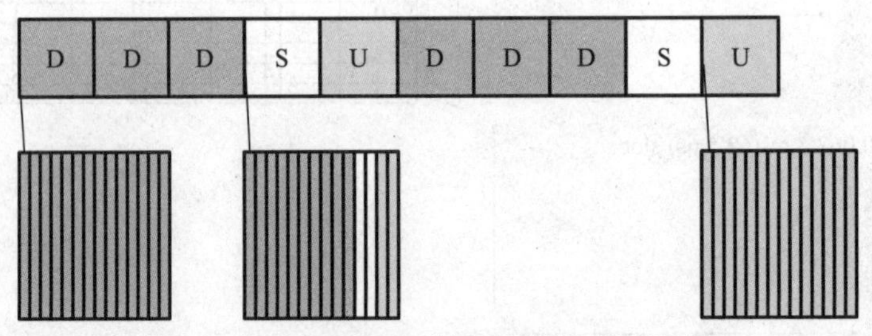

图 1-2-9 2.5 ms 单周期时隙与符号配置

（2）2.5 ms 双周期

2.5 ms 双周期时隙典型配置如图 1-2-10 所示。

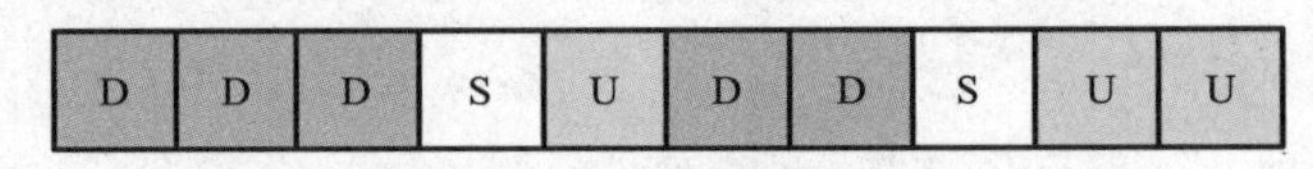

图 1-2-10 2.5 ms 双周期时隙与符号配置

包含两个不同的 2.5 ms 周期，第 1 个周期内前 3 个时隙为下行时隙，时隙 3 为特殊时隙，推荐 10:2:2，时隙 4 固定为上行时隙。第 2 个周期内前 2 个时隙为下行时隙，时隙 3 和时隙 4 为上行时隙。后续以 5 ms 为周期循环。

（3）2 ms 单周期

2 ms 单周期的时隙与符号的配置如图 1-2-11 所示。

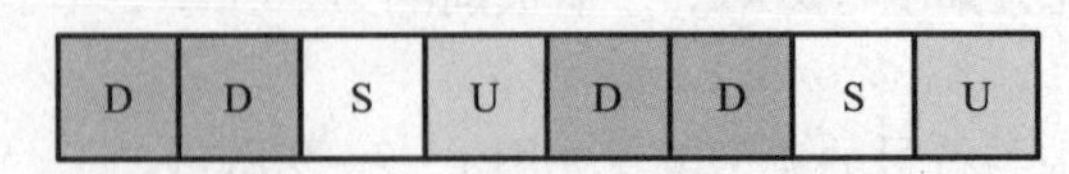

图 1-2-11 2 ms 单周期时隙与符号配置

每2 ms 内前2个时隙为下行时隙，时隙2为特殊时隙，推荐12:2:0，时隙3为上行时隙，依此循环。

（4）5 ms 单周期的时隙与符号的配置如图1-2-12所示。

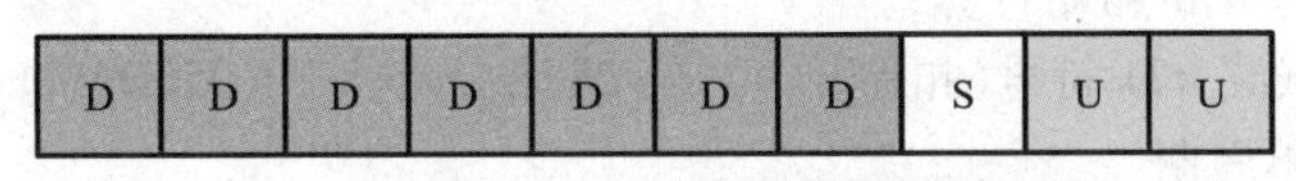

图1-2-12 5 ms 单周期时隙与符号配置

每5 ms 内前7个时隙为下行时隙，时隙7为特殊时隙，推荐10:2:2，时隙8和时隙9为上行时隙，依此循环。

具体时隙配置需根据业务需求灵活调整，当下载业务需求大时，可增加下行时隙数或S时隙中下行符号数；当上传业务需求大时，可增加上行时隙数或S时隙中上行符号数。

2.6.4 5G 峰值速率计算

高速率是5G网络三大特点之一，也是衡量无线网络优劣性的关键要素。5G峰值速率计算方式与LTE的类似，与资源分配、收发模式、调制方式、载波数等参数相关。

在计算理论峰值速率之前，需要确定以下参数的数值。

（1）资源块PRB数目

以目前5G sub-6 GHz频段为例，最多传输的PRB数目见表1-2-17（摘选自3GPPTS 38.101-1协议）。

表1-2-17 FR1最大传输带宽与RB数应用关系

SCS /kHz	5 MHz	10 MHz	15 MHz	20 MHz	25 MHz	30 MHz	40 MHz	50 MHz	60 MHz	80 MHz	90 MHz	100 MHz
	N_{RB}	N_{RB}	N_{RB}	N_{RB}	N_{RB}	N_{RB}	N_{RB}	N_{RB}	N_{RB}	N_{RB}	N_{RB}	N_{RB}
15	25	52	79	106	133	160	216	270	N/A	N/A	N/A	N/A
30	11	24	38	51	65	78	106	133	162	217	245	273
60	N/A	11	18	24	31	38	51	65	79	107	121	135

其中，带宽100 MHz、子载波间隔30 kHz的5G系统，最多传输的PRB数目为273。

（2）符号Symbol数目

以30 kHz的子载波间隔为例，循环前缀的类型为Nomal CP，每个slot的OFDM符号是14，则每个slot占用的时间是0.5 ms。

考虑到部分资源需要用于发送参考信号，此处扣除开销部分做近似处理，认为3个符号用于参考信号的发送，剩下11个符号用于数据传输。实际网络的开销计算更为复杂，此处不做过多介绍。当然，峰值速率与帧结构紧密相关。

5G上行理论峰值速率的粗略计算：

以上行基本配置，2流，64QAM（一个符号6 bit）为例计算。

Type 1：2.5 ms双周期。

由2.5 ms双周期帧结构可知，在特殊子帧时隙配比为10:2:2的情况下，5 ms内有（3+2×2/14）个上行slot，则每毫秒的上行slot数目约为0.657个/ms。

上行理论峰值速率的粗略计算：

273RB×12 子载波×11 符号(扣除开销)×0.657 个/ms×6 bit(64QAM)×2 流=284 Mb/s

由 2.5 ms 双周期帧结构可知，在特殊子帧时隙配比为 10:2:2 的情况下，5 ms 内有（5+2×10/14）个下行 slot，则每毫秒的下行 slot 数目约为 1.28 个/ms。

下行理论峰值速率的粗略计算：

273RB×12 子载波×11 符号(扣除开销)×1.28 个/ms×8 bit(256QAM)×4 流=1.48 Gb/s

Type 2：5 ms 单周期

由 5 ms 单周期帧结构可知，在特殊子帧时隙配比为 6:4:4 的情况下，5 ms 内有（2+4/14）个上行 slot，则每毫秒的上行 slot 数目约为 0.457 个/ms。

273RB×12 子载波×11 符号（扣除开销）×0.457 个/ms×8 bit（256QAM）×4 流=0.53 Gb/s

由 5 ms 单周期帧结构可知，在特殊子帧时隙配比为 6:4:4 的情况下，5 ms 内有(7+6/14)个下行 slot,则每毫秒的下行 slot 数目约为 1.48 个/ms。

下行理论峰值速率的粗略计算：

273RB×12 子载波×11 符号(扣除开销)×1.48 个/ms×8 bit(256QAM)×4 流=1.7 Gb/s

2.6.5 操作演示

①登录 1+X 5G 全网建设软件，打开“网络规划”→“规划计算”模块，选择建安市并选择“Option 3x”组网，如图 1-2-13 所示。

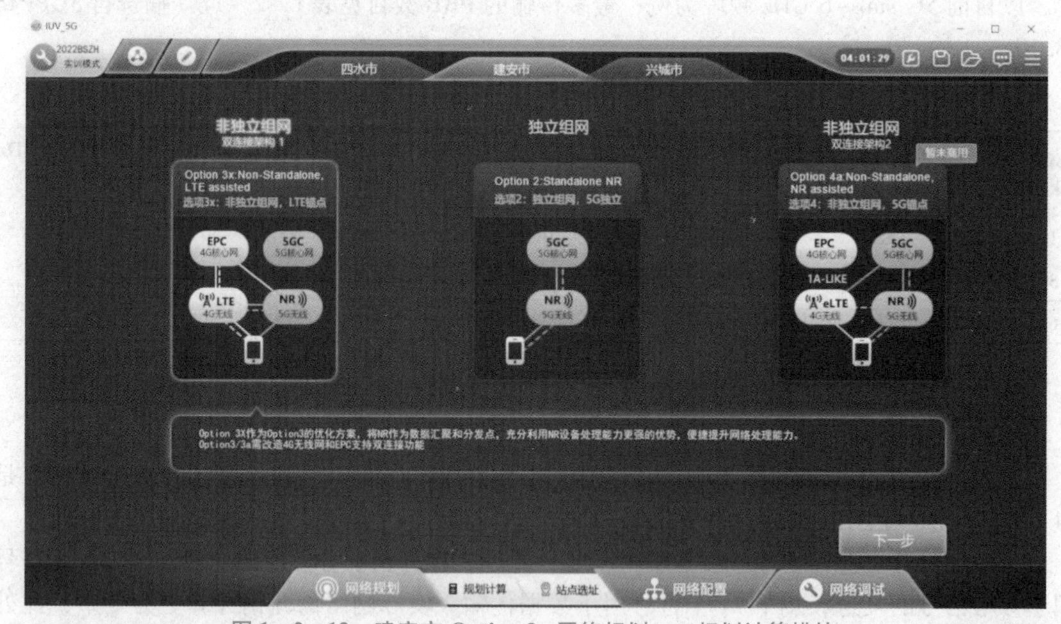

图 1-2-13 建安市 Option 3x 网络规划——规划计算模块

②无线网络规划。

单击“下一步”按钮进入规划计算，下拉选择“无线网”，如图 1-2-14 所示。

无线网络规划按照“无线覆盖”→“无线容量”→“无线综合”的顺序进行。进入规划计算后，具体步骤包括 PUSCH 的无线覆盖规划和 PDSC 无线覆盖规划。

③无线容量规划上/下行符号占比计算，如图 1-2-15 所示。

④核心网规划，如图 1-2-16～图 1-2-18 所示。

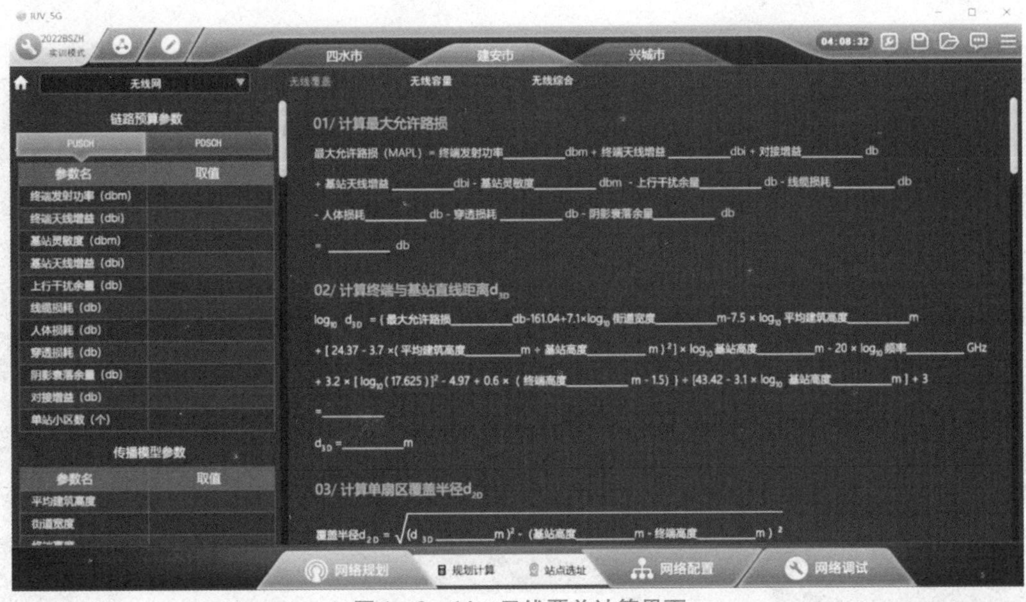

图1-2-14　无线覆盖计算界面

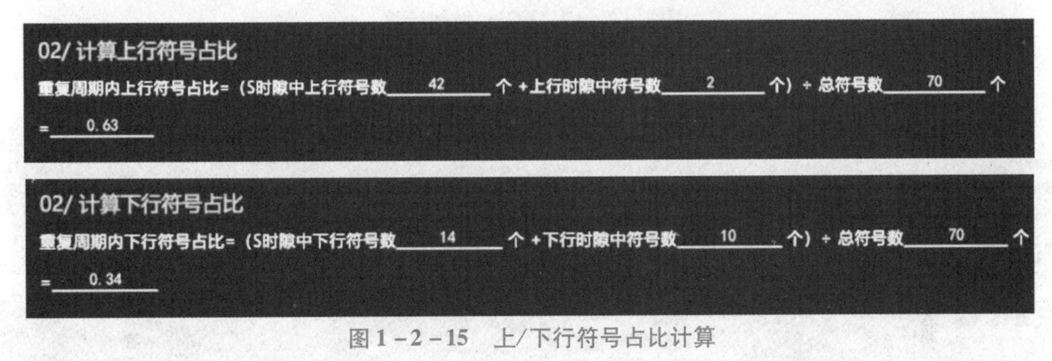

图1-2-15　上/下行符号占比计算

图1-2-16　MME 规划计算

图 1-2-17　PGW 规划计算

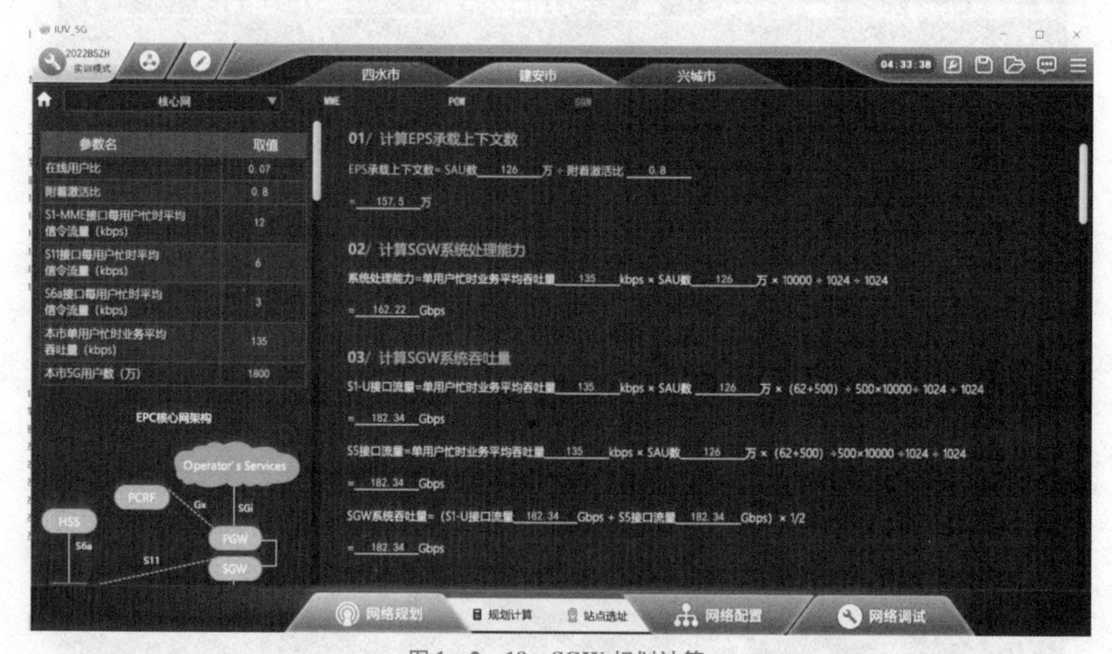

图 1-2-18　SGW 规划计算

2.7　拓展任务

该市拥有多个商业购物中心，交通便捷，移动上网用户数为 1 200 万，规划覆盖区域 1 600 平方千米，模型请参照表 1-2-18~表 1-2-23，选择合适的无线网规划参数进行规划计算。

表 1-2-18 PUSCH 信道参数规划

参数名	取值	单位
终端发射功率	23	dBm
终端天线增益	0	dBi
基站灵敏度	-117	dBm
基站天线增益	27	dBi
上行干扰余量	6	dB
线缆损耗	0	dB
人体损耗	0.2	dB
穿透损耗	28	dB
阴影衰落余量	16	dB
对接增益	5	dB
单站小区数	3	个

表 1-2-19 PDSCH 信道参数规划

参数名	取值	单位
基站发射功率	52	dBm
基站天线增益	27	dBi
终端灵敏度	-101	dBm
终端天线增益	0	dBi
下行干扰余量	8.5	dBi
线缆损耗	0	dB
人体损耗	0.2	dB
穿透损耗	28	dB
阴影衰落余量	16	dB
对接增益	5	dB
单站小区数	3	个

表 1-2-20 传播模型参数

参数名	取值	单位
平均建筑高度	30	m
街道宽度	25	m
终端高度	1.65	m

续表

参数名	取值	单位
基站高度	35	m
工作频率	3.5	GHz
本市区域面积	1 600	km^2

表 1-2-21　上行容量计算参数规划

参数名	取值
调制方式	256QAM
流数	2
μ	1
缩放因子	0.75
S时隙中上行符号数	4
最大 RB 数	250
R_{max}	948/1 024
开销比例	0.08
单小区 RRC 最大用户数	700
本市 5G 用户数	1 200 万
编码效率	0.8
上行速率转化因子	0.75
在线用户比例	0.15

表 1-2-22　下行容量计算参数规划

参数名	取值
调制方式	256QAM
流数	4
μ	1
缩放因子	0.86
S时隙中下行符号数	8
最大 RB 数	250
R_{max}	948/1 024
开销比例	0.16
单小区 RRC 最大用户数	700

续表

参数名	取值
本市 5G 用户数	1 200 万
编码效率	0. 8
下行速率转化因子	0. 8
在线用户比例	0. 15

表 1-2-23 无线综合参数规划

参数名	取值	单位
上行覆盖规划站点数目	参考无线覆盖计算项目结果	个
下行覆盖规划站点数目	参考无线覆盖计算项目结果	个
热点区域扩容比例	1. 35	—
4G 小区覆盖半径	0. 6	km

任务3　Option 3x 网络设备配置

学习目标

1. 掌握核心网与接入网各设备的部署方式与配置规范；
2. 了解各设备的基本功能与作用；
3. 能够进行线缆的选型、连接与制作。

建议学时

4 学时

3.1　任务描述

根据网络拓扑、网络规划及现网实际情况，选择合适的设备及合理的布放位置，完成无线接入机房和核心网机房中的设备安装、线缆制作与连接。

3.2　任务分析

分析工作任务的主要内容，查阅资料，需明确表 1-3-1 中的主要问题。

表 1-3-1　问题分析表

1	画出 ITBBU 的结构图：
2	ITBBU 各板卡的作用：

续表

3	标出各网元连接的线缆类型及各接口速率：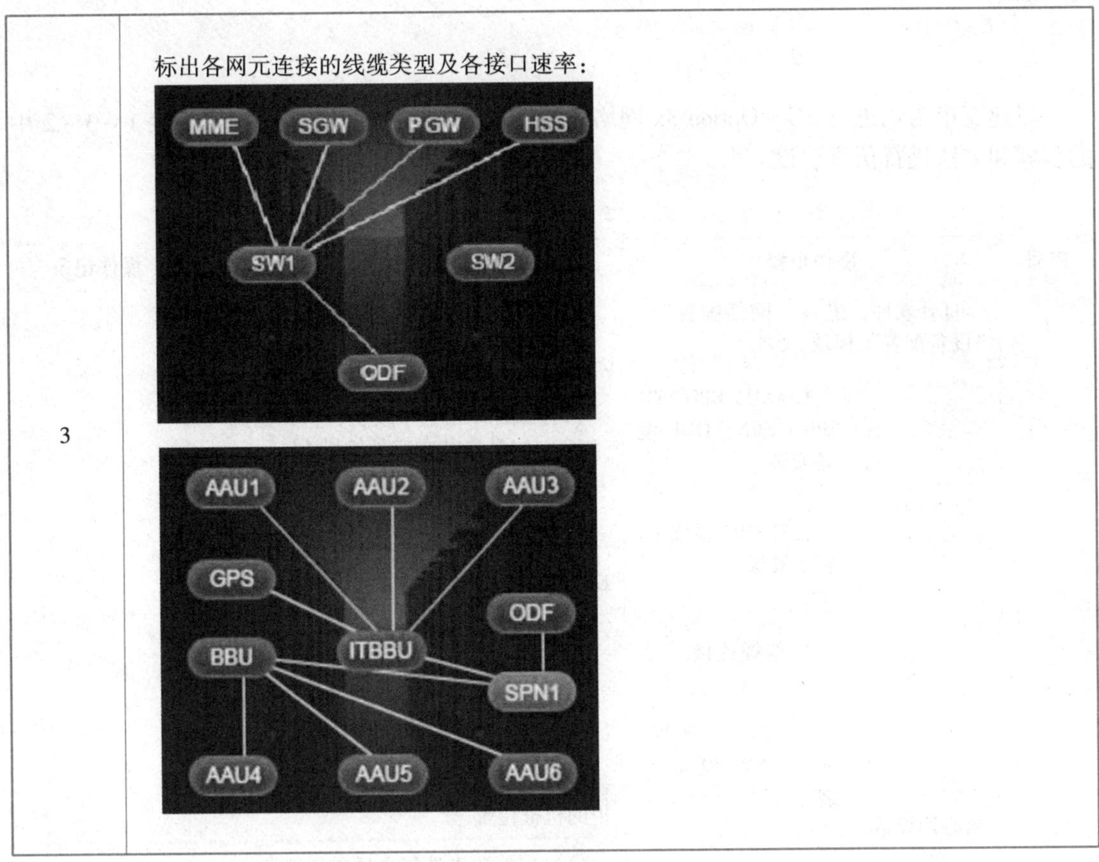

3.3 方案制订

3.4 任务实施

以建安市为例进行 5G - Option 3x 网络建设，用 1 + X 5G 全网建设软件按表 1 - 3 - 2 中的步骤和方法进行仿真建设。

表 1 - 3 - 2 任务实施表

序号	操作步骤		具体操作	操作记录
1	打开软件，进入“网络配置”→“设备配置”模块		（1）输入账号和密码 （2）选择建设城市	
2	无线网设备配置	1. AAU、BBU、ITBBU、SPN、ODF 设备安装	（1）鼠标单击选中设备，将其拖拽 （2）AAU 安装在室外铁塔上	
		2. ITBBU 设备的板卡安装	（1）确定 CU、DU 的布置方式 （2）安装 Bp5G、SW5G、GC、PD、EM 板卡	
		3. 线缆连接	（1）选择合适的线缆 （2）线缆两端口速率匹配	
3	核心网设备配置	1. MME、PGW、SGW、SW 设备安装	（1）鼠标单击打开机柜 （2）根据容量规划计算选择合适的设备，鼠标单击选中设备并将其拖拽至机柜的机框位置	
		2. 线缆连接	（1）鼠标单击选择合适的线缆 （2）线缆两端口速率匹配	
		3. 冗余设备的安装与线缆连接	（1）注意端口的选择 （2）明确各线缆两端连接的设备	

3.5 考核评价（表 1 - 3 - 3）

表 1 - 3 - 3 考核评价表

考核项目	考核内容	分值	评分细则	自我评价	小组评价	教师评价
职业素养	不迟到、不早退	2	违反一次不得分			
	团队协作精神	4	团队分工明确，任务完成顺利			
	精益求精	5	能提出改进建议且效果明显			
	创新精神	5	优化操作步骤			
	课堂积极性	5	根据上课情况统计			
	执行命令	4	根据任务完成过程统计			

续表

考核项目	考核内容	分值	评分细则	自我评价	小组评价	教师评价
技能素养	设备选型正确	10	根据规划计算正确选择设备，错一个扣1分			
	线缆选型正确	10	线缆选择错一个扣1分			
	端口连接正确	20	端口选择错一个扣1分，端口速率不匹配一个扣2分			
	ITBBU 板卡安装正确	5	板卡错一个扣1分			
知识素养	核心网结构、接口及各网元的作用	10	根据测试结果赋分			
	无线接入网结构、接口及各网元的作用	10	根据测试结果赋分			
	ITBBU 的结构及各板卡作用	10	根据测试结果赋分			

3.6　知识点精

3.6.1　5G Option 3x 网络结构

Option 3x 选项是非独立组网（NSA）的典型代表，NSA 的部署方式主要利用4G 的基础设施进行 5G 网络部署，常见的组网架构有 Option 3、Option 3x、Option 7，如图 1-3-1 所示（虚线代表信令，实线代表数据）。Option 3x 是 Option 3 的优化方案，基站连接的是 4G 核心网，控制面锚点是4G 基站（eNB），数据分流控制点是 5G 基站（gNB）。Option 3x 组网避免了对现已运行的4G 基站和核心网的过多改动，又利用了 5G 基站速度快、能力强的优势，是建网初期的主要选择。

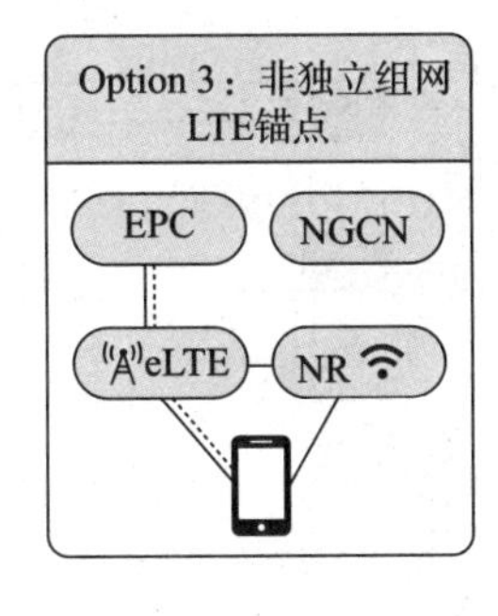

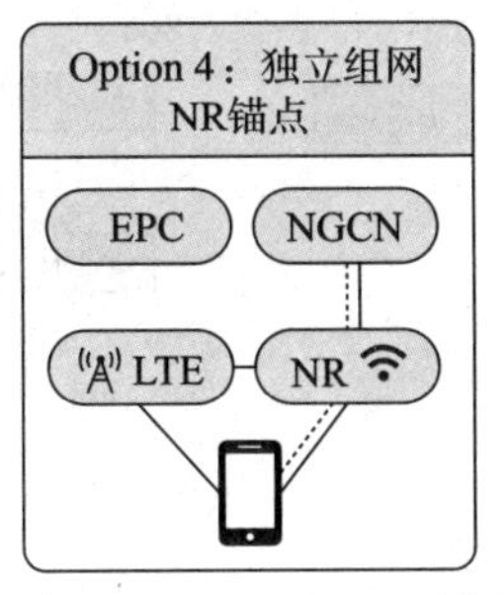

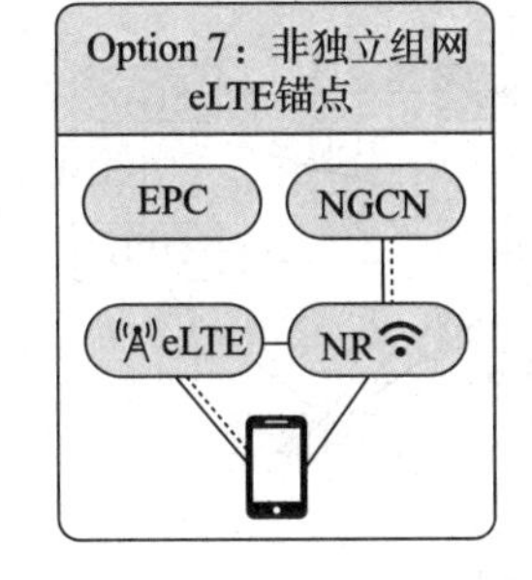

图 1-3-1　NSA 组网模式

3.6.2　5G NR

4G 网络结构如图 1-3-2 所示，由手机终端 UE、无线接入网 E-UTRAN 和核心网 EPC 组成，图中虚线是信令链路，实线是数据链路。Option 3x 是在 4G 的网络架构中加入 5G 基站（gNB）而成的，由于控制面锚点在 4G 基站，到 5G 基站的信令需要经过 4G 基站的转发；而数据分发点设置在 5G 基站，因此，5G 基站需要连接 4G 核心网的用户面服务网关 SGW 和用户终端 UE，同时，与 4G 基站有用户面连接，用于数据分流。5G NR 将 5G 基站重构为 CU 和 DU，集中单元 CU 主要处理非实时的无线高层协议栈功能，同时支持部分核心网功能下沉和边缘应用业务的部署；分部单元 DU 主要处理物理层功能和实时性需求的层 2 功能。因此，图 1-3-3 中 CU 负责 5G 基站的高层部分，直接与 SGW 和 ENB 相连，而 DU 面向基站底层部分与 UE 相连，CU、DU 之间的 F1 接口包括控制面和用户面两部分内容。CU 进一步分为控制面 CUCP 和用户面 CUUP，两者之间以 E1 接口连接，E1 接口是单纯的控制面接口，功能包括 E1 接口管理和 E1 承载上下文管理。而 DU 分别与两者都有连接，也分为用户面与控制面两条连接，因此，CUCP 除了连接 CUUP 外，还与 4G 基站有控制面的连接，而 CUUP 由于负责用户面，除了连接 SGW 和 DU 外，还与 4G 基站有用户面的连接。

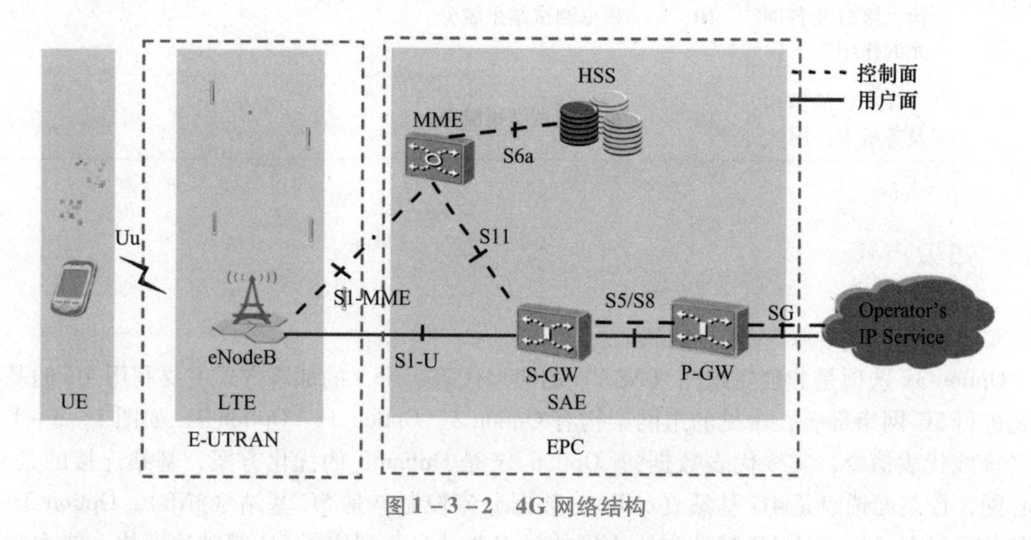

图 1-3-2　4G 网络结构

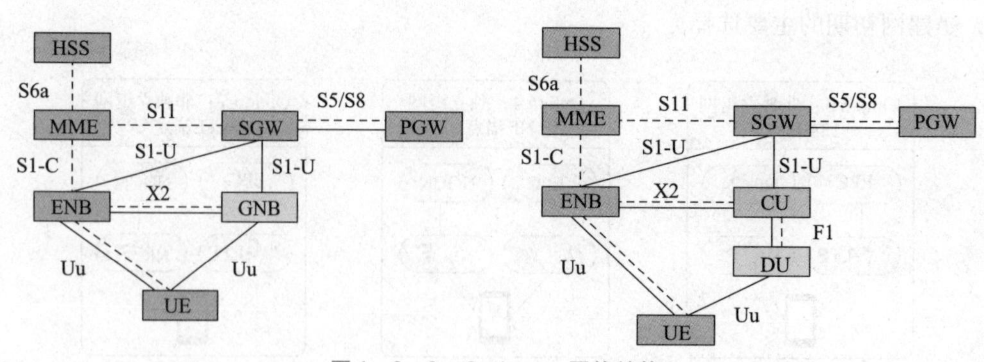

图 1-3-3　Option 3x 网络结构

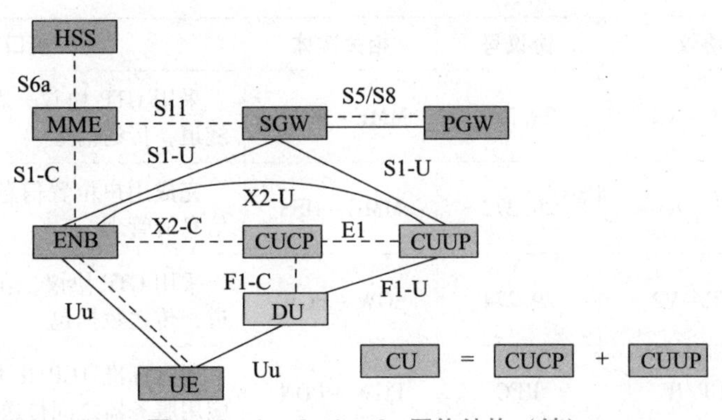

图 1－3－3　Option 3x 网络结构（续）

3.6.3　EPC 核心网

核心网 EPC 主要由移动性管理设备（MME）、服务网关（SGW）、分组数据网关（PGW）、存储用户签约信息的 HSS 和策略控制单元（PCRF）等组成。其中，SGW 和 PGW 逻辑上分设，物理上可以合设，也可以分设。EPC 核心网架构秉承了控制与承载分离的理念，将 2G/3G 分组域中 SGSN 的移动性管理、信令控制功能和媒体转发功能分离出来，分别由两个网元来完成。其中，MME 负责移动性管理、信令处理等功能；SGW 负责媒体流处理及转发等功能；PGW 则仍承担 GGSN 的职能；HSS 的职能与 HLR 的类似，但功能有所增强，新增的 PCRF 主要负责计费、QoS 等策略。主要的网元功能及接口关系见表 1－3－4 和表 1－3－5。

表 1－3－4　EPC 网元功能

名称	说明
MME	MME（Mobility Management Entity，移动管理实体）主要负责信令处理，包括负责移动性管理、承载管理、用户的鉴权认证、SGW 和 PGW 的选择等功能
SGW	SGW（Serving Gateway，服务网关）主要负责用户面处理、数据包的路由和转发等功能
PGW	PGW（PDN Gateway，分组数据网网关）主要负责管理 3GPP 和 non－3GPP 间的数据路由等 PDN 网关功能、地址分配
HSS	HSS（Home Subscriber Server，归属用户服务器）主要负责存储并管理用户签约数据，包括用户鉴权信息、位置信息及路由信息

表 1－3－5　网元接口对应表

接口	协议	协议号	相关实体	接口功能
s1－c	S1AP	36.413	eNB－MME	用于传送会话管理（SM）和移动性管理（MM）信息
s1－u	GTP－V1	29.060	eNB－SGW gNB－SGW	在 GW 与 eNdoeB 设备之间建立隧道，传送数据包
s11	GTP－V2	29.274	MME－SGW	采用 GTP 协议，在 MME 与 SGW 设备建立隧道，传送信令

续表

接口	协议	协议号	相关实体	接口功能
s10	GTP - V2	29. 274	MME - MME	采用 GTP 协议，在 MME 设备间建立隧道，传送信令
S6a	Diameter	29. 272	MME - HSS	完成用户位置信息的交换和用户签约信息的管理
s5/s8	GTP - V2	29. 274	SGW - PGW	采用 GTP 协议，在 GW 设备间建立隧道，传送数据包
sGi	TCP/IP	RFC	PGW - PDN	通过标准 TCP/IP 协议在 PGW 与外部应用服务器之间传送数据
x2	X2AP	36. 423	eNB - gNB	4G 系统和 5G 系统无线之间信令服务
Uu	L1/L2/L3	36. 2XX、36. 3XX	UE - eNB	无线空中接口，主要完成 UE 和 eNB 基站之间无线数据的交换
F1	F1AP	38. 46X	DU - CUCP	CU 和 DU 之间的接口
E1	E1AP	38. 47X	CUCP - CUUP	CUCP 与 CUUP 逻辑实体之间的接口

3. 6. 4 线缆制作

1. 光纤熔接

光纤熔接

光纤熔接视频

熔纤机使用

2. 网线制作（视频）

网线制作

3. 6. 5 操作演示

1. 核心网设备配置

添加设备时，每种设备有大型、中型、小型可供选择，设备型号的选择根据容量规划进行。

2. 设备连接

线缆池中提供成对 LC - LC 光纤、LC - FC 光纤、成对 LC - FC 光纤、成对 LC - FC 光纤、以太网线、天线跳线、GPS 跳线等线缆可供选择，单击选中线缆，鼠标光标会附带接口连线，选择需要的线缆。根据设备上不同接口的不同需要进行线缆的连接，并且保证线缆两端速率匹配。各线缆功能见表 1-3-6。

表 1-3-6　各线缆功能

名称	说明
LC-LC 光纤	光口之间的连接，常用于连接 BBU 和 AAU、ITBBU 和 AAU、ITBBU 和 SPN
LC-FC 光纤	常用于连接 SPN 与 ODF
以太网线	网口之间的连接，常用于连接 SPN 与 BBU
天线跳线	属于二分之一馈线
GPS 跳线	用于 5G 虚拟交换单板 GNSS 接口和 GPS 防雷器的连接
GPS 馈线	常用于连接 ITBBU 与 GPS

3. 具体操作过程扫码查看

核心网数据配置

3.7　拓展任务

完成尾纤与皮线光线的熔接。

任务4 Option 3x 网络数据配置

学习目标

1. 掌握各网元 IP 及参数的规划方法；
2. 熟悉各网元数据的意义；
3. 能够进行 Option 3x 网络的数据规划；
4. 掌握各网元对接配置、路由配置的方法；
5. 掌握数据配置的步骤；
6. 能够准确地进行 Option 3x 网络的数据配置。

建议学时

4 学时

4.1 任务描述

设备配置工作已经完成，现需要根据局方提供的网络数据（二维码）、网络结构合理地规划数据并对实体设备进行数据配置。

4.2 任务分析

分析工作任务的主要内容，查阅资料，需明确表 1-4-1 和表 1-4-2 中的主要问题。

1. 数据规划（表 1-4-1）

表 1-4-1 数据规划任务分析表

序号	问题	答案	备注
1	核心网各网元接口 IP 规划的原则是什么？		
2	物理接口与逻辑接口的区别是什么？		
3	5G 移动网络的公共参数及其含义是什么？		
4	掩码的作用是什么？		
5	何为同一网段？		
6	10.1.1.1/30 的网络地址和主机地址是什么？		

2. 数据配置（表1-4-2）

表1-4-2 数据配置分析表

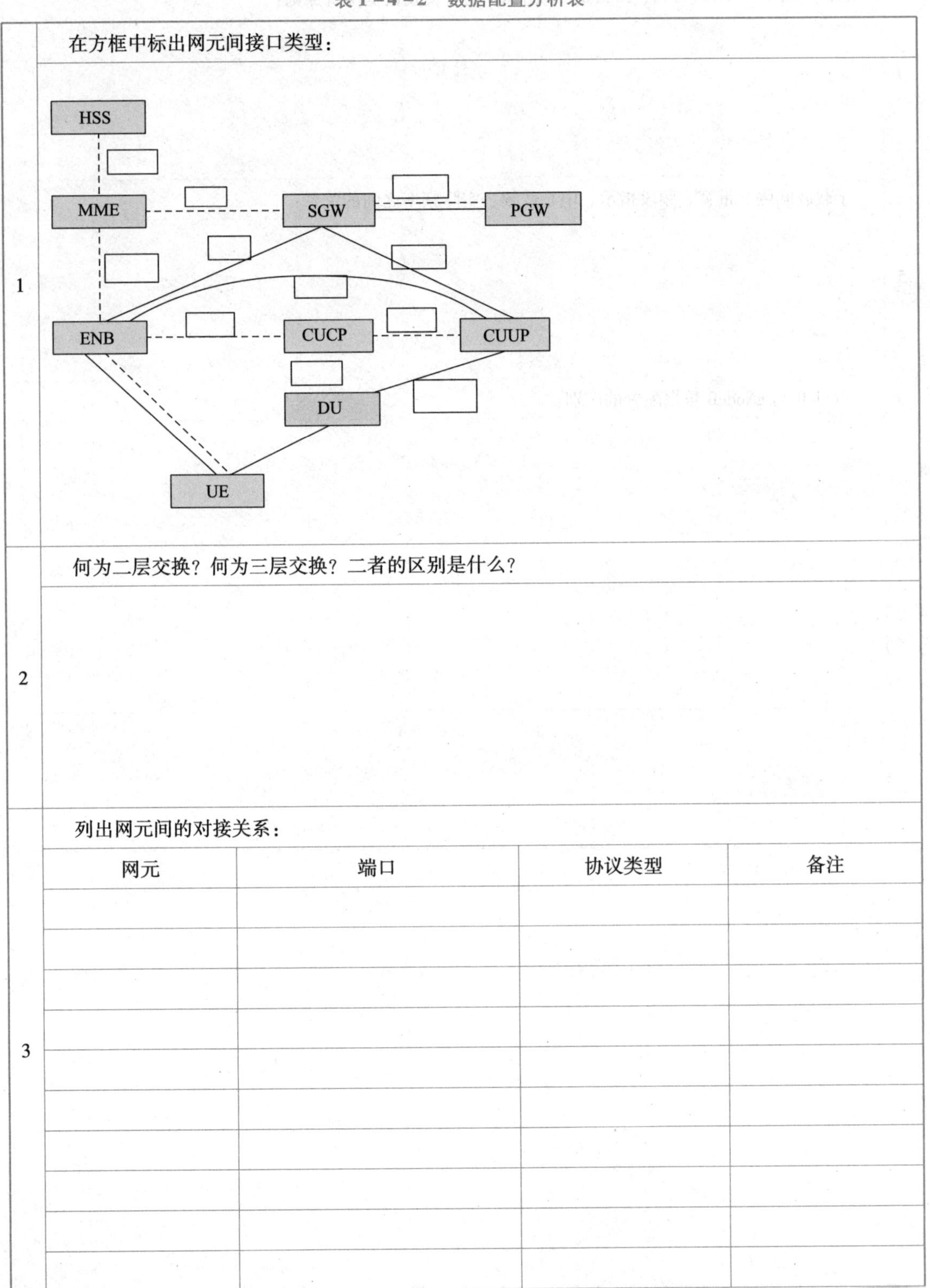

序号	内容
1	在方框中标出网元间接口类型：
2	何为二层交换？何为三层交换？二者的区别是什么？
3	列出网元间的对接关系：

网元	端口	协议类型	备注

续表

4	MCC、MNC、TAC、PCI、PLMM、基站标识的含义及数据配置原则：
5	子载波间隔、带宽、频段指示、中心载频、实际频率之间的关系：
6	eNodeB 与 gNodeB 数据配置的区别：

4.3 方案制订

4.4　任务实施

用 1 + X 5G 全网建设软件以 JA 市为例按照表 1 - 4 - 3 进行数据配置。

表 1 - 4 - 3　实施步骤操作表

序号	操作步骤	操作提示	操作记录
一、数据规划			
1	扫描二维码，打开核心网数据规划模板填写规划表	主要各网元接口的 IP 规划，根据规划原则进行	
2	扫描二维码，打开无线接入网参数规划模板填写规划表	注意 5GNR 与 4G 基站参数的区分	
二、核心网数据配置			
1	打开软件，单击"网络配置"→"数据配置"→"建安市"→"建安市核心网机房"	进入建安市核心网的数据配置模块	
2	MME 数据配置	①全局性移动参数配置： 根据规划表配置，全网数据保持一致	
		②MME 控制地址： S10 接口地址	
		③对接配置： MME 分别与 eNodeB、HSS、SGW 对接，接口分别是 S1 - U/S1 - MME、S6a 和 S11	
		④TAC 配置： 增加 TAC 区域，TAC 值为四位十六进制	
		⑤基本会话业务配置： 有两个基本会话业务需要配置，其中 APN 地址解析 PGW，解析地址为 PGW 的 S5/S8 GTP - C 控制面地址，APN 的名称全网一致；EPC 地址解析的是 SGW，解析地址为 SGW 的 S11 GTP - C 控制面地址	
		⑥接口 IP 配置： 根据硬件配置的连接接口增加 MME 的物理接口地址	
		⑦路由配置： 配置 MME 至 eNodeB、HSS、SGW 路由，下一跳为核心网网关；如配置默认路由，则目的地址与掩码都为 0	

续表

序号	操作步骤	操作提示	操作记录
3	SGW 数据配置	①PLMN 配置： MCC、MNC 与 MME 数据中的“全局性移动参数配置”一致	
		②MME 对接配置： IP 地址为 SGW 的 S11 GTP－C 地址	
		③与 eNodeB 对接配置： IP 地址为 S1－U 接口地址	
		④与 PGW 对接配置： IP 地址为 S5/S8GTP－C 与 S5/S8GTP－U 接口地址	
		⑤接口 IP 配置： 根据硬件配置的连接接口增加 SGW 的物理接口地址	
		⑥路由配置： 配置 SGW 至 MME、eNodeB、PGW 的路由，下一跳为核心网网关；如配置默认路由，则目的地址与掩码都为 0	
4	PGW 数据配置	①PLMN 配置： MCC、MNC 与 MME 数据中的“全局性移动参数配置”一致	
		②与 SGW 对接配置： IP 地址为 PGW 的 S5/S8GTP－C 与 S5/S8GTP－U 接口地址	
		③地址池配置： 用于移动用户上网分配的地址	
		④接口 IP 配置： 根据硬件配置的连接接口增加 PGW 的物理接口地址	
		⑤路由配置： 配置与 SGW 的路由，下一跳为核心网网关；如配置默认路由，则目的地址与掩码都为 0	
5	HSS 数据配置	①与 MME 对接配置： 注意本/对端 IP 号、端口号，以及域名和主机名，必须与 MME 侧配置的 HSS 对接保持一致	

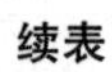

续表

序号	操作步骤	操作提示	操作记录
5	HSS 数据配置	②接口 IP 配置： 根据硬件配置的连接接口增加 HSS 的物理接口地址	
		③路由配置： 配置与 MME 的路由，下一跳为核心网网关；如配置默认路由，则目的地址与掩码都为 0	
		④APN 管理： APN ID：全网一致。 APN IN：APN 名称，与 MME 的 ANP 解析中的名称一致。 QoS 分类识别码：根据网络支持的业务类型填写	
		⑤Profile 管理	
		⑥签约用户管理： 参数与业务调试中的终端手机的参数一致	
6	SW 配置	①物理接口配置： 根据设备连接实际情况配置数据	
		②逻辑接口配置： 配置各 VLAN 接口的 IP 与掩码。注意 VLAN 两端的连接接口	
		③静态路由配置： 三层交换或二层交接，也可用 OSPF	
三、无线接入网数据配置			
1	打开软件，单击“网络配置”→“数据配置”→“建安市”→“建安 B 站点机房”	进入建安市无线侧 B 站点机房数据配置模块	
2	4G 天线配置	单击“AAU4”→“射频配置”，根据无线数据规划表配置数据，AAU5、AAU6 的射频配置和 AAU4 的一致	
3	BBU 配置	①网元管理： 根据无线数据规划表配置数据	
		②4G 物理参数配置： 将光口/网口使能，光口和网口根据硬件连接进行选择	
		③IP 配置： 填写 BBU 的 IP 地址	

续表

<table>
<tr><th>序号</th><th>操作步骤</th><th colspan="2">操作提示</th><th>操作记录</th></tr>
<tr><td rowspan="2">3</td><td rowspan="2">BBU 配置</td><td colspan="2">④对接配置：
SCTP 配置：用于控制面链路。注意偶联 ID 不能重复；两端端口号相对应。
静态路由：用于用户面链路</td><td></td></tr>
<tr><td colspan="2">⑤无线参数配置：
a. eNodeB 配置。
b. TDD 小区配置：一共 3 个小区。小区的 ID、AAU、PCI 不同。
c. NR 邻接小区配置：配置 5GNR 小区参数。
d. 邻接关系表配置</td><td></td></tr>
<tr><td>4</td><td>5G 天线配置</td><td colspan="2">单击“AAU1”→“射频配置”，根据无线数据规划表配置数据，AAU2、AAU3 的射频配置和 AAU4 的一致</td><td></td></tr>
<tr><td rowspan="4">5</td><td rowspan="4">ITBBU 配置</td><td colspan="2">①NR 网元管理：
根据无线数据规划表配置数据。网元类型、时钟同步模式与 4G 的一致</td><td></td></tr>
<tr><td colspan="2">②5G 物理参数配置：
将光口/网口使能，光口和网口根据硬件连接选择</td><td></td></tr>
<tr><td rowspan="2">③DU 配置</td><td>DU 对接配置：以太网接口。
IP 配置：DU 的 IP 根据规划表配置。
SCTP 配置：控制面链路</td><td></td></tr>
<tr><td>DU 功能配置：
a. DU 管理：基站标识、DU 标识、PLMN 全网一致。
b. QoS 业务配置：根据所支持的业务类型配置。
c. 扇区载波：3 个小区。
d. DU 小区配置：3 个小区根据规划表配置。
接纳控制配置：
a. BWPUL 参数：3 个小区的小区标识、上行 BWP 索引不同。
b. BWPDL 参数</td><td></td></tr>
</table>

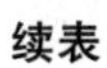

续表

序号	操作步骤	操作提示		操作记录
5	ITBBU 配置	③DU 配置	物理信道配置： PRACH 信道配置：小区标识、起始逻辑根序列索引不同。注意，起始逻辑根序列在整个软件中不能重复；3 个小区的 PRACH 格式必须一致；UE 接入和切换可用 preamble 码个数一定要小于前导码个数	
			SRS 公用参数： 小区标识不同，SRS 轮发开关打开，其他参数在取值范围内即可	
			测量与定时器开关： 帧结构与网络规划一致	
		④CU 配置	gNBCUCP 功能： CU 管理：基站标识、CU 标识、基站 CU 名称全网一致；PLMN 与核心网一致；CU 承载链路端口与硬件连接一致。 IP 配置：配置 CUCP 的 IP 地址及 VLAN。 SCTP 配置：信令面链路，至 BBU、DU、CUUP。 CU 小区：3 个低频小区	
			gNBCUUP 功能： IP 配置：配置 CUUP 的 IP 地址及 VLAN。 SCTP 配置：信令面链路，至 CUCP。 静态路由：用户面链路，至 BBU、SGW	

4.5 考核评价（表 1-4-4）

表 1-4-4 考核评价表

考核项目	考核内容	分值	评分细则	自我评价	小组评价	教师评价
职业素养	不迟到、不早退	4	违反一次不得分			
	团队协作精神	4	团队分工明确，任务完成顺利			
	精益求精	4	能提出改进建议且效果明显			
	创新精神	4	优化操作步骤			
	课堂积极性	4	根据上课统计情况			
	执行命令	4	根据任务完成过程统计			
	诚实劳动	4	与其他组的规划不一样			
技能素养	规划表规范合理	10	每一个规划参数 1 分			
	核心网数据配置正确	15	每一个数据配置单元 1 分			
	无线侧数据配置正确	25	每一个数据配置单元 1 分			
知识素养	IP、VLAN 知识	10	根据测试结果赋分			
	各参数关系清晰	10	根据测试结果赋分			

4.6 知识点精

4.6.1 数据规划

Option 3x 网络的设备安装之后进入数据配置环节。在数据配置之前，要对网络进行合理的数据规划，才能保证数据配置的正确性。Option 3x 网络的数据规划主要分为 IP 地址规划与小区参数规划。

1. IP 规划

IP 规划需要规划所有网元的物理接口、逻辑接口以及路由的 IP，IP 规划有两种选择：

①将所有网元的物理地址划分为同一网段，将各自网元的逻辑地址分为不同网段；

②将所有网元物理地址、逻辑地址划分为不同网段。

在初学期间推荐使用第一种规划方法。IP 地址规划合理即可，不受具体工程参数的限制。在软件中主要规划 3 类 IP 地址。

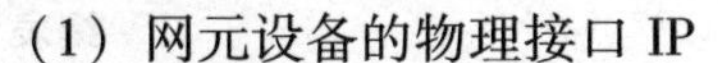

（1）网元设备的物理接口 IP

核心网侧的 MME、SGW、PGW、HSS，无线侧的 BBU、DU、CUCP、CUUP。

（2）对接接口逻辑 IP

根据 Option 3x 的网络架构，主要对接逻辑接口，见表 1-3-5。

MME：S10 接口（MME-MME）、S11 接口（MME-SGW）、S6A 接口（MME-HSS）、S1-MME/S1-C 接口（MME-eNodeB）。

SGW：S11 接口（SGW-MME）、S1-U 接口（SGW-BBU/SGW-CUUP）、S5/S8 接口（SGW-PGW）。

PGW：S5/S8 接口（PGW-SGW）。

HSS：S6A 接口（HSS-MME）。

BBU：S1-MME/S1-C 接口（eNodeB-MME）、X2-U 接口（BBU-CUUP）、X2-C 接口（BBU-CUCP）、S1-U 接口（BBU-SGW）。

CUCP：X2-C 接口（CUCP-BBU）、E1 接口（CUCP-CUUP）、F1-C 接口（CUCP-DU）。

CUUP：S1-U 接口（CUUP-SGW）、E1 接口（CUUP-CUCP）、X2-U 接口（CUUP-BBU）、F1-U（CUUP-DU）。

DU：F1-C（DU-CUCP）、F1-U（DU-CUUP）。

网关地址：主要是核心网交换机 SW 规划网关地址。若核心网设备的网元设备在同一网段，下一跳可以直接跳到同一网关地址；若核心网设备的网元设备不在同一网段，则下一跳为各设备的网关地址。

2. 全局性参数规划

全局性参数包括 MCC、MNC、网络模式、TAC、PLMN 等。

①MCC：Mobile Country Code，移动国家码，MCC 的资源由国际电联（ITU）统一分配和管理，唯一识别移动用户所属的国家，共 3 位，中国为 460 和 461。各国的移动国家码见表 1-4-5。

表 1-4-5　移动国家码分配表

代码（MCC）	ISO 3166-1	国家
202	GR	希腊
204	NL	荷兰
206	BE	比利时
208	FR	法国
212	MC	摩纳哥
311	美国	美国
312	美国	美国
313	美国	美国
314	美国	美国
315	美国	美国

续表

代码（MCC）	ISO 3166－1	国家
316	美国	美国
460	CN	中国
461	CN	中国
467	KP	韩国，北
470	BD	孟加拉国
472	MV	马尔代夫

②MNC（Mobile Network Code，移动网络码），共2位。用于区分移动网络。如中国移动TD系统使用00，中国联通GSM系统使用01，中国移动GSM系统使用02，中国电信CDMA系统使用03等。

③PLMN（Public Land Mobile Network，公共陆地移动网）。由政府或它所批准的经营者，为公众提供陆地移动通信业务而建立和经营的网络。该网络通常与公众交换电话网（PSTN）互连，形成整个地区或国家规模的通信网。PLMN ＝MCC＋MNC。

④IMSI（International Mobile Subscriber Identity，国际移动用户识别码），共15/16位。储存在SIM卡中，国际上唯一识别一个移动用户所分配的号码。IMSI＝MCC＋MNC＋MSIN。

移动网络通过分析IMSI值来确定其归属网络，以及是否可以使用所在网络（运营商）的服务的过程。当用户所在的网络与IMSI归属网络不同时，两个网络之间需要有漫游协定。

⑤MDN：手机号码。在中国大陆地区使用的手机号码组成是11位，其中每一段都有各自不同的含义以及编码方式。MDN号码的构成如图1－4－1所示。

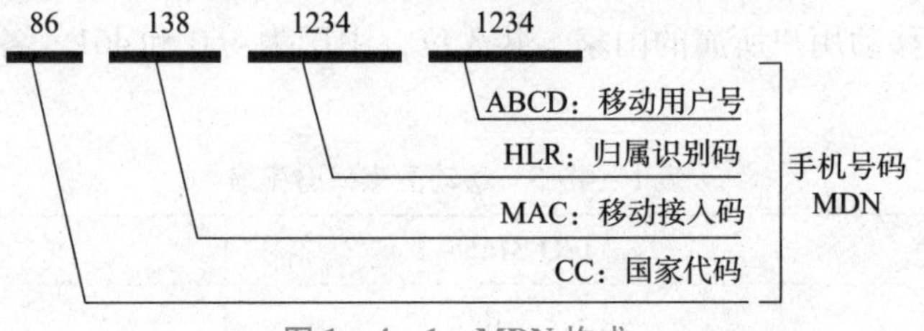

图1－4－1　MDN构成

IMSI与MDN的关系（二维码）：

IMSI与MDN的关系

手机查询MCC与MNC号

⑥TAC（Tracking Area Code，跟踪区域码），用于UE的位置管理，在PLMN内唯一。一个跟踪区域可以涵盖一个或者多个小区。TAC包括的小区多，可能导致寻呼成本高；TAC包括的小区少，可能导致位置更新成本高。

TA的规划要确保寻呼信道容量不受限，同时，对于区域边界的位置更新开销最小，而

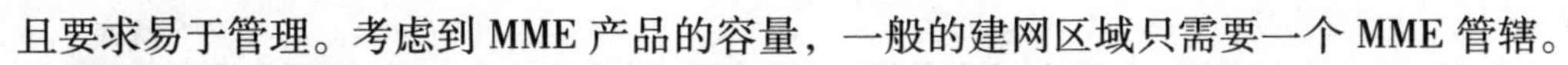

且要求易于管理。考虑到 MME 产品的容量，一般的建网区域只需要一个 MME 管辖。

TA 的规划原则：

①跟踪区的划分不能过大或过小，TAC 的最大值由 MME 的最大寻呼容量决定。

②不连续覆盖时，孤岛使用单独的跟踪区，不规划在一个 TA 中。

③跟踪区规划应在地理上为一块连续的区域，避免和减少各跟踪区基站插花组网。

④利用规划区域山体、河流等作为跟踪区边界，减少两个跟踪区下不同小区交叠深度，尽量使跟踪区边缘位置更新成本最低。

⑤寻呼区域不跨 MME。

3. 小区参数规划

（1）AAU 频段

在 3GPP 协议中，5G 的总体频谱资源如图 1-4-2 所示，可以分为两个 FR（Frequency Range），分别是 FR1 和 FR12。

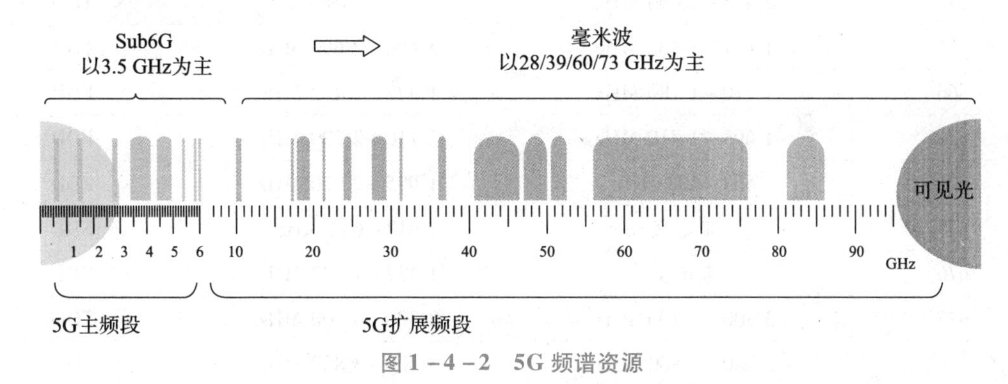

图 1-4-2　5G 频谱资源

FR1：Sub6G 频段，也就是人们通常所说的低频频段，范围在 410～7125 MHz 之间，是 5G 的主用频段，其中 3 GHz 以下的频率称为 Sub3G，其余频段称为 C-band。

FR2：毫米波，也就是人们通常所说的高频频段，范围在 24 250～52 600 MHz 之间，为 5G 的扩展频段，频谱资源丰富。

FR1 的具体工作频段见表 1-4-6。FR1 的优点是频率低，绕射能力强，覆盖效果好，是当前 5G 的主力频段。FR1 作为基础覆盖频段，最大支持 100 MHz 带宽。其中低于 3 GHz 的部分，包括了现网在用的 2G、3G、4G 的频谱，在建网初期可以利旧站址的部分资源实现 5G 网络的快速部署。

表 1-4-6　FR1 的工作频段

工作频段	上行	下行	双工模式
n1	1 920～1 980 MHz	2 110～2 170 MHz	FDD
n2	1 850～1 910 MHz	1 930～1 990 MHz	FDD
n3	1 710～1 785 MHz	1 805～1 880 MHz	FDD
n5	824～849 MHz	869～894 MHz	FDD
n7	2 500～2 570 MHz	2 620～2 690 MHz	FDD

续表

工作频段	上行	下行	双工模式
n8	880～915 MHz	925～960 MHz	FDD
n12	699～716 MHz	729～746 MHz	FDD
n20	832～862 MHz	791～821 MHz	FDD
n25	1 850～1 915 MHz	1 930～1 995 MHz	FDD
n28	703～748 MHz	758～803 MHz	FDD
n34	2 010～2 025 MHz	2 010～2 025 MHz	TDD
n38	2 570～2 620 MHz	2 570～2 620 MHz	TDD
n39	1 880～1 920 MHz	1 880～1 920 MHz	TDD
n40	2 300～2 400 MHz	2 300～2 400 MHz	TDD
n41	2 496～2 690 MHz	TDD	TDD
n51	1 427～1 432 MHz	2 496～2 690 MHz	TDD
n66	1 710～1 780 MHz	1 427～1 432 MHz	FDD
n70	1 695～1 710 MHz	2 110～2 200 MHz	FDD
n71	663～698 MHz	1 995～2 020 MHz	FDD
n75	未定义	617～652 MHz	SDL
n76	未定义	1 427～1 432 MHz	SDL
n77	3 300～4 200 MHz	3 300～4 200 MHz	TDD
n78	3 300～3 800 MHz	3 300～3 800 MHz	TDD
n79	4 400～5 000 MHz	4 400～5 000 MHz	TDD
n80	1 710～1 785 MHz	未定义	SUL
n81	880～915 MHz	未定义	SUL
n82	832～862 MHz	未定义	SUL
n83	703～748 MHz	未定义	SUL
n84	1 920～1 980 MHz	未定义	SUL
n86	1 710～1 780 MHz	未定义	SUL

FR2 的具体的工作频段见表 1－4－7。FR2 的优点是超大带宽、频谱干净、干扰较小，作为 5G 后续的扩展频段。FR2 作为容量补充频段，最大支持 400 MHz 的带宽，未来很多高速应用都会基于此段频谱实现。

表 1－4－7　FR2 工作频段

NR 频段号	上/下行频段基站接收/UE 发射	双工模式
n257	26 500～29 500 MHz	TDD
n258	24 250～27 500 MHz	TDD
n260	37 000～40 000 MHz	TDD

在我国，工信部于2019年6月向各大运营商颁发了5G牌照。中国移动获得了2 515～2 675 MHz 和4 800～4 900 MHz 两个5G频段，频段号分别为n41和n79。中国电信获得了3 400~3 500 MHz 的频段，频段号为n78。中国联通获得了3 500～3 600 MHz 的频段，频段号也是n78。作为最近加入的国内第四大运营商，中国广电也获得了频段号为n79的4 900～4 960 MHz 频段与频段号为n28的700 MHz 频段。另外，中国广电、中国电信、中国联通三家企业在全国范围共同使用3 300～3 400 MHz 频段用于5G室内覆盖。

4G 移动通信网络的工作频段见表1－4－8。

表1－4－8 4G 的工作频段

Band	UL/MHz	DL/MHz	Simp. BW /MHz	Total BW /MHz	Mode	Notes
1	1 920～1 980	2 110～2 170	60	120	FDD	EMEA，Japan
2	1 850～1 910	1 930～1 990	60	120	FDD	Quad band GSM
3	1 710～1 785	1 805～1 880	75	150	FDD	Quad band GSM，DCS 1800
4	1 710～1 755	2 110～2 155	45	90	FDD	AWS
5	824～849	869～894	25	50	FDD	Quad band GSM
6	830～840	875～885	10	20	FDD	Not applicable to 3GPP
7	2 500～2 570	2 620～2 690	70	140	FDD	EMEA
8	880～915	925～960	35	70	FDD	Quad band GSM，GSM 900
9	1 749.9～1 784.9	1 844.9～1 879.9	35	70	FDD	1 700 MHz，Japan
10	1 710～1 770	2 110～2 170	60	120	FDD	Extended AWS
11	1 427.9～1 452.9	1 475.9～1 500.9	25	50	FDD	1.5 GHz Lower，Japan
12	698～716	728～746	18	36	FDD	Lower 700 MHz，C Spire＋USCC－LTE
	N/A	716～722	6	6	DL only	Originally Ch. 55 for QCOM mDTV venture－MediaFLO，Spectrum was sold to AT&T
13	777～787	746～756	10	20	FDD	Upper 700 MHz，VzW－LTE
14	788～798	758～768	10	20	FDD	US FCC Public Safety
15	1 900～1 920	2 600～2 620	20	40	FDD	
16	2 010～2 025	2 585～2 600	15	30	FDD	
17	704～716	734～746	12	24	FDD	AT&T－LTE
18	815～830	860～875	15	30	FDD	Japan 800 MHz Lower
19	830～845	875～890	15	30	FDD	Japan 800 MHz Upper
20	832～862	791～821	30	60	FDD	800 MHz EMEA

续表

Band	UL/MHz	DL/MHz	Simp. BW /MHz	Total BW /MHz	Mode	Notes
21	1 447. 9 ~ 1 462. 9	1 495. 9 ~ 1 510. 9	15	30	FDD	1. 5 GHz Upper. Japan
22	3 410 ~ 3 490	3 510 ~ 3 590	80	160	FDD	3. 5 GHz
24	1 626. 5 ~ 1 660. 5	1 525 ~ 1 559	34	68	FDD	
25	1 850 ~ 1 915	1 930 ~ 1 995	65	130	FDD	AWS – G, Sprint LTE within this band
	1 915 ~ 1 920	1 995 ~ 2 000	5	10	FDD	AWS – H, will be auctioned by Feb. 2015
26	814 ~ 849	859 ~ 894	35	70	FDD	Sprint/Nextel iDen
27	807 ~ 824	852 ~ 869	17	34	FDD	Lower 850 MHz
28	703 ~ 748	758 ~ 803	45	90	FDD	700 MHz APAC
	2 000 ~ 2 020	2 018 ~ 2 200	20	40	FDD	Dish Network to deploy LTE – A by 2016
33	1 900 ~ 1 920		20		TDD	
34	2 010 ~ 2 025		15		TDD	China Mobile（CM）TD – SCDMA
35	1 850 ~ 1 910		60		TDD	
36	1 930 ~ 1 990		60		TDD	
37	1 910 ~ 1 930		20		TDD	
38	2 570 ~ 2 620		50		TDD	European – TD – LTE
39	1 880 ~ 1 920		40		TDD	CM TD – SCDMA
40	2 300 ~ 2 400		100		TDD	CM TD – LTE
41	2 496 ~ 2 690		194		TDD	TDD 2. 5 GHz
42	3 400 ~ 3 600		200		TDD	TDD 3. 5 GHz
43	3 600 ~ 3 800		200		TDD	TDD 3. 6 GHz
44	703 ~ 803		100		TDD	700 MHz APAC

（2）PCI

PCI 全称为 Physical Cell Identifier，即物理小区标识，用于区分不同小区的无线信号，保证在相关小区覆盖范围内没有相同的物理小区标识。协议规定物理层 Cell ID 分为两个部分：小区组 ID（Cell Group ID）和组内 ID（ID within Cell Group）。目前最新协议规定物理层小区组有 168 个，每个小区组由 3 个 ID 组成，因此共有 168 × 3 = 504 个独立的 Cell ID。LTE 的小区搜索首先通过 SSCH 确定小区组 ID，再通过 PSCH 确定具体的小区 ID。其中，SSS 代表小区组 ID，取值范围为 0 ~ 167；PSS 代表组内 ID，取值范围为 0 ~ 2。

PCI 规划原则：

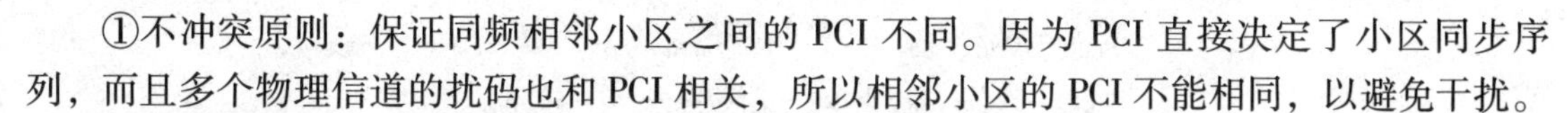

①不冲突原则：保证同频相邻小区之间的 PCI 不同。因为 PCI 直接决定了小区同步序列，而且多个物理信道的扰码也和 PCI 相关，所以相邻小区的 PCI 不能相同，以避免干扰。

②不混淆原则：保证某个小区的同频相邻小区 PCI 值不相等；切换时，UE 将报告相邻小区的 PCI 和测量量。如果服务小区有两个邻区都使用同样的 PCI，则服务小区无法分辨 UE 到底应该切往哪个邻区。所以，任意小区的所有邻区都应有不同的 PCI。

③“PCI 模 3 不等”原则：相邻小区之间应尽量选择干扰最优的 PCI 值，即 PCI 值模 3 不相等；主同步序列的值（共 3 种可能性）决定了参考信号（RS）在 PRB 内的位置。所以相邻小区（尤其是对打的小区）应尽量避免配置同样的主同步序列值，以错开 RS 之间的干扰。

④最优化原则：保证同 PCI 的小区具有足够的复用距离，并在同频相邻小区之间选择干扰最优的 PCI 值。

（3）小区 ID

小区 ID 用于标识一个基站所管理的小区，所以要求同一个基站所管辖的小区的 ID 不同。一个基站可以支持多个小区，由于生产厂家不同，各基站小区承载能力也不同。如三载波，每个载波覆盖一个小区，一个基站支持三个小区。

（4）频段指示

频段指示也就是频段号，每个频段都有一个频段号，是以“n”开头的。例如 n1、n2、…、n260。

我国三大运营商的频段如下：

①中国移动：2 515～2 675 MHz 共 160 MHz，频段号为 n41，以及 4800～4 900 MHz 共 100 MHz，频段号为 n79。

②中国电信：3 400～3 500 MHz 共 100 MHz，频段号为 n78。

③中国联通：跟电信合用资源，是一样的。

所以中国目前只需要 n41、n78、n79，其他的还有待开发，其中 n77/n78 最成熟，是世界主流频段，难度最低，成本也最低。

4.6.2　5G NR 频点的频率计算

1. 全局频点栅格（Global Raster）

3GPP 定义了 Global Raster（全局频点栅格，用 ΔFGlobal 表示），见表 1-4-9，频段越高，栅格越大，用于计算 5G 频点号。不再像 LTE 那样需要根据使用的 band 号和对应的起始频点来查表计算。后续的 SSB 中心频点、5G 频带中心频点都跟它有关系。

表 1-4-9　全局频点栅格

Frequency range /MHz	ΔFGlobal /kHz	FREF-Offs /MHz	NREF-offs	Range of NREF
0～3 000	5	0	0	0～599 999
3 000～24 250	15	3 000	600 000	600 000～2 016 666
24 250～100 000	60	24 250.08	2 016 667	2 016 667～3 279 165

5G 的频点计算公式如下：

$$N_{REF} = N_{REF-Offs} + (\text{Freq} - F_{REF-Offs}) / \Delta F_{Global}$$

或

$$F_{REF} = F_{REF-Offs} + \Delta F_{Global}(N_{REF} - N_{REF-Offs})$$

公式很好理解，当 F 在 0 ~ 3 000 MHz 时，每 5 kHz 定义一个频点号；当 F 在 3 000 ~ 24 250 MHz，每 15 kHz 定义一个频点号，但此时的频点号应从 3 000 MHz 对应的频点号（600 000）开始计数；当 F 在 24 250 ~ 100 000 MHz 时，每 60 kHz 定义一个频点号，但此时的频点号应从 24 250 MHz 对应的频点号（2 016 667）开始计数。

比如移动使用 D 频段 2 515 ~ 2 615 MHz，合计 100 MHz，中心频率为 2 565 MHz。根据表 1 - 4 - 9，2 565 位于 0 ~ 3 000 的范围内，即表的第一行，因此采用 5 kHz 来定义频点间隔。使用上述公式，那么对应的频点号 = 0 + (2 565 MHz - 0)/5 kHz = 513 000。再如现在使用的中心频率是 4 800 MHz，那么对应的频点 N_{REF} = 600 000 + (4 800 - 3 000) MHz/15 kHz = 720 000。

2. 信道栅格（Channel Rastermatch）

信道栅格是频带中相邻载波（信道）之间的距离，也是 UE 在小区搜索过程中扫描特定 band 的步长获得的网络所用频率的准确信息，见表 1 - 4 - 10。ΔFRaster 是 ΔFGlobal 的整数倍，用于减小计算量（加快扫描速度），不同的 Operating band 有不同的 N_{REF} 计数步长（ΔFRaster），FR1 多为 15 kHz 或 100 kHz。相比于 4G 的信道栅格，5G 的信道栅格大小是可变的，FR1 中 n1、n77、n78、n79 有 15 kHz 和 30 kHz 两种配置，其余 NR 频段信道栅格为 100 kHz，每个频段对应频点的步进不一定是 1，比如 n1 频段，栅格是 100 kHz，频点步长是 20（即每间隔 100 Hz，频点相差 20）。此处频点为 NR 的绝对频点。

表 1 - 4 - 10　信道栅格表

NR Operating band	ΔFRaster /kHz	Uplink Range of NRes (First - <Stepsize> - Last)	Downlink Range of NREr (First - <Step size> - Last)
n1	100	384 000 - <20> - 396 000	422 000 - <20> - 434 000
n2	100	370 000 - <20> - 382 000	386 000 - <20> - 398 000
n3	100	342 000 - <20> - 357 000	361 000 - <20> - 376 000
n5	100	164 800 - <20> - 169 800	173 800 - <20> - 178 800
n7	100	500 000 - <20> - 514 000	524 000 - <20> - 538 000
n8	100	176 000 - <20> - 183 000	185 000 - <20> - 192 000
n12	100	139 800 - <20> - 143 200	145 800 - <20> - 149 200
n14	100	157 600 - <20> - 159 600	151 600 - <20> - 153 600
n18	100	163 000 - <20> - 166 000	172 000 - <20> - 175 000
n20	100	166 400 - <20> - 172 400	158 200 - <20> - 164 200
n25	100	370 000 - <20> - 383 000	386 000 - <20> - 399 000
n28	100	140 600 - <20> - 149 600	151 600 - <20> - 160 600
n29	100	N/A	143 400—<20>—145 600

续表

NR Operating band	ΔFRaster /kHz	Uplink Range of NRes （First –< Stepsize >– Last）	Downlink Range of NREr （First –< Step size >– Last）
n30	100	461 000 –<20 >– 463 000	470 000 –<20 >– 472 000
n34	100	402 000 –<20 >– 405 000	402 000 –<20 >– 405 000
n38	100	514 000 –<20 >– 524 000	514 000 –<20 >– 524 000
n39	100	376 000 –<20 >– 384 000	376 000 –<20 >– 384 000
n40	100	460 000 –<20 >– 480 000	460 000 –<20 >– 480 000
n41	15	499 200 –<3 >– 537 999	499 200 –<3 >537 999
	30	499 200 –<6 >– 537 996	499 200 –<3 >537 996

以 n1 为例，Channel Raster = 100 kHz，而 n1 属于前面所说的全局的频点栅格表中的 0 ~ 3 000 MHz，而 0 ~ 3 000 MHz 对应的频点栅格为 5 kHz，所以 5G 小区使用该频段时，中心频点号的取值只能以 20 为单位来选取。n1 为 2 110 ~ 2 170 MHz，在 0 ~ 3 000 MHz 范围内，频点栅格为 5 kHz，2 110 MHz 对应频点 422 000，而下一个小区可以使用的中心频率点只能是 2 110. 1 MHz（对应频点 422 020），而 2 110. 005 MHz、2 110. 01 MHz、…、2 110. 095 MHz（对应频点 422 001 ~ 422 019）均不能作为小区的中心频率点。

此外，n41、n77、n78 和 n79 的 ΔF 的取值有两种，具体使用哪种基于如下原则：当小区中的 SCS 等于较高的那个时，采用高的 Channel Raster，其他情况则使用低的 Channel Raster。例如，见表 1 – 4 – 10，如果当前小区的信道的 SCS 为 30 kHz，那么 Channel Raster 就是 30 kHz，否则 Channel Raster 为 15 kHz。

3. 同步频率栅格（Synchronization Raster）

同步频率栅格指示开机时，搜索 SSB 的扫频步长。5G 使用的带宽非常大，Sub6G 最大可以用到 100 MHz，所以不可能按照全局频点中的 5/15/60 kHz 的步长去搜索 SSB 完成下行同步，所以就有必要定义一个新的步长更大的频率栅格，即同步频率栅格。其对应的步长如下：

Sub3G 频段：1200 kHz

C – Band：1. 44 MHz

毫米波：17. 28 MHz

UE 开机后进行小区搜索，以完成时间和频率的同步并获取 PCI，这一过程主要依靠对 SSB 的搜索，UE 在其支持的频带上以同步频率栅格的步长进行 SSB 盲检。SSB 全带宽灵活配置，SSB 频域规划有三种方案：频带的上边、中间和下边。

手机开机即从 UE 支持的 5G 频段从下往上进行扫频盲检，因此建议 SSB 配置在频带的下端（LTE 配置在频带中心），这样可以加快小区接入，利于动态频谱共享。

4. 全局同步信道（Global Synchronization Channel Number，GSCN）

GSCN 用于标记 SSB 的信道号，每一个 GSCN 对应一个 SSB 的频域位置 SSREF，GSCN 按照频域增序进行编号。

为什么协议已经规定了绝对频点号，还要设置 GSCN？

UE 在开机时需要搜索 SS/PBCH block 进行同步，在 UE 不知道频点的情况下，需要按照一定的步长值盲检 UE 所支持频段内的所有频点（有点类似于雷达扫描目标）；由于 NR 中小区带宽非常宽，按照信道栅格去盲检，会导致 UE 接入速度非常慢，因此，协议规定了同步栅格，所以定义了 GSCN。GSCN 规划见表 1-4-11。GSCN 数少于绝对频点数，加快 UE 同步速度。

表 1-4-11 GSCN 规划表

频率范围/MHz	SS Block 频率位置 SSMF	GSCN	GSCN 的范围
0~3 000	$N\times1\ 200$ kHz $+M\times50$ kHz，$N=1\sim2\ 499$，$M=\{1,\ 3,\ 5\}$	$3N+(N-3)/2$	2~7 498
3 000~24 250	3 000 MHz $+N\times1.44$ MHz，$N=0\sim14\ 756$	$7\ 499+N$	7 499~22 255
24 250~10 000	24 250.08 MHz $+N\times17.28$ MHz，$N=0\sim4\ 383$	$22\ 256+N$	22 256~26 639

GSCN 规范了 SSB 中心频率可部署的位置，SSB 中心频率可部署位置与同步频率栅格保持同步，仅在 0~3 000 MHz 有所不同。

如果想要把 GSCN 换算成对应的频点，要借助全局频点栅格。

举例如下：中国移动使用 D 频段，100 MHz 部署 5G NR 小区，对应表 1-4-11 中的频率范围为 0~3 000 MHz，那么 $GSCN=6\ 312=3N+(M-3)/2$，得到 $N=2\ 104$，$M=3$，所以 SSB 中心频 $=1\ 200\times N+50\times M=1\ 200\times2\ 104+50\times3=2\ 524\ 950$（kHz）。

0~3 000 MHz 对应的全局频点栅格为 5 kHz，进而算得 SSB 对应的中心频点 $=2\ 524\ 950/5=504\ 990$，与配置一致。

4.6.3 Option 3x 数据配置

1. 核心网数据配置

核心网数据配置包括 EPC 各网元 MME、SGW、PGW 和 HSS 数据配置以及交换机 SW 数据配置。

（1）MME 网元数据配置

①全局移动参数见表 1-4-12。

表 1-4-12 全局移动参数

参数名称	参数说明	取值举例
移动国家码	根据实际填写，如中国的移动国家码为 460	460
移动网号	根据运营商的实际情况填写	0
国家码	根据实际填写，如中国的国家码为 86	86
国家目的码	根据运营商的实际情况填写	188
MME 群组 ID	在网络中标识一个 MME 群组，MME 组 ID 规划需要全网唯一	1
MME 代码	MME 代码，在 Group 中能唯一标识一个 MME，根据网络规划确定	1

设置全局移动参数需要根据规划配置本局移动数据，包括国家号、MME 组 ID 号、国家目的码、移动国家码、移动网号等信息。

②MME 控制面地址配置。

MME 控制面地址参数即网元的控制面地址，配置 MME 的控制面地址是配置 MME 与 SGW 连接时的 S11 口控制面地址，通过此地址寻到 SGW 的控制面地址，完成 S11 口控制面信令流的接通。其次，在其他网元上进行 MME 地址解析时也填写这个地址。

③与 eNodeB 对接配置。

MME 与 eNodeB 通过 SI-MME 接口连接。SI-MME 接口用来传送 MME 和 eNodeB 之间的信令和用户数据。MME 通过 SI-MME 接口实现承载管理、上下文管理、切换、寻呼等功能。MME 与 eNodeB 之间采用 SCTP 协议，其协议栈如图 1-4-3 所示。

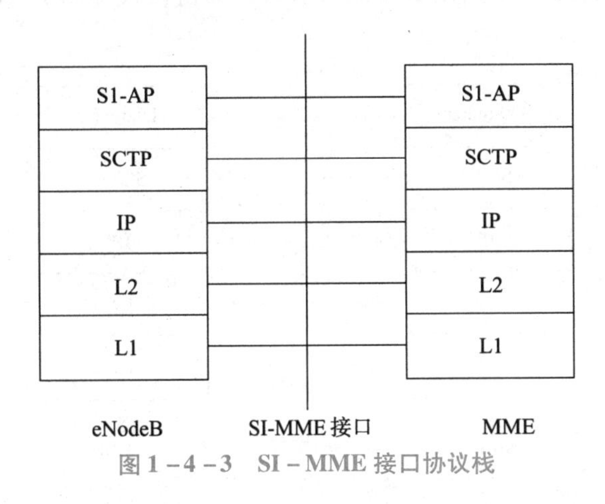

图 1-4-3　SI-MME 接口协议栈

MME 与 eNodeB 对接配置包括两个步骤：增加与 eNodeB 偶联配置和增加 TA 配置，见表 1-4-13 和表 1-4-14。

表 1-4-13　与 eNodeB 偶联参数

增加与 eNodeB 偶联配置		
参数名称	**说明**	**举例**
SCTP 标识	用于标识偶联，增加多条时不可重复	1
本地偶联 IP	MME 端的偶联地址，MME 用于远端 eNodeB 建立 SCTP 偶联的端点 IP 地址即逻辑接口 S1-C/S1-MME	1.1.1.1
本端偶联端口号	MME 的端口号	5
对端偶联 IP	eNodeB 端的偶联地址，BBU 的地址	11.11.11.11
对端偶联端口号	eNodeB 端与 MME 偶联的端口号	6
应用属性	与对端相反，MME 一般作为服务器端	服务器

表 1-4-14　TA 配置参数

参数名称	说明	取值举例
TAID	跟踪区标识，用于标识一个跟踪区	1
MNC	根据实际填写	460
MCC	根据实际填写	0
TAC	跟踪区编码，与无线侧保持一致，增加 MME 覆盖所有的 TAC	1A1B

④与 HSS 对接配置。

MME 通过 S6a 接口与 HSS 连接，实现位置更新、用户数据管理、鉴权信息获取、HSS 重置等功能。MME 与 HSS 之间采用 Diameter 协议，其协议栈如图 1-4-4 所示。

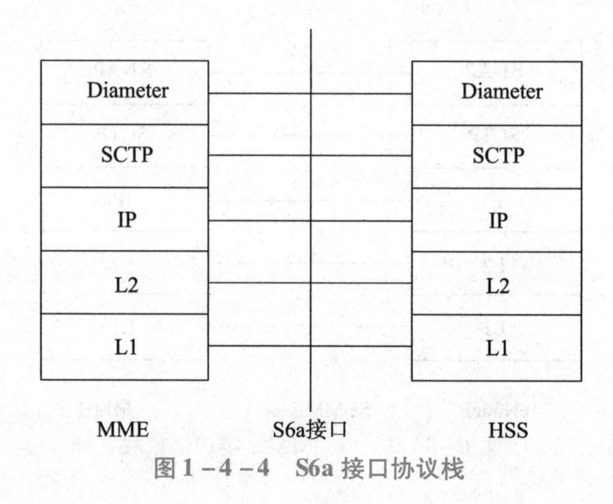

图 1-4-4　S6a 接口协议栈

MME 与 HSS 对接配置包括两个步骤：增加 Diameter 偶联配置和号码分析配置，见表 1-4-15 和表 1-4-16。

表 1-4-15　增加 Diameter 连接参数表

参数名称	参数说明	取值举例
SCTP 标识	用于标识偶联	1
Diameter 偶联本端 IP	MME 端的偶联地址	1.1.1.6
Diameter 偶联本端端口号	MME 端的端口号	1
Diameter 偶联对端 IP	对端的偶联地址，与 HSS 侧协商一致	2.2.2.6
Diameter 偶联对端端口号	对端的端口号，与 HSS 侧协商一致	2
Diameter 偶联应用属性	与对端相反，一般 MME 作为客户端	客户端
本端主机名	MME 节点主机名	mme. cnnet. cn
本端域名	MME 节点域名	cnnet. cn
对端主机名	HSS 节点主机名	hss. cnnet. cn
对端域名	HSS 节点域名	cnnet. cn

表 1－4－16　号码分析配置参数表

参数名称	参数说明	取值举例
分析号码	一个 IMSI/IMSI 前缀	46000
连接 ID	用于 MME 分析号码的个数，不可重复	1

MME 可以根据用户 IMSI 匹配分析号码，寻址到用户归属的 HSS，建立 Diameter 连接实现用户的鉴权、授权等功能。

⑤MME 与 SGW 对接配置。

MME 通过 S11 接口与 SGW 连接，实现基本会话业务。MME 与 SGW 之间采用 GTP 协议，其协议栈如图 1－4－5 所示。

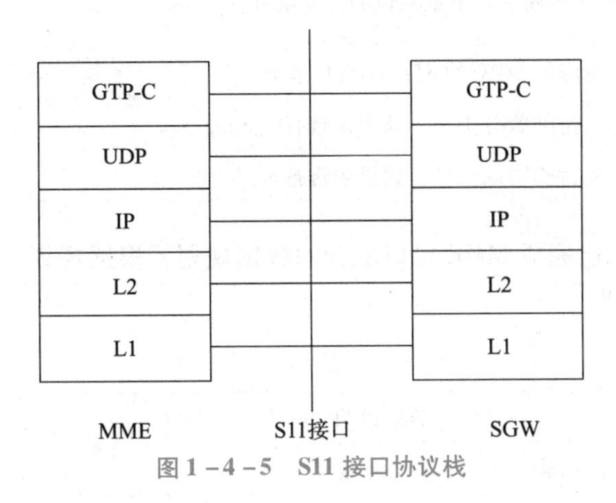

图 1－4－5　S11 接口协议栈

MME 通过控制面地址与 SGW 通信，在用户附着过程中，MME 结合用户所在的 TA 信息和 SGW 管理的 TA 信息生成新的 TA LIST，并通过附着接收消息发送给用户。此处的配置须与跟踪区配置中 MME 管理的跟踪区域相对应。

⑥基本会话业务配置。

用户在进行会话业务时，首先创建默认承载，获取到 PDN 地址，然后根据此 PDN 地址进行数据业务。其基本流程如下：

a. 用户附着时，需要创建默认承载。创建默认承载时，用户会发起 PDN 连接请求，其中携带 APN 参数，标识自己选择的接入点。

b. MME 根据签约 APN 或用户请求中的 APN，结合用户 IMSI 信息或 MME 本局属性里的 PLMN 构造出新的 APN，例如用户 IMSI 为 460001234567890，用户请求的 APN 为 zte. com，MME 根据配置信息构造出完整的 APN：zte. com. mnc000. mcc460. gprs，并根据这个 APN 来寻址 PGW。

c. MME 寻找到 PGW 后，根据用户当前的 TAI 解析需要接入的 SGW 地址，发送创建默认承载请求给 SGW，SGW 根据 MME 传来的 PGW 地址，再向 PGW 发送创建默认承载请求，PGW 返回分配给 UE 使用的 PDN 地址。用户根据此 PDN 地址进行数据业务。基本会话业务配置数据见表 1－4－17。

表 1-4-17 基本会话业务配置数据

参数名称		参数说明	取值举例
增加APN解析	APN	接入点名称，由网络标识和运营商标识组成；APN 名称以 apn. epc. mnc. mcc. 3gppnetwork. org 为后缀，mnc 和 mcc 都是三位 0~9 的数字，不足三位的，考前补 0	test. apn. epc. mnc000. mcc460. 3gppnetwork. org
	解析地址	APN 对应的 PGW 的 GTP-C 地址	4. 4. 4. 5
	业务类型	APN 支持的服务类型，这里须选择 x_3gpp_pgw	x_3gpp_pgw
	协议类型	APN 支持的协议类型，这里须选择 x_s5_gtp	x_s5_gtp
增加EPC解析	名称	以 tac. epc. mnc. mcc. 3gppnetwork. org 为后缀，mnc 和 mcc 都是三位 0~9 的数字，不足三位的，靠前补 0	tac-lb1B. tac-hb1A. tac. epc. mnc. mcc. 3gppnetwork. org
	解析地址	TAC 对应的 SGW 的 S11-GTPC 地址	3. 3. 3. 11
	业务类型	APN 支持的服务类型，这里须选择 x_3gpp_sgw	x_3gpp_sgw
	协议类型	APN 支持的协议类型，这里须选择 x_s5_gtp	x_s5_gtp

在配置数据之前，已完成 MME 接口配置的数据规划，根据规划，完成 MME 接口 IP 地址配置，见表 1-4-18。

表 1-4-18 接口 IP 配置

参数名称	参数说明	取值举例
接口 ID	用于标识某个接口，不可重复	1
槽位	接口板所在的槽位	7
端口	填写单板对应的端口，默认由小至上，从 1 开始	1
IP 地址	对应接口板的实接口 IP 地址	10.1.1.1
掩码	对应接口板的实接口子网掩码	255.255.255.0

MME 需要配置静态路由实现与 SGW、HSS 及 eNodeB 之间的路由，具体需要根据 IP 规划进行配置。

（2）SGW、PGW 网元数据配置

①PLMN 配置：MCC/MNC 与 MME 中的 MCC/MNC 保持一致。

②地址池配置。

地址池 ID：自定义。

APN：与 MME-基础会话业务-APN 解析中 APN 名称、APN 管理-APNNI 保持一致；地址池起始地址、终止地址：用户自定义，不要和接口 IP、IP 配置中的 IP 地址重复即可。

③HSS 网元数据配置。

- APN 管理。

APN-NI：与 MME-基础会话业务-APN 解析中的 APN 名称保持一致。

QoS 分类识别码是协议规定的，常用的有 1、5、8/9，分别代表 GBR VoIP（语音业务）、Non－GBR IMS、NVIP default bearer。

APN－AMBR－UL：所有用户接入带宽，值越大越好。

- Profile 管理。

APN ID：与 APN 管理中的 APN ID 保持一致。

UE－AMBR UL/DL：单用户接入带宽，它可和 APN－AMBR－UL 保持一致，也可以设置较小的值，不低于 100。

- 签约用户管理。

IMSI：MME 中号码分析指的是 IMSI，IMSI = MCC + MNC + MSIN，如 460001234567890。

Profile ID：单用户 ID，自定义。

鉴权管理：自定义，软件无具体的工程规划。

KI：鉴权密匙，满足 32 位，自定义，可以是数值、字母。

2. 无线接入网数据配置

无线接入网数据配置按照 AAU 射频、BBU、ITBBU 的顺序配置，流程如图 1－4－6 所示。

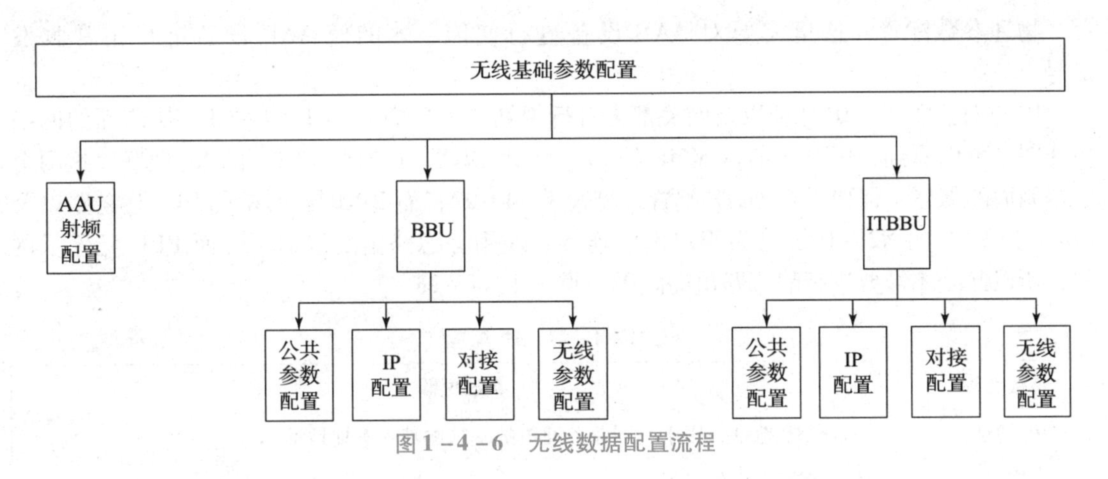

图 1－4－6 无线数据配置流程

AAU 射频配置可以配置 4G 频段以及 5G 频段，见表 1－4－19。

表 1－4－19 AAU 射频配置

参数名称	参数说明
支持频段范围配置	为后续网络配置规划频段
AAU 收发模式配置	AAU 中有 16T16R、64T64R 两种收发模式

BBU 的配置中，首先需要配置公共参数，见表 1－4－20，BBU 中配置的公共参数需要与核心网处配置的一致，以便用户接入以及通信。同时，又因为是 Option 3x 的网络架构，BBU 需要与 ITBBU 设备进行时钟同步，所以时钟同步模式参数需要与 ITBBU 处配置的一致。

1 - 4 - 20　公共参数配置

参数名称	参数说明
网元类型	选择 CUDU 分离或者合设的网元类型
基站标识	基站标识是标识该基站在本核心网下的一个标识
PLMN	PLMN 是公共陆地移动网，PLMN = MCC + MNC
移动国家码 MNC	唯一识别移动用户所属的国家，共 3 位，中国为 460
移动网号 MCC	用于识别移动客户所属的移动网络，由 2 ~ 3 位数字组成
网络模式	软件中有两种网络模式：NSA 为非独立组网，SA 为独立组网
时钟同步模式	软件中在配置 NSA 模式时需要配置
NSA 共框标识	NSA 模式下 BBU 与 ITBBU 之间同步的标识
无线制式	分为 TD - LTE（时分双工）与 FDD - LTE（频分双工）
网络制式	分为 TD - LTE（时分双工）与 FDD - LTE（频分双工）

物理参数配置，这里需要对 AAU 设备进行使能，才能使 AAU 设备进行正常收发信号。

IP 与对接配置，IP 地址以及网关都为自行规划，IP 配置见表 1 - 4 - 21。从前面的网络拓扑图中可以看到，BBU 中有与 MME 的 S1 - MME 偶联，还有与 CUCP 的 Xn 偶联，这两个为控制面的偶联，需要进行 SCTP 配置，见表 1 - 4 - 22；而 BBU 与 SGW 的 S1 - U 链路以及 BBU 与 CUUP 的 X2 - U 链路为用户面的连接，使用静态路由配置即可。而 BBU 配置了网关，所以此处不需要进行静态路由的配置，见表 1 - 4 - 23。

表 1 - 4 - 21　IP 配置

参数名称	参数说明
IP 地址	基站侧 IP 地址，用于不同业务通道的基站侧唯一本地地址
掩码	对应基站规划的子网掩码
网关	基站侧规划子网第一个网关地址，工程模式需对应承载设备接口地址
VLAN ID	用户来区分不同的业务，建议与首位 P 地址一致便于记忆

表 1 - 4 - 22　SCTP 配置表

参数名称	参数说明
SCTP 链路号	SCTP 偶联的链路号
本端端口号	SCTP 偶联的基站侧本端端口号，在取值范围内可以任意规划。现网推荐为 36412（参考 3GPP TS36. 412），如果局方有自己的规划原则，以局方的规划原则为主
远端端口号	SCTP 偶联的远端端口号，对应为本端地址，需要和规划数据一致
远端 IP 地址	SCTP 偶联的远端业务 IP 地址，与规划数据一致

表 1-4-23　静态路由配置

参数名称	参数说明
静态路由编号	编号，用于标识路由
目的 IP 地址	报文目的 IP 地址
网络掩码	具体目的地址建议配置全掩码
下一个 IP 地址	基站发送报文到达目的地目前所经过第一个网关地址

无线参数以及邻区配置，无线参数配置中，需要配置 TDD 小区、FDD 小区、eNodeB 网元管理，这里的 eNodeB 标识需要与基站标识一致，见表 1-4-24。TDD 以及 FDD 小区配置（表 1-4-25）在公共参数中就已经规划了，所以只需要跟着前面的选择进行配置即可。

表 1-4-24　eNodeB 配置

参数名称	参数说明
网元 ID	表示此 BBU 在该网络中的标识，与网元管理中填写的网元 ID 一致
eNodeB 标识	表示此 eNodeB 在无线站点的标识
业务类型 QCI 编号	标识该 BBU 支持的业务类型编号
双链接承载类型	此处选择双链接中 BBU 的承载类型：MCG 业务主承载小区，SCG 业务辅承载小区，SCG Split 业务承载辅分流小区

表 1-4-25　FDD/TDD 小区配置

参数名称	参数说明
小区标识	表示小区在该基站下的标识
小区 eNodeB 标识	表示小区所属的 eNodeB 标识
AAU 链路光口	该小区信号由哪个 AAU 发射
跟踪区域码（TAC）	跟踪区是用来寻呼和位置更新的区域，配置范围是 4 位的 16 进制数
物理小区识别码（PCI）	为物理小区标识，取值范围为 0~503
小区参考功率信号	小区发射功率，一般为 23
频段指示	表示该小区属于哪一个频段
中心载频	4G 系统工作频段的中心频点，配置为实际频点
小区的频域带宽	指示该小区在频域上所占用的带宽

邻区配置中，BBU 小区需要邻接 DU 小区，因为用户终端需要同时连接 4G 与 5G 小区，而又是以 4G 小区作为控制面的锚点进行接入，所以需要配置 DU 小区作为邻接小区。

ITBBU 的配置首先是有公共参数配置，包含 NR 网元管理以及物理参数配置，同样需要配置参数，并且与 BBU 以及核心网侧配置的一致。

IP 与对接配置中需要分别配置 DU、CUCP、CUUP 的 IP 地址。在对接配置中，DU 需要配置 F1 接口与 CUCP 连接，以用于用户数据的传输；CUCP 需要配置 F1 接口与 CUCP 连接、Xn 接口与 BBU 连接、E1 接口与 CUUP 偶联；CUUP 需要配置 E1 接口与 CUCP 偶联。

ITBBU 无须配置邻区，所以只要进行无线参数配置即可。

DU 功能配置：需要配置 DU 管理、QoS 业务、RLC、网络切片、扇区载波、DU 小区、接纳控制、BWPUL 参数、BWPDL 参数。

物理信道配置：需要配置 PUCCH、PUSCH、PRACH、SRS 公用参数、PDCCH、PDSCH、PBCH 信道。

测量与定时器开关配置：需要配置 RSRP 测量、小区业务参数、UE 定时器。

gNBCUCP 功能：需要配置 CU 管理、CU 小区。

AAU 射频配置：需要配置 3 个 4GAAU +3 个 5GAAU。

IP 配置：需要进行 BBU、CUCP、CUUP、DU 的 IP 配置。

SCTP 配置：控制面协议接口要进行 SCTP 配置，参数说明见表 1 –4 –22。

静态路由配置：用户面协议接口要进行静态路由配置，参数说明见表 1 –4 –23。

BBU 无线参数配置见表 1 –4 –24 和表 1 –4 –26。

ITBBU 无线参数配置见表 1 –4 –26。

表 1 –4 –26 ITBBU 无线参数配置

参数名称	参数说明
接收带宽/($Mb \cdot s^{-1}$)	ITBBU 设备与承载网对接时的接收带宽，与设备连线的速率保持一致
发送带宽/($Mb \cdot s^{-1}$)	ITBBU 设备与承载网对接时的发送带宽，与设备连线的速率保持一致
应用场景	无差别类型支持所有的网络切片增强移动带宽（eMBB）、大连接（mMTC）、超高可靠低时延通信类型（uRLLC）等

DU 管理配置见表 1 –4 –27。

表 1 –4 –27 DU 管理配置

参数名称	参数说明
基站标识	基站标识是标识该基站在本核心网下的一个标识
DU 标识	DU 标识是表示该 DU 在本基站的一个标识
PLMN	PLMN 是公共陆地移动网，PLMN = MCC + MNC
CA 支持开关	支持 CA（载波聚合）的开关
BWP 切换策略开关	支持 BWP（一部分带宽）的切换开关

DU 小区配置见表 1 –4 –28。

表 1 –4 –28 DU 小区配置

参数名称	参数说明
DU 小区标识	表示该小区在当前 DU 下的标识
小区属性	小区所属 5G 频段范围，低频、高频、Sub1G 场景、Qcell 场景

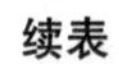

续表

参数名称	参数说明
AAU 链路光口	该小区信号由哪个 AAU 发射
频段指示	表示该小区属于 n41、n77、n78、n79 中的哪一个频段
中心载频	5G 系统工作频段的中心频点，配置为绝对频点
通用场景的子载波间隔	该参数仅作为通用场景的子载波间隔参考
SSB 测量的 SMTC 周期和偏移	该参数用于指示 SSB 测量的 SMTC 周期和偏移，软件中仅作参考
邻区 SSB 测量的 SMTC 周期（20 ms）和偏移	指示邻区测量 SSB 的快慢，软件中仅做参考
初次激活的上行 BWP ID	该参数用于设置初次激活的上行 BWP ID
初次激活的下行 BWP ID	该参数用于设置初次激活的下行 BWP ID
BWP 配置类型	该参数为入新小区时激活的下行 BWP，单个 BWP 为 singlebwp，多个 BWP 为 multibwp
UE 最大发射功率	手机端发射信号所能发出的最大功率
EPS 的 TAC 开关	该参数指示了该小区是否支持配置 LTE 的 TAC
系统带宽	指示了该小区在频域上占的 RB 数
SSB 测量频点	SSB 块的中心位置
SSBlock 时域图谱位置	该参数指示了波束的数量，配置了几个“1”，就代表有几个波束
测量子载波间隔	SSB 的测量子载波间隔
系统子载波间隔	5G 系统的子载波间隔

物理信道配置：需配置 PRACH 信道（表 1-4-29）和 SRS 公用参数（表 1-4-30）。

表 1-4-29　PRACH 信道配置

参数名称	参数说明
DU 小区标识	表示该小区在当前 DU 下的标识
MSG1 子载波间隔	跟随系统子载波间隔
竞争解决定时器时长	sf8 代表 8 个子帧，sf16 代表 16 个子帧
	竞争时间越长，可接入的用户就越多
PrachRootSequenceIndex（PRACH 根序列索引）	分为长根序列 1839 与短根序列 1139
	长根序列用于 FR1（5G 低频），短根序列适用于所有频段
起始逻辑跟序列索引	指示了该小区用户接入时选择接入的 ZC 序列的索引号
UE 接入和切换可用 preamble 个数	指示了该小区下的用户进行接入和切换时可用的 preamble 个数
PRACH 功率攀升步长	用户发送 MSG1 失败未收到 MSG2 时后，终端下一次发送 MSG1 时增加的功率
基站期望的前导接收	在进行随机接入时基站希望用户接收的功率

续表

参数名称	参数说明
RAR 响应窗长	规定了该小区用户进行随机接入时的响应时间，响应时间越长，随机接入成功率越高
基于逻辑根序列的循环移位参数（Ncs）	根据起始逻辑根序列索引的参数进行前导码的循环移位，以此生成 64 位的前导码
PRACH 时域资源配置索引	指示了该小区内用户进行随机接入时时域资源的配置
GroupA 前导对应的 MSG3 大小	指基于竞争的前导码对应的 MSG3 消息的大小
GroupB 前导传输功率偏移	该参数是 eNB 配置的 MSG3 传输时功率控制余量，UE 用该参数区分随机接入前导为 groupA 或 groupB
GroupA 的竞争前导码个数	该参数是每个 SSB 组 A 的竞争前导码个数

表 1-4-30　SRS 公用参数配置

参数名称	参数说明
DU 小区标识	表示该小区在当前 DU 下的标识
SRS 轮发开关	该参数表示 SRS 的轮发开关，0 表示关闭，1 表示打开。开关打开时，需要分配给 UE 两个资源集；开关关闭时，只需要分配给 UE 一个资源集
SRS 最大分疏数	该参数指示了 SRS 在梳域的最大资源数目，增大其数值可以提高 SRS 的资源总数，进而可以接入更多的 UE 数
SRS 的 slot 序号	该参数指示了 SRS 在时隙上的位置
SRS 符号的起始位置	该参数表示在时域上 SRS 符号的起始位置
SRS 符号长度	该参数表示 SRS 在单个 slot 里面的符号长度，改变其数值，会改变 SRS 资源在时域上的资源总数
CSRS	该参数指示了 SRS 宽带资源的 RB 数
BSRS	该参数指示了 SRS 子带资源的 RB 数（Sub1G）

RSRP 测量配置表 1-4-31。

表 1-4-31　RSRP 测量配置

参数名称	参数说明
DU 小区标识	表示该小区在当前 DU 下的标识
测量上报类型	共 7 种测量上报类型，可指示终端按照规定类型进行上报
CSI-RS 使能开关	开启后可测得 CSI-RS 信号
SSB 使能开关	开启后可测得 SSR RSRP 信号
CSI-RS 符号在配置周期内偏移的 slot 数	指示 CSI-RS 符号在配置周期内允许偏移的时隙数
CSI-RS 波束比特位图	指示 CSI-RS 波束的位置
CSI-RS 频域位置比特位图	指示 CSI-RS 在频域上的位置

小区业务参数配置见表 1-4-32。

表 1-4-32 小区业务参数配置

参数名称	参数说明
DU 小区标识	表示该小区在当前 DU 下的标识
下行 MIMO 类型	MU-MIMO：多用户多入多出；SU-MIMP：单用户多入多出
下行空分组内最大流数限制	下行空分 UE 最大支持流数
下行空分组最大流数	下行空分组最大支持流数。单小区时，最大流数为 24 流；多小区时，最大流数为 16 流
上行 MIMO 类型	MU-MIMO：多用户多入多出；SU-MIMP：单用户多入多出
上行空分组内单用户最大流数限制	上行空分 UE 最大支持流数
上行空分组的最大流数限制	上行空分组最大支持流数。单小区时，最大流数为 24 流；多小区时，最大流数为 16 流
单 UE 上行最大支持层数限制	单 UE 上行 PDSCH 传输最大支持层数限制。默认值为 4，即 4 层。对于终端四天线接收场景，此参数建议置 4；对于终端八天线接收场景，此参数建议置 8
单 UE 下行最大支持层数限制	单 UE 下行 PDSCH 传输最大支持层数限制。默认值为 4，即 4 层。对于终端四天线接收场景，此参数建议置 4；对于终端八天线接收场景，此参数建议置 8
PUSCH 256QAM 使能开关	是否打开 PUSCH 256QAM 调制方式
PDSCH 64QAM 使能开关	是否打开 PDSCH 64QAM 调制方式
波束配置	是否打开 PDSCH 64QAM 调制方式
帧结构第一个周期的时间	该参数用于指示帧结构第一个周期的时间
帧结构第一个周期的帧类型	该参数表明帧结构第一个周期的帧类型，是数组形式，最多 10 个元素，每个元素对应一个 slot
第一个周期 S slot 上的 GP 符号数	该参数用于指示帧结构第一个周期 S slot 上的 GP 符号的个数
第一个周期 S slot 上的上行符号数	该参数用于指示帧结构第一个周期 S slot 上的上行符号的个数
第一个周期 S slot 上的下行符号数	该参数用于指示帧结构第一个周期 S slot 上的下行符号的个数
帧结构第二个周期帧类型是否配置	该参数用于指示帧结构第二个周期帧类型是否配置
帧结构第二个周期的时间	该参数用于指示帧结构第二个周期的时间
帧结构第二个周期的帧类型	该参数指示帧结构第二个周期的帧类型，是数组形式，最多 10 个元素，每个元素对应一个 slot
第二个周期 S slot 上的 GP 符号数	该参数用于指示帧结构第二个周期 S slot 上的 GP 符号的个数
第二个周期 S slot 上的上行符号数	该参数用于指示帧结构第二个周期 S slot 上的上行符号的个数
第二个周期 S slot 上的下行符号数	该参数用于指示帧结构第二个周期 S slot 上的下行符号的个数

gNBCUCP 功能配置：包括 CU 功能配置（表 1-4-33）和 CU 小区配置（表 1-4-34）。

表 1-4-33　CU 功能配置

参数名称	参数说明
基站标识	基站标识是标识该基站在本核心网下的一个标识
CU 标识	CU 标识是表示该 CU 在本基站的一个标识
基站 CU 名称	基站 CU 名称是 CU 的名称
PLMN	PLMN 是公共陆地移动网，PLMN = MCC + MNC
CU 承载链路端口	此处根据设备中的 CU 连线进行配置

表 1-4-34　CU 小区配置

参数名称	参数说明
CU 小区标识	表示该小区在当前 CU 下的标识
小区属性	根据该小区的实际频段进行划分，有低频、高频、Sub1G 场景、Qcell 场景四种属性
小区类型	根据小区的覆盖范围，分为宏站和微站
对应 DU 小区 ID	一个 CU 小区可以管理多个 DU 小区，但是一个 DU 小区只能被一个 CU 小区管理
NR 语音开关	是否支持 NR 语音业务
负载均衡开关	是否支持在业务量大的时候分摊到多个网元进行处理

4.6.4　操作过程

操作过程扫描二维码。

3X 网络规划

终端数据配置

无线侧数据配置

4.7　拓展任务

扫码获取数据规划表，根据规划表完成网络的数据配置。

任务5 Option 3x 网络基础业务调试

学习目标

1. 熟悉故障排查流程；
2. 掌握常见故障分析方法、故障定位、故障的排除方法；
3. 基站业务调试的方法；
4. 调试终端的方法。

建议学时

4 学时

5.1 任务描述

Option 3x 网络的设备配置和数据配置完成之后，进行基站设备的开通。基站设备开通之前，要进行网络的故障排查及手机调试终端数据的配置，实现 JA 市 A 站点 3 个小区的终端会话或注册联网业务正常拨测。

5.2 任务分析

分析工作任务的主要内容，查阅资料，需明确表 1-5-1 中的主要问题。

表 1-5-1 任务分析表

序号	问题	答案	备注
1	5G 网络不可用可能的原因是什么？		
2	X2 链路故障，无 5G 信号故障，原因是什么？		
3	QoS 业务类型是什么？		
4	无线公共参数是什么？		
5	手机终端数据配置信息是什么？		
6	用户鉴权失败的原因是什么？		

5.3　方案制订

5.4　任务实施

以建安市为例进行 5G – Option 3x 网络建设，用 1 + X 5G 全网建设软件按照表 1 – 5 – 2 中的操作步骤进行仿真建设。

表 1 – 5 – 2　任务实施表

序号	操作步骤	操作方法	操作记录
一、业务验证			
1	打开软件，进入“网络调试”→“业务调试”模块	单击“终端信息”进行终端信息的填写。 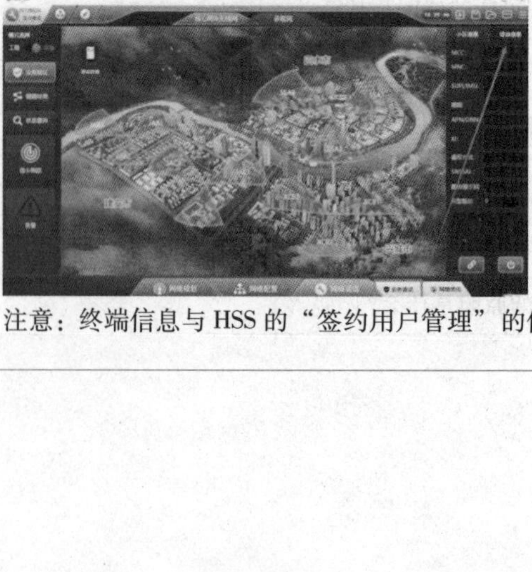 注意：终端信息与 HSS 的“签约用户管理”的信息一致。	

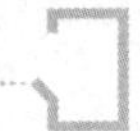

续表

序号	操作步骤	操作方法	操作记录
2	业务验证	将调试手机拖拽至小区，单击查看是否有小区信号。 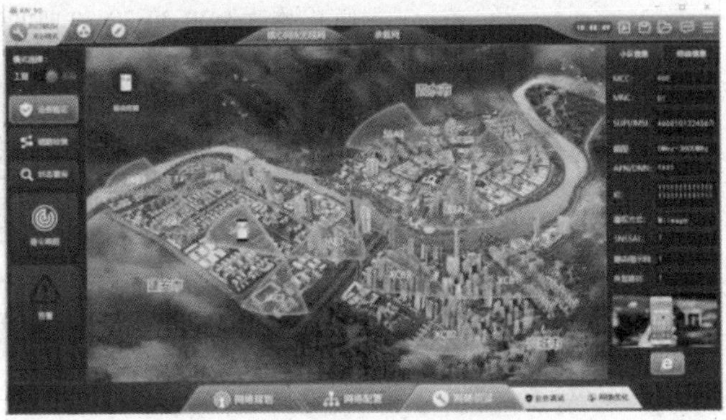	
二、故障排除			
3	查看告警	若小区无信号，单击“告警”，查看最后一条告警信息。 	
4	分析故障原因	以上图中“无5G信号”故障为例，分析故障原因，从网络结构图入手，有可能是CUCP－DU的链路出现问题。 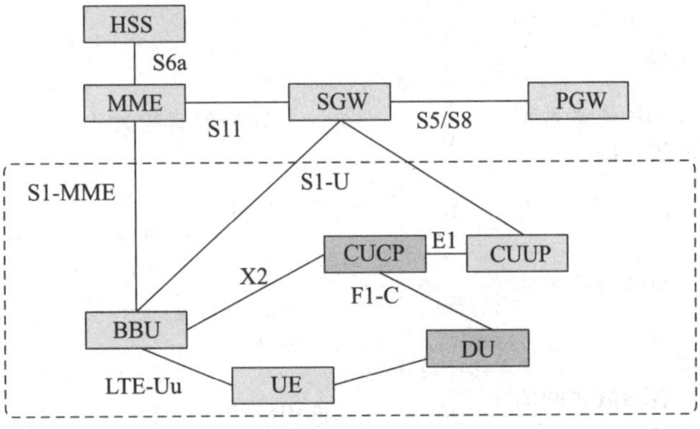	

续表

序号	操作步骤	操作方法	操作记录
5	故障排查	单击“数据配置”→“无线网”→“建安市 B 站点无线机房”，进行 ITBBU CUCP 至 DU 的路由配置时，对端 DU 的 IP 地址错误。将远端偶联 IP 修改为 30.30.30.30 即可。 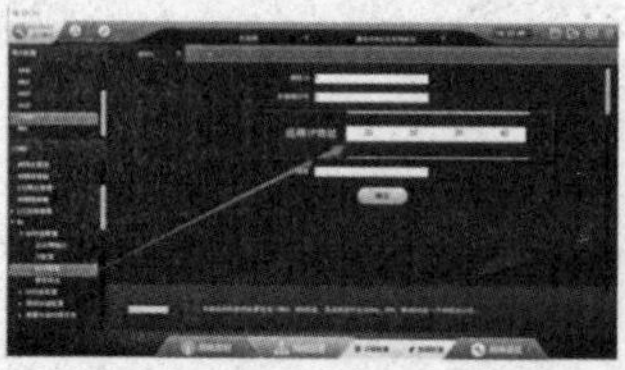 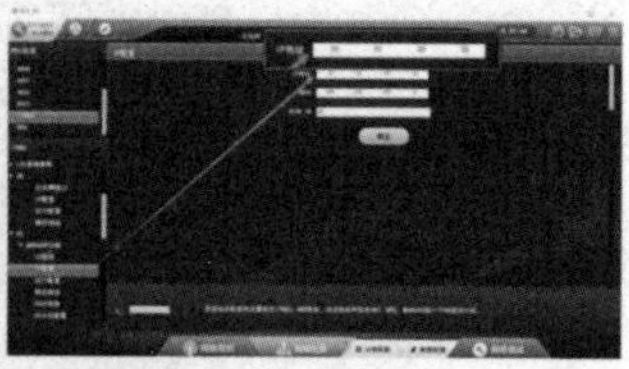	
6	业务验证	业务验证通过，基础业务调试完成；若业务验证时还无 5G 信号，则需再次进行故障排查、验证过程，直至调试通过。	

5.5 考核评价（表 1-5-3）

表 1-5-3 考核评价表

考核项目	考核内容	分值	评分细则	自我评价	小组评价	教师评价
职业素养	不迟到、不早退	2	违反一次不得分			
	团队协作精神	2	团队分工明确，任务完成顺利			
	精益求精	2	能提出改进建议且效果明显			
	创新精神	2	优化操作步骤			
	课堂积极性	4	根据上课情况统计			
	执行命令	4	根据任务完成过程统计			
	诚实劳动	4	与其他组的规划不一样			
	专研精神	4	常见故障点的独立分析总结			
	坚韧不拔精神	4	—			
技能素养	业务验证流程正确	6	—			
	测试终端数据配置正确	6	每一个数据配置单元 1 分			
	故障定位准确	10	故障定位准确			
	故障排除方法有效	30	本组故障完全排除记 20 分，为其他小组排除一个故障记 2 分			
知识素养	各参数之间的联系	20	根据测试结果赋分			

5.6　知识点精

5.6.1　故障排查一般过程

移动网络故障排查一般是按故障信息收集、故障原因分析、故障定位、故障排除的顺序循环进行。

故障信息收集：收集各种相关的原始信息，利用查看告警、链路检测、状态查询等方式，尽可以多方面、多角度地了解故障信息。

故障原因分析：判断导致故障的各种原因的概率大小，并作为故障排除顺序的参考。

故障定位：排除非可能故障因素，最终确定故障发生的根本原因。

故障排除：采用适当的步骤排查故障，恢复系统正常运行。

5.6.2　测试终端数据配置

测试终端数据配置包括 MCC、MNC、SUPI/IMSI、频段、APN/DNN、KI 及鉴权方式的数据配置，如图 1－5－1 所示。测试终端数据配置与核心网 HSS 中的“签约用户管理”中的参数一致。

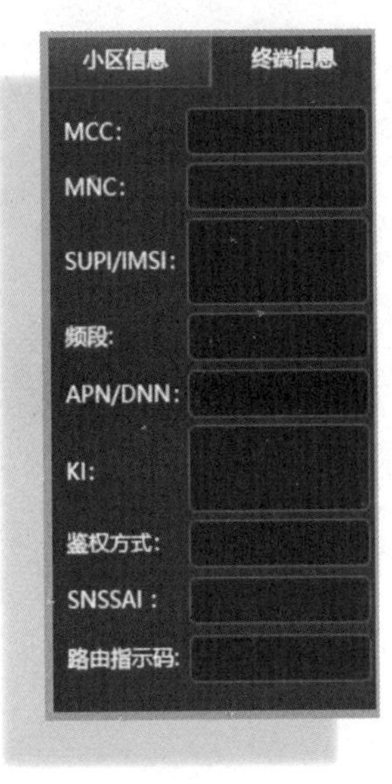

图 1－5－1　测试终端数据配置

5.6.3　常见故障归类

Option 3x 故障汇总

反复排查

5.6.4 操作演示

故障处理

原因查找

故障信息收集

5.7 拓展任务

根据规划完成 JA 市 B 站点 3 个小的基础业务调试。

任务 6　优化业务调试

学习目标

1. 熟悉基础业务优化的调试过程；
2. 掌握优化参数的含义及其作用；
3. 掌握影响网络质量的主要参数。

建议学时

2 学时

6.1　任务描述

在 JA 市基础业务验证完成，测试手机可以正常注册上网的基础上，进行 J6、J7 两个点定点测试，要求：

J6：SSB RSRP≥ -90 dBm，SSB SINR≥20 dB，上行速率≥200 Mb/s，下行速率≥1 550 Mb/s，语音、视频业务正常。

J7：SSB RSRP≥ -95 dBm，SSB SINR≥22 dB，上行速率≥180 Mb/s，下行速率≥1 550 Mb/s，语音、视频业务正常。

6.2　任务分析

分析工作任务的主要内容，查阅资料，需明确表 1-6-1 中的主要问题。

表 1-6-1　任务分析表

序号	问题	答案	备注
1	RSRP 是无线网络的什么参数？作用是什么？指标范围多少表示无线网络正常？		
2	SINR 是无线网络的什么参数？作用是什么？指标范围多少表示无线网络正常？		
3	5G-Option 3x 网络中的哪些参数影响无线指标 RSRP、SINR 及上传、下载速率？如何影响的？		
4	在基础业务验证成功的基础上，做优化业务时，还需配置哪些数据？		

6.3 方案制订

根据任务要求，制作小组工作方案。

6.4 任务实施

用1 + X 5G全网建设软件按照表1 －6 －2中的步骤进行优化业务调试。

表1 －6 －2 任务实施步骤

序号	操作步骤		操作提示	操作记录
1	站点选址	放置铁塔	在“网络规划”→“站点选址”中选择适当的位置放置铁塔。 根据覆盖环境选择铁塔类型；根据测试点的位置选择放置位置	
		铁塔参数配置	配置塔高、下倾角、方位角	
2	核心网数据配置	HSS－APN管理	QoS分类识别码：1.5，9	
			Priofile管理中速率足够大	
3	无线侧数据配置 ITBBU	1. DU对接配置	以太网接口配置“接收带宽”和“发送带宽”足够大	
		2. DU功能配置	BWPUL参数中RB个数足够大 BWPDL参数中RB个数足够大	
		3. 物理信道配置	PUCCH、PUSCH、PDCCH、PDSCH、PBCH信道均需配置，只要DU小区标识不错，其他选择值域范围内的默认值即可	

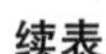

续表

序号	操作步骤		操作提示	操作记录
3	无线侧数据配置 ITBBU	4. 测试开关配置	RSRP 测量配置：测量上报类型（SSB RSRP 或 SSB AND CSI RSRP）。 小区业务参数配置：配置波束，波束连续，测试点一定要被波束覆盖。子波束的个数小于时域图谱位置中“1”的个数	
		5. CU 配置	NR 重选：基础业务优化时，区分 CU 小区标识，其他参数填写默认值即可	
4	测试终端配置	单击“网络调试”→“网络优化”→“手机终端”，收发模式：4T4R		

6.5　考核评价（表 1-6-3）

表 1-6-3　考核评价表

考核项目	考核内容	分值	评分细则	自我评价	小组评价	教师评价
职业素养	不迟到、不早退	2	违反一次不得分			
	积极思考、回答问题	4	根据上课情况统计			
	精益求精	4	能提出改进建议且效果明显			
	创新精神	4	优化操作步骤			
	诚实劳动	4	独立操作完成任务			
	执行命令	4	根据任务完成过程统计			
岗位技能	RSRP	20	J6、J7 测试点的 RSRP 达标			
	SINR	20	J6、J7 测试点的 SINR 达标			
	上传速率	4	J6、J7 测试点的上行速率达标			
	下行速率	4	J6、J7 测试点的下行速率达标			
行业知识	网络优化基础	15	根据测试结果赋分			
	无线网络 KPI 指标	15	根据测试结果赋分			

6.6 知识点精

无线网络优化是通过对现已运行的手机通话网络进行话务数据分析、现场测试数据采集、参数分析、硬件检查等手段，找出影响网络质量的原因，并且通过参数的修改、网络结构的调整、设备配置的调整和采取某些技术手段，确保系统高质量地运行，使现有网络资源获得最佳效益，以最经济的投入获得最大的收益。

无线网络信号质量是网络业务和性能的基石，通过开展无线网络信号优化工作，可以使网络覆盖范围更合理、覆盖水平更高、干扰水平更低，为业务应用和性能提升提供重要保障。信号质量优化工作伴随实验网建设、商用网络建设、工程优化、日常运维优化、专项优化等各个网络发展阶段，是网络优化工作的主要组成部分。

6.6.1 上下行速率

影响5G上下行速率的参数主要有系统带宽、上下行接口速率、帧周期的结构、波束配置等，见表1－6－4。

表1－6－4 影响上下行速率的参数

位置	参数	上行速率	下行速率
DU－DU功能配置	以太网接收带宽	↑	
	以太网发送带宽		↑
DU功能配置BWPUL参数	上行BWPRB个数	↑	
	下行BWPRB个数		↑
DU小区配置	系统带宽	↑	↑
小区业务参数配置	帧结构第一个周期的类型	↑0代表上行，0越多越好，但会影响下行	↑1代表下行，1的个数越多越好，但会影响上行
	第一个周期的S slot的GP符号数	↓GP越少越好	↓GP越少越好
	第一个周期的S上行符号数	↑数值越大，代表可以用的资源越越多，但会但会影响下行	
	第一个周期的S slot的下行符号数		↑数值越大，代表可以用的资源多，但会影响上行
PUCCH	SR PUCCH RB个数	↓	
	SR PUCCH符号数	↓	
PDCCH	PDCCH空分每个regbundle最大流数		↑
	CORESET时域符号个数		↓

6.6.2　无线网络 KPI 指标

无线网络 KPI 是网络质量的直接体现，KPI 监控也是发现问题的重要手段；KPI 监控与优化主要集中在运维期间。KPI 按照指标的相关性主要分为覆盖指标、呼叫建立指标、呼叫保持指标和移动性管理指标四类。这里主要讲述覆盖指标中两个重要指标：RSRP 和 SINR。

1. RSRP

RSRP（Reference Signal Receiving Power）是衡量系统无线网络覆盖率的重要指标。RSRP 是一个表示接收信号强度的绝对值，在一定程度上可反映移动台距离基站的远近，因此这个 KPI 值可以用来度量小区覆盖范围大小。RSRP 是承载小区参考信号 RE 上的线性平均功率。

在网络优化工作中，可以通过测试 RSRP 值来判断网络的覆盖问题，如图 1-6-1 所示。

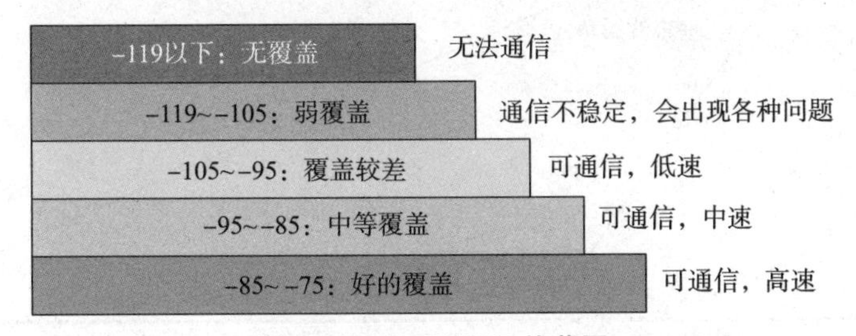

图 1-6-1　RSSRP 值范围

从图中可以看出，当 RSRP 值小于 -119 dBm 时，为无覆盖区域，此时无法通信；当 RSRP 值在 -119 ~ -105 dBm 之间时，为弱覆盖区域，此时通信不稳定；当 RSRP 在 -105 ~ -95 dBm 之间时，为覆盖较差区域，可以保证低速的通信；当 RSRP 大于 -95 dBm 时，通信正常。弱覆盖问题是说用户有信号，但是不能进行业务，也就是说，基站发给你的信号你能接收到但无法解调，就好比一个人在跟你说话，你能听得见，但是听不清楚他说些什么，这时网络需要进行优化。

2. SINR

SINR（Signal to Interference plus Noise Ratio）是接收到的有用信号的强度与接收到的干扰信号（噪声和干扰）的强度的比值。SINR 取值范围如图 1-6-2 所示。

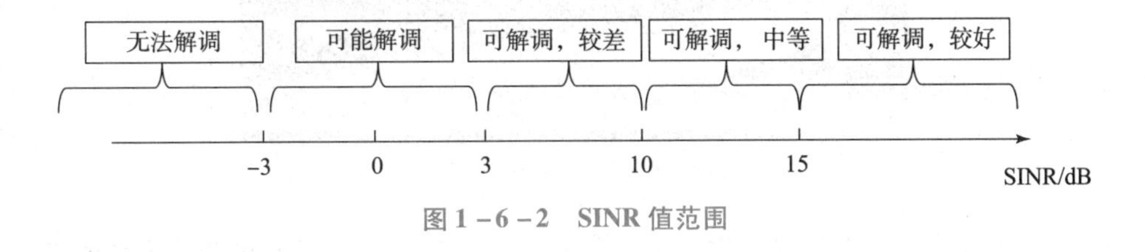

图 1-6-2　SINR 值范围

6.6.3　天线参数

天线的主要电气参数有频率、下倾角、方位角、增益、波瓣宽度、前后比等。在移动通信系统的网络优化过程中，方位角和下倾角的调整是非常重要的两种方法。

1. 下倾角

天线下倾角为天线的中心法线与水平面之间的夹角，如图 1-6-3 所示，下倾角越大，天线的倾斜度就会越大，主覆盖方向越靠近天线，或者说覆盖越近。可以通过控制下倾角来实现控制覆盖的目的，同时，控制下倾角也是一种常用的增强主覆盖信号电平、减少干扰的手段。

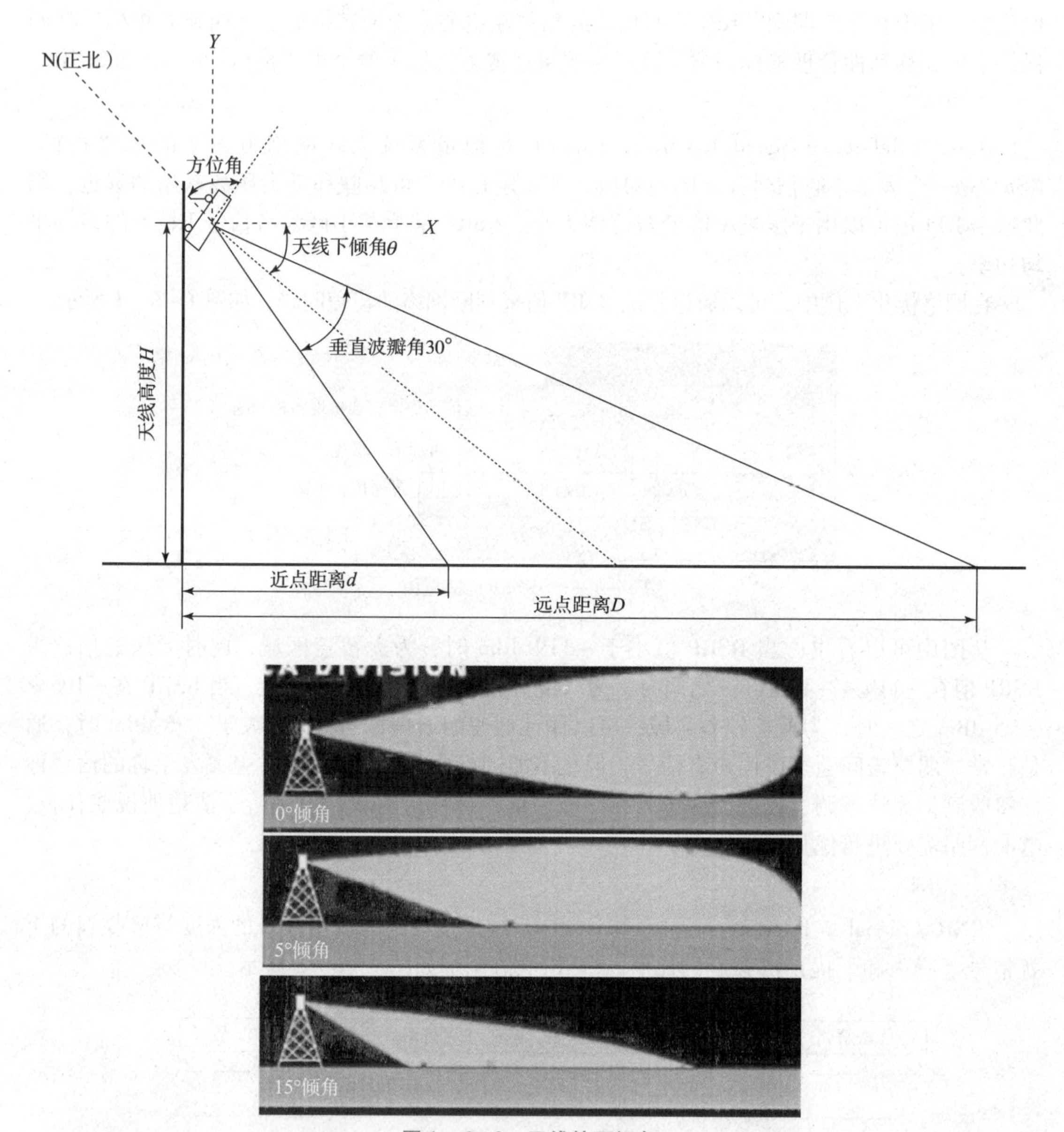

图1-6-3　天线的下倾角

天线的下倾方式主要有机械下倾和电子下倾两种。机械下倾是通过调节天线的支架将天线压低到相应的位置来设置下倾角的，而电子下倾是通过改变天线振子的相位来改变电磁分布辐射的特性或者是改变方向图来控制下倾角的。

实际下倾角度等于电子下倾角加上机械下倾角。

机械下倾和电子下倾除了实现方式的区别之外，性能上也有差别。如图1-6-4所示，图1-6-4（a）为无下倾，天线电磁场场强的分布类似于气球。图1-6-4（b）采用的是10°机械下倾，此时相当于向里面压气球，如果再向里压气球，就要爆炸了，辐射信号会产生畸变，将无法控制，所以对于大角度的机械下倾，它的辐射分布会产生失真，从而会造成覆盖的不足，而且会对其他的小区造成干扰。图1-6-4（c）采用电子下倾，它的形状跟图1-6-4（a）的形状差不多，也就是说，电子下倾在地面上的辐射功率分布不会改变，所以，当使用机械下倾时，一般来说，机械下倾角不能超过10°，最好控制在8°以内。当下倾角大于10°时，综合考虑成本、性能及灵活性等，可以采用机械下倾+电子下倾来实现。例如，要求10°的下倾角，可以用6°的固定电子下倾+4°的机械下倾来实现，如图1-6-4（d）所示。而小倾角的机械下倾并不会对性能造成很大的影响，后期也可以通过调整机械下倾角的手段优化。

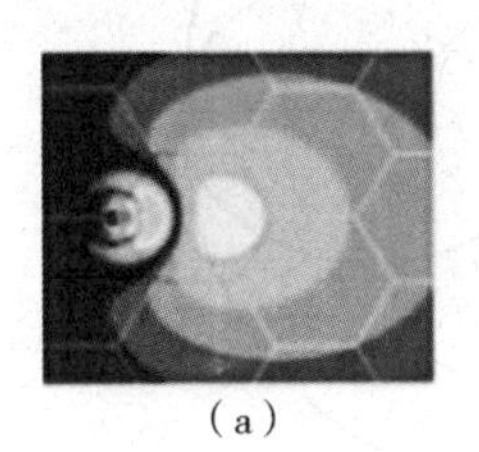
（a）
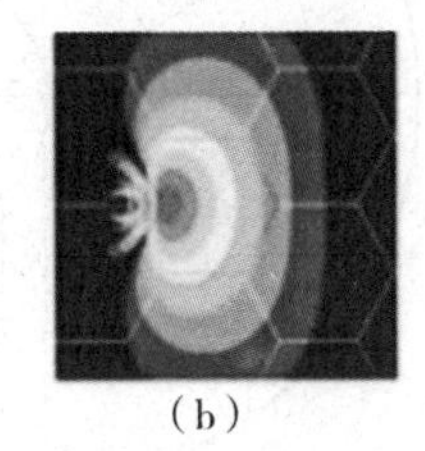
（b）
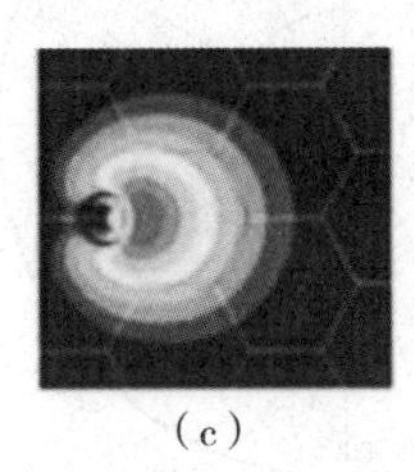
（c）
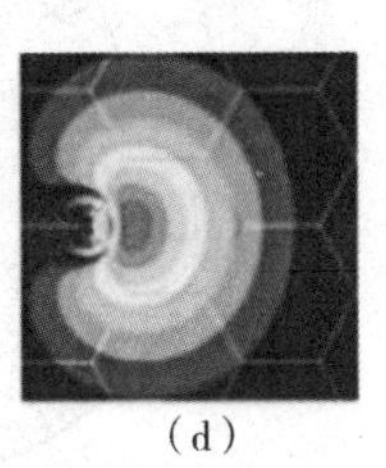
（d）

图1-6-4 机械下倾与电磁场场强

（a）无下倾；（b）10°机械下倾；（c）电子下倾；（d）6°电子下倾+4°机械下倾

2. 方位角

方位角可以理解为正北方向的平面顺时针旋转到和天线所在平面重合所经历的角度。在实际的天线放置中，方位角通常有0°、120°和240°。分别对应于A小区、B小区、C小区。

天线方位角的调整对移动通信的网络质量非常重要。一方面，准确的方位角能保证基站的实际覆盖与所预期的相同，保证整个网络的运行质量；另外，依据话务量或网络存在的具体情况对方位角进行适当的调整，可以更好地优化现有的移动通信网络。

在实际的网络中，由于地形的原因，如大楼、高山、水面等，往往引起信号的散射或反射，从而导致实际覆盖与理想模型存在较大的出入，造成一些区域信号较强，一些区域信号较弱，这时可根据网络的实际情况，对天线的方位角进行适当的调整，以保证信号较弱区域的信号强度，达到网络优化的目的；另外，由于实际存在的人口密度不同，导致各基站天线所对应小区的话务不均衡，这时可通过调整天线的方位角，达到均衡话务量的目的。一般情况下，在网络优化的过程中不对天线的方位角进行调整，因为这样可能会造成一定程度的系统内干扰，但在某些特殊情况下，如当地紧急会议或大型公众活动等，导致某些小区话务量特别集中，可临时对天线的方位角进行调整，以达到均衡话务，优化网络的目的；除此之外，针对郊区某些信号盲区或弱区，也可通过调整天线的方位角来达到优化网络的目的，这时应辅以场强测试车对周围信号进行测试，以保证网络的运行质量。

3. 波束宽度

在天线的水平面（垂直面）方向图上，相对于主瓣最大点功率增益下降3 dB的两点之间所张的角度，定义为天线的水平（垂直）波瓣宽度，也称水平（垂直）波束宽度或者水平（垂直）波瓣角，如图1-6-5所示。天线辐射的大部分能量都集中在波瓣宽度内，波瓣宽度的大小反映了天线的辐射集中程度。

各种水平波瓣宽度的天线有相应的适用环境，水平波瓣宽度为20°、30°的天线一般增益较高，多用于狭长地带或高速公路的覆盖；65°天线多用于密集城市地区典型基站三扇区配置的覆盖，90°天线多用于城镇郊区地区典型基站三扇区配置的覆盖，105°天线多用于地广人稀地区典型基站三扇区配置的覆盖，如图 1－6－6 所示。120°、180°天线多用于角度极宽的特殊形状扇区的覆盖。

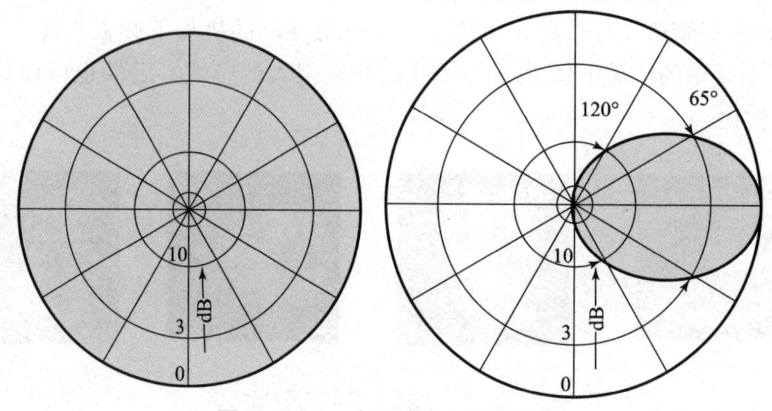

图 1－6－5　水平波束宽度示意图

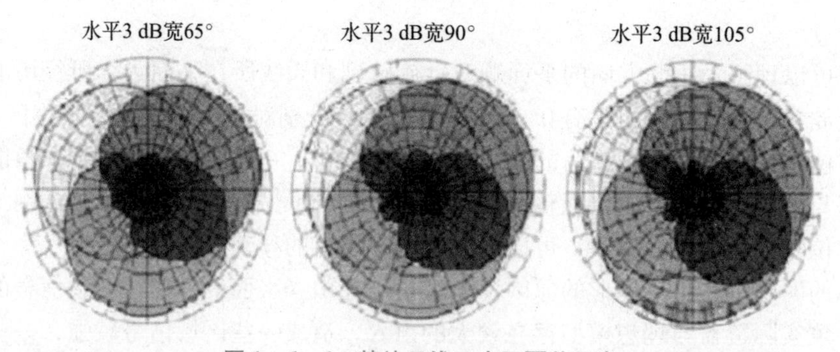

图 1－6－6　基站天线三扇区覆盖示意

天线的垂直波瓣 3 dB 宽度与天线的增益、水平 3 dB 宽度密不可分。基站天线的垂直波瓣 3 dB 宽度多在 10°左右。一般来说，在采用同类的天线设计技术条件下，增益相同的天线中，水平波瓣越宽，垂直波瓣 3 dB 越窄。

较窄的垂直波瓣 3 dB 宽度将会产生较多的覆盖死区（盲区），如图 1－6－7 所示，同样挂高的两副无下倾天线中，垂直波瓣较宽天线产生的覆盖死区范围长度为 OX''，小于垂直波瓣较窄天线产生的死区范围长度 OX。

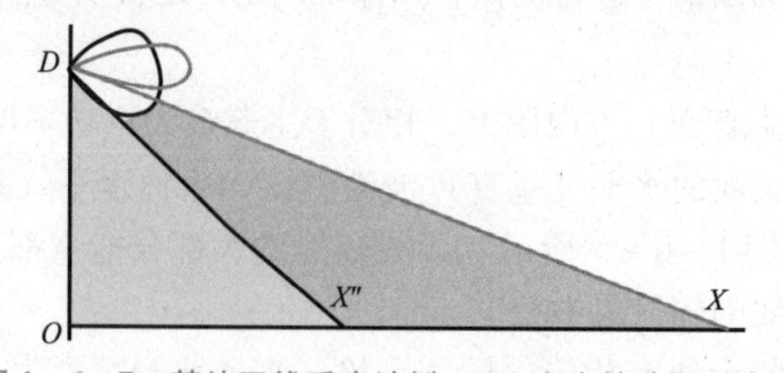

图 1－6－7　基站天线垂直波瓣 3 dB 宽度的选取示意图

6.6.4 操作演示

基础优化调测

6.7 拓展任务

完成 J1 ~ J5 的定点测试，要求各点的 SSB RSRP≥ -95 dBm，SSB SINR≥24 dB，上行速率≥150 Mb/s，下行速率≥1 150 Mb/s，语音、视频业务正常。

模块二

5G – Option 2 网络建设

学习目标

1. 掌握 Option 2 组网模式的网络架构；
2. 掌握 5GC 核心网的各网元及与无线侧对接接口；
3. 能够进行 Option 2 网络规划；
4. 能熟练地安装 Option 2 网络设备；
5. 能配置 Option 2 网络的数据；
6. 能进行 Option 2 网络基础业务调试；
7. 能够进行优化业务、重选、切换、漫游、调试；
8. 能够进行切片业务调试。

建议学时

24 学时

工作情境描述

××城市作为国内首批5G 独立组网试点城市，经过了前期5G 网络的快速部署，已经基本完成基于5G Option 3x 组网架构下的网络部署。随着5G 技术的不断发展，5G Option 3x 组网架构无法满足5G 技术全场景需求，并且运营商已经有了充分的资金支持，××城市启动了5G 二期网络建设项目，采用5G 网络架构终极形态 Option 2 的组网模式进行建设，新建5GC 核心网和5G NR 接入网，承载网部分利旧。作为该项目主要技术人员，根据无线网络规划要求，完成网络设备的调整与配置，确保整个项目顺利完成。

工作流程

1. 网络规划（拓扑结构、网络容量、站点选址）
2. 设备安装
3. 数据配置
4. 基础业务调试
5. 优化业务调试
6. 重选、切换、漫游业务调试
7. 切片业务调试

任务1 Option 2 网络拓扑规划

学习目标

1. 掌握 Option 2 组网模式的网络结构；
2. 能够合理设计 5G-Option 2 的网络拓扑图。

建议学时

2 学时

1.1 任务描述

根据 5G 网络建设要求，设计 Option 2 网络拓扑图，使网络拓扑规划合理，在软件上完成 Option 2 网络拓扑结构的设计。

1.2 任务分析

分析工作任务的主要内容，查阅资料，明确表 2-1-1 中的主要问题。

表 2-1-1 任务分析表

序号	问题	答案	备注
1	Option 2 组网模式的核心网设备是什么？		
2	Option 2 组网模式的承载网设备是什么？		
3	Option 2 组网模式的接入网设备是什么？		
4	5G 基站的部署方式是什么？		

1.3 方案制订

根据任务要求，制作小组工作方案。

1.4 任务实施

用1+X 5G全网建设软件进行仿真设计，选取XC市按照表2-1-2中的步骤进行拓扑规划设计。

表2-1-2 拓扑规划设计

操作步骤	操作方法	操作记录
打开软件，进入拓扑规划模块	（1）输入账号和密码 （2）选拓扑规划	
布放核心网网元并连接	（1）5G核心网网元间通信用什么设备完成 （2）5G核心网网元设备集成在哪个设备中	
布放承载网网元并连接	（1）承载网分几层？分层的目的是什么 （2）OTN的作用是什么	
布放接入网网元并连接	选择哪种5G基站的部署方式	
核心网→承载网→接入线缆连接	如何进行连线及网元设备的删除	

1.5 考核评价（表2-1-3）

表2-1-3 考核评价表

考核项目	考核内容	分值	评分细则	自我评价	小组评价	教师评价
职业素养	不迟到、不早退	2	违反一次不得分			
	积极思考、回答问题	4	根据上课情况统计			
	精益求精	5	能提出改进建议且效果明显			
	创新精神	5	优化操作步骤			
	执行命令	4	根据任务完成过程统计			
岗位技能	核心网网元布放	10	网元选择正确，布放位置正确			
	核心网线缆连接	5	线缆连接正确			
	核心网冗余	10	设计冗余并且线缆连接正确			
	承载网元布放正确	10	网元选择合理、布放位置正确			

续表

考核项目	考核内容	分值	评分细则	自我评价	小组评价	教师评价
岗位技能	承载线缆连接正确	5	线缆连接正确			
	接入网元布放正确	10	网元选择合理、布放位置正确			
	接入线缆连接正确	5	线缆连接正确			
	网络拓扑规划	10	网络拓扑分层合理、结构完整、线缆连接正确			
行业知识	5GC 网元名称与功能	5	根据测试结果赋分			
	5G NR 帧结构分类	5	根据测试结果赋分			
	OTN 的工作原理	5	根据测试结果赋分			

1.6　知识点精

1.6.1　5G Option 2 网络架构

5G Option 2 的网络架构如图 2-1-1 所示，主要包括 5G 接入网和 5G 核心网。网络架构设计以网络功能为单位，不再严格区分网元。5GC 核心网采用 SBA（基于服务的架构），即微服务架构。微服务的理念源自 IT 行业，即将原先单个网元多个功能分成多个网元单个功能，各司其职，可以分担业务和风险，还能够引入“虚拟化”。网络功能虚拟化 NFV，采用虚拟化技术，基于 X86 的通用硬件实现业务功能节点软件化。

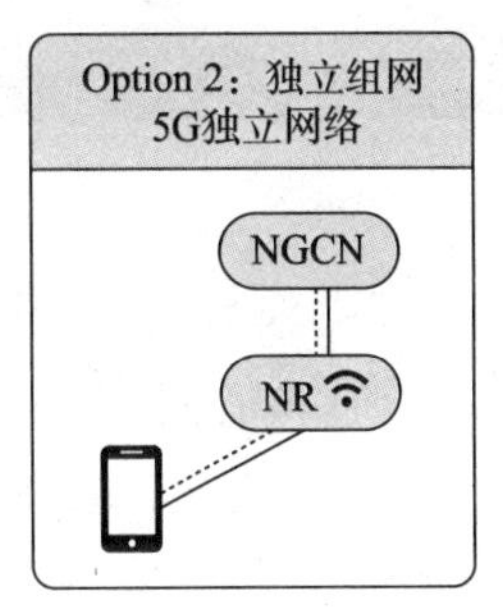

图 2-1-1　5G Option 2 网络架构

引入网络切片，网络切片本质上就是将运营商的物理网络划分为多个虚拟网络，每一个虚拟网络根据不同的服务需求，比如时延、带宽、安全性和可靠性等来划分，以灵活地应对不同的网络应用场景。

1.6.2　5G Option 2 组网特点

无线侧为 5G NR，核心网采用 5GC，UE 信令与数据都连接到 5G NR，与 LTE 网络独立，以 5G NR 作为控制面锚点接入 5GC。它的主要优势：①对现有 2G/3G/4G 网络无影响；②不影响现网 2G/3G/4G 用户；③可快速部署，直接引入 5G 新网元，不需要对现网改造；④提供 5G 新功能、新业务。但当 NR 未实现连续覆盖时，语音连续性依赖跨系统切换；需要同时部署 NR 和 5GC，建设成本大。

1.6.3 操作示范

1. 进入拓扑规划模块

双击桌面上的图标，打开“5G全网开通”模块。进入5G全网建设软件。输入账号与密码。单击上方的按钮，选择“兴城市”。进入拓扑规划主界面，左边为设备资源池，如图2-1-2所示。

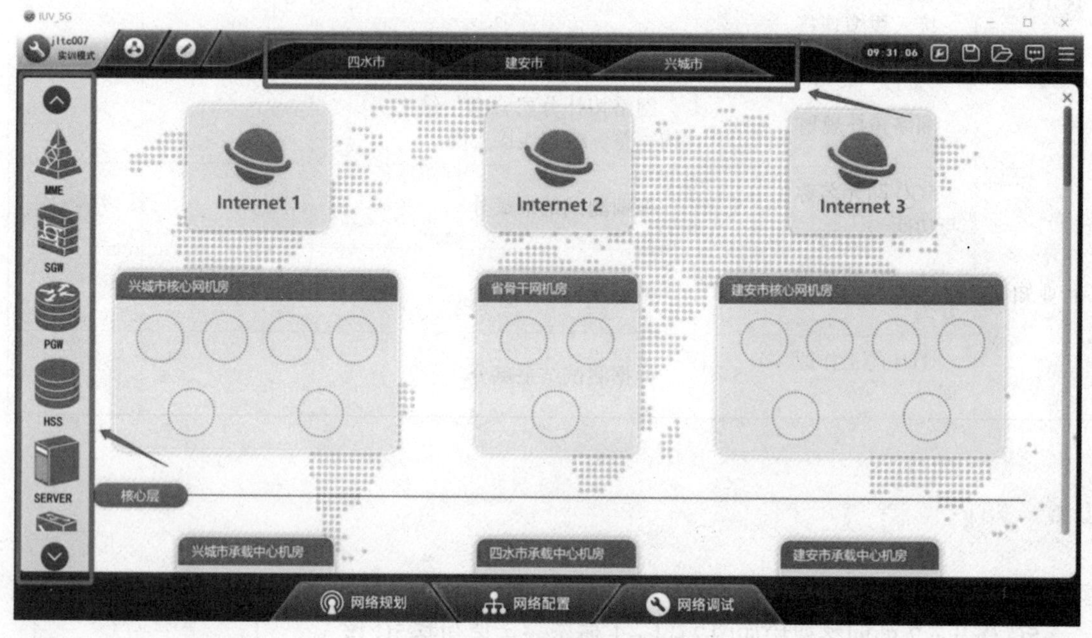

图2-1-2 拓扑规划界面

2. 设备布放

(1) 核心网

鼠标左键单击资源池中的“SERVER”，长按将其拖至兴城市核心网机房，放在相应的圆圈中；鼠标左键单击资源池中的“SW”，长按将其拖至兴城市核心网机房，放在相应的圆圈中，如图2-1-3所示。若要删除已放置的设备，用鼠标将要删除的设备拖拽至其他地方即可。

(2) 承载网

①工程模式。

鼠标左键单击资源池中的“SPN”，长按将其拖至核心层的兴城市承载中心机房，放在相应的圆圈中；鼠标左键单击资源池中的“OTN”，长按将其拖至兴城市承载中心机房，放在相应的圆圈中，如图2-1-4所示。

鼠标左键单击资源池中的“SPN”，长按将其拖至汇聚层的兴城市2区汇聚机房，放在相应的圆圈中；鼠标左键单击资源池中的“OTN”，长按将其拖至兴城市2区汇聚机房，放在相应的圆圈中，如图2-1-5所示。

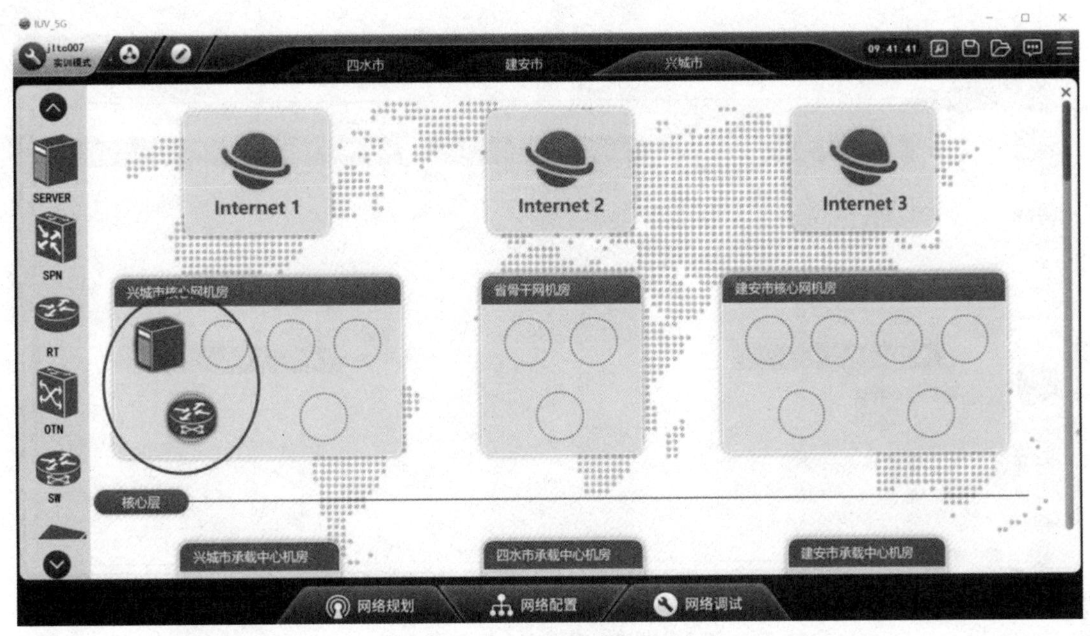

图 2－1－3　兴城市核心网机房

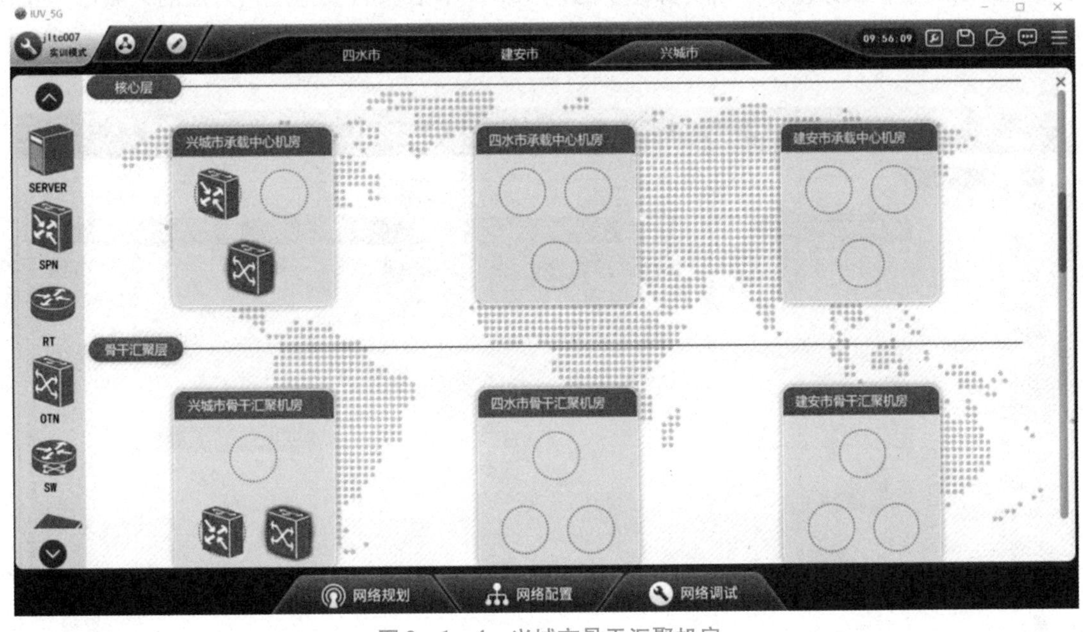

图 2－1－4　兴城市骨干汇聚机房

②实验模式。

兴城市承载中心机房、兴城市骨干汇聚机房、兴城市 2 区汇聚机房都无须规划传输设备。

（3）接入网

鼠标左键单击资源池中的“SPN”，长按将其拖至接入层的兴城市 2 区 B 站点机房，放

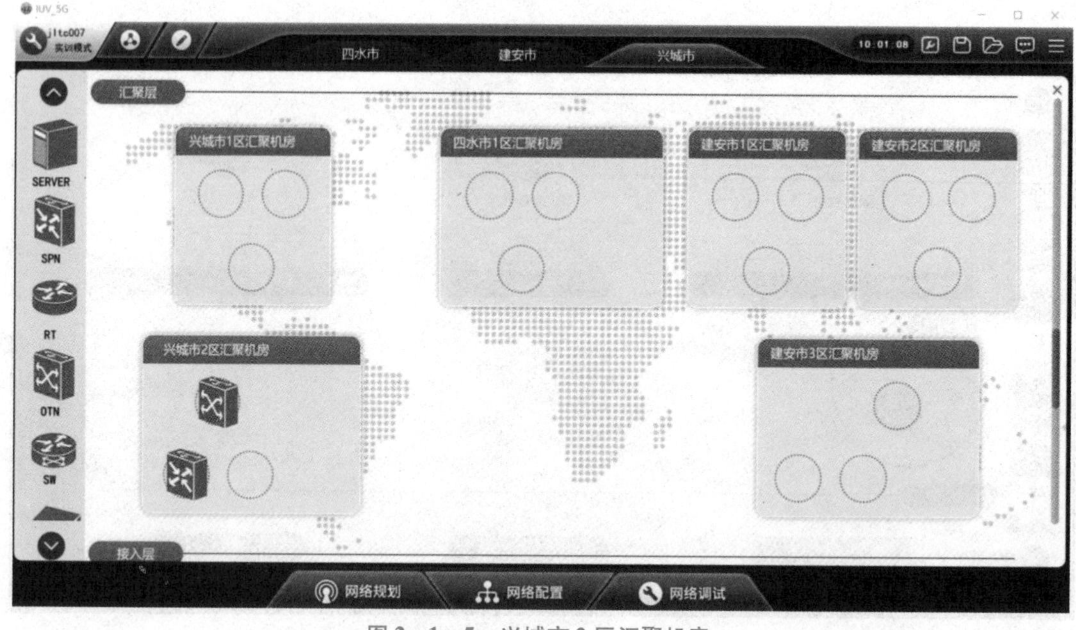

图 2-1-5　兴城市 2 区汇聚机房

在相应的圆圈中；鼠标左键单击资源池中的“CUDU”，长按将其拖至接入层的兴城市 2 区 B 站点机房，放在相应的圆圈中，如图 2-1-6 所示。

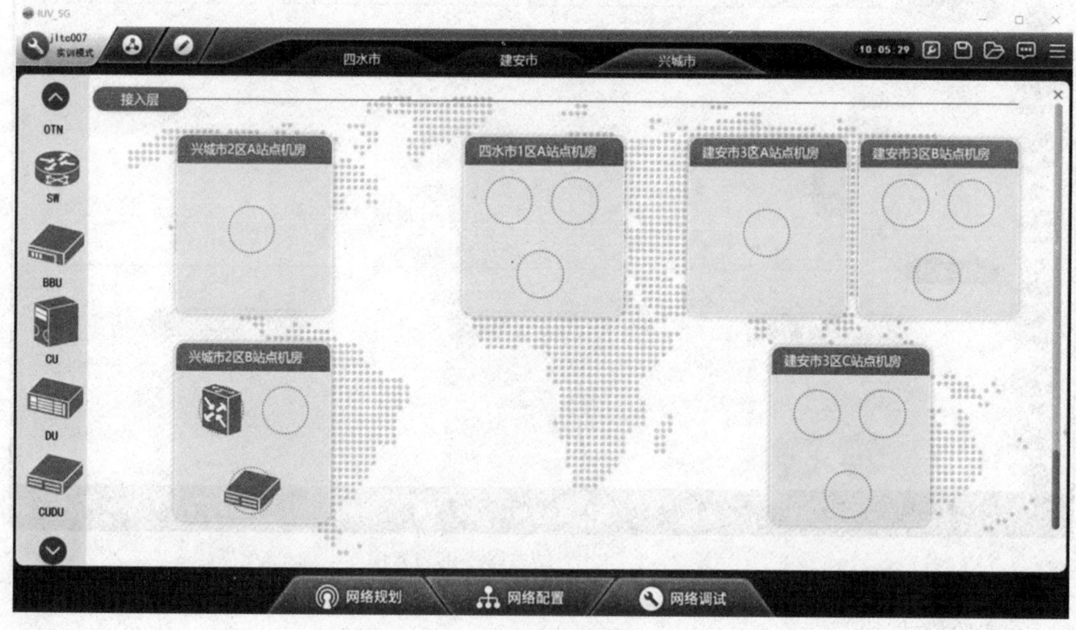

图 2-1-6　兴城市 2 区 B 站点机房

3. 线缆连接

(1) 核心网

鼠标左键单击核心网机房内的“SERVER”网元，再单击下方的“SW”网元，完成二者间线缆连接；鼠标左键单击核心网机房内的“SW”网元，再单击兴城市承载中心机房内的“SPN”网元，完成二者间线缆连接。如删除线缆，将鼠标放在要删除的线上，单击出现的“×”，即可删除线缆。

（2）承载网

①工程模式。

鼠标左键单击兴城市承载中心机房内的“SPN”网元，再单击“OTN”网元，完成二者间线缆连接；鼠标左键单击兴城市骨干汇聚机房内的“SPN”网元，再单击“OTN”网元，完成二者间线缆连接；鼠标左键单击兴城市 2 区汇聚机房内的“SPN”网元，再单击“OTN”网元，完成二者间线缆连接；鼠标左键单击兴城市承载中心机房内的“OTN”网元，再单击兴城市骨干汇聚机房内的“OTN”网元，完成二者间线缆连接；鼠标左键单击兴城市骨干汇聚机房内的“OTN”网元，再单击兴城市 2 区汇聚机房内的“OTN”网元，完成二者间线缆连接。

②实验模式。

无须做任何连线。

（3）接入网。

①工程模式。

鼠标左键单击兴城市 2 区汇聚机房内的“SPN”网元，再单击兴城市 2 区 B 站点机房内的“SPN”网元，完成二者间线缆连接；鼠标左键单击兴城市 2 区 B 站点机房内的“SPN”网元，再单击“CUDU”网元，完成二者间线缆连接。

②实验模式。

鼠标左键单击核心网机房内的“SW”网元，再单击兴城市 2 区 B 站点机房内的“SPN”网元，完成二者间线缆连接；鼠标左键单击兴城市 2 区 B 站点机房内的“SPN”网元，再单击“CUDU”网元，完成二者间线缆连接。

1.7　拓展任务

完成四水市（Option 4a 组网模式）的拓扑规划，要求 CU 和 DU 分离。

任务2　Option 2 网络容量规划与站点选址

学习目标

1. 能够阐述5GC容量规划的参数；
2. 理解容量计算的方法；
3. 能够利用软件进行容量计算。

建议学时

2学时

2.1　任务描述

XC市拥有多个商业购物中心，交通便捷，移动上网用户数为1 100万，规划覆盖区域1 500 km^2，承载网汇聚、接入层采用环形拓扑，请根据提供的话务模型与网络拓扑中规划的组网架构进行网络规划计算。话务模型请参照表2-2-1~表2-2-7，重点进行5GC核心网容量计算，无线网规划参数参考模块一任务2 Option 3x网络的规划计算。

表2-2-1　PUSCH信道参数规划

参数名	取值	单位
终端发射功率	26	dBm
终端天线增益	0	dBi
基站灵敏度	-124	dBm
基站天线增益	23	dBi
上行干扰余量	3	dB
线缆损耗	0.1	dB
人体损耗	0	dB
穿透损耗	20	dB
阴影衰落余量	10.5	dB
对接增益	3	dB
单站小区数	3	个

表 2-2-2　PDSCH 信道参数规划

参数名	取值	单位
基站发射功率	52	dBm
基站天线增益	23	dBi
终端灵敏度	-100	dBm
终端天线增益	0	dBi
下行干扰余量	8	dBi
线缆损耗	0.1	dB
人体损耗	0	dB
穿透损耗	20	dB
阴影衰落余量	10.5	dB
对接增益	3	dB
单站小区数	3	个

表 2-2-3　传播模型参数

参数名	取值	单位
平均建筑高度	20	m
街道宽度	20	m
终端高度	1.5	m
基站高度	25	m
工作频率	2.6	GHz
本市区域面积	1 500	km^2

表 2-2-4　上行容量计算参数规划

参数名	取值
调制方式	64QAM
流数	2
μ	1
缩放因子	0.75
S 时隙中上行符号数	4
最大 RB 数	272
R_{max}	948/1 024
开销比例	0.08

续表

参数名	取值
单小区 RRC 最大用户数	800
本市 5G 用户数	1 100 万
编码效率	0. 8
上行速率转化因子	0. 7
在线用户比例	0. 19

表 2-2-5　下行容量计算参数规划

参数名	取值
调制方式	256QAM
流数	4
μ	1
缩放因子	0. 8
S 时隙中下行符号数	8
最大 RB 数	272
R_{max}	948/1 024
开销比例	0. 14
单小区 RRC 最大用户数	800
本市 5G 用户数	1 100 万
编码效率	0. 8
下行速率转化因子	0. 68
在线用户比例	0. 19

表 2-2-6　无线综合参数规划

参数名	取值	单位
上行覆盖规划站点数目	参考无线覆盖计算项目结果	个
下行覆盖规划站点数目	参考无线覆盖计算项目结果	个
热点区域扩容比例	1. 45	—
4G 小区覆盖半径	0. 7	km

表 2-2-7　5GC 核心网参数规划

参数名	取值	单位
单 VNF 占用内存	3	GB
单 VNF 占用存储	11	GB
单 AMF 支持站点数目	900	个

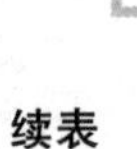

续表

参数名	取值	单位
单 UPF 支持站点数目	850	个
非对接无线 VNF 数量	9	个
单服务器内存	256	GB
单服务器硬盘容量	3 000	GB

2.2　任务分析

分析工作任务的主要内容，查阅资料，需明确表 2-2-8 中的主要问题。

表 2-2-8　任务分析表

序号	问题	答案	备注
1	5GC 核心规划计算哪几个参数?		
2	无线侧规划与 Option 3x 网络的区别是什么?		

2.3　方案制订

2.4　任务实施

用 1+X 5G 全网建设软件进行仿真规划，选取 IC 市按照表 2-2-9 的步骤进行规划计算。

表 2-2-9 操作步骤

序号	操作步骤		操作提示	操作记录
1	打开软件，进入拓扑规划模块		（1）输入账号和密码 （2）选择建设城市	
2	无线网规划	1. 覆盖规划	上、下行分别计算： （1）计算最大路径损耗 （2）计算终端与基站的直线距离 （3）计算单扇区覆盖半径 （4）计算覆盖规划站点数	
		2. 容量规划	（1）计算单时隙时长 （2）计算下行符号占比 （3）理论峰值速率 （4）计算平均速率 （5）计算单站平均吞吐量和站点数	
		3. 无线综合规划	（1）计算 5G 的站点数 （2）计算 5G 站点吞吐量	
3	核心网规划	1. AMF	计算 AMF 数量	
		2. UPF	计算 UPF 数量	
		3. VNF	计算 VNF 需求内存与存储	
		4. 服务器	计算服务器数量	
4	站点选址	1. 选择城市	选择建站城市	
		2. 选择建站位置	选择合适的建站位置	
		3. 安装铁塔或天线	选择合适的铁塔或美化天线	
		4. 设置天线相关参数	设置相关参数	

2.5 考核评价（表 2-2-10）

表 2-2-10 考核评价表

考核项目	考核内容	分值	评分细则	自我评价	小组评价	教师评价
职业素养	不迟到、不早退	2	违反一次不得分			
	积极思考、回答问题	4	根据上课情况统计			
	精益求精	5	能提出改进建议且效果明显			
	创新精神	5	优化操作步骤			
	执行命令	4	根据任务完成过程统计			

续表

考核项目	考核内容	分值	评分细则	自我评价	小组评价	教师评价
岗位技能	已知参数运用	5	已知参数运用得当			
	组网模式选择	5	组网模式选择是否合规			
	AMF 数量计算	5	AMF 数量计算准确			
	UPF 数量计算	10	UPF 数量计算准确			
	VNF 需求内存与存储计算	10	VNF 需求内存与存储计算准确			
	服务器数量计算	5	服务器数量计算准确			
	站点选址	5	站点选址合理			
	站点参数	5	站点参数设置合理			
行业知识	核心网络规划方法的理解及公式应用	20	根据测试结果赋分			
	站点选址方法的理解	10	根据选址结果赋分			

2.6　知识点精

5G 组网方案分为 SA(Standalone)和 NSA(Non - Standalone)。SA 有 Option 2、Option 5，NSA 有 Option 3、Option 4、Option 7。

独立组网中，用户面无承载分离，UE 只需一种无线连接（LTE 或 NR）。

非独立组网中，承载在 MN(Master Node)或 SN(Secondary Node)的 PDCP 层分离。UE 有两种无线连接：LTE 和 NR。以 LTE 为锚点，如 Option 3x 组网模式；以 NR 为锚点，如 Option 4 组网模式。

2.6.1　5GC 核心网结构

5G 核心网采用的是 SBA 架构。SBA 架构基于云原生构架设计，借鉴了 IT 领域的“微服务”理念。NF（Network Function，网络功能）以服务的方式呈现，任何其他 NF 或者业务应用都可以通过标准、规范的接口访问该 NF 提供的服务 SBA 架构。

5G 核心控制平面中最显著的变化是从传统的点对点网络体系结构引入了基于服务的接口（SBI）或基于服务的架构（SBA）。通过新技术的迭代，在网络体系结构中，除了 N2 和 N4 等少数接口外，其余接口基本都定义为使用统一接口，使用 HTTP/2 协议。

Option 2 网络结构如图 2－2－1 所示。5G 核心网控制面被分为 AMF 和 SMF，单一的 AMF 负责终端的移动性和接入管理；SMF 负责对话管理功能，可以配置多个。用户面由 UPF 节点掌控大局，UPF 也代替了原来 4G 中执行路由和转发功能的 SGW 与 PGW。4G 核心网中的MME、SGW和PGW消失了，MME的功能被分解到AMF（接入与移动管理功能）和SMF（会话管理功能）中，SGW和PGW被UPF替代。在进行对外通信时，控制面AMF通过N2接口与无线侧对接用户面，UPF通过N3接口与无线侧对接，同时，UPF通过N6接口与DN服务器进行对接。各网络功能的详细功能说明见表2－2－11。

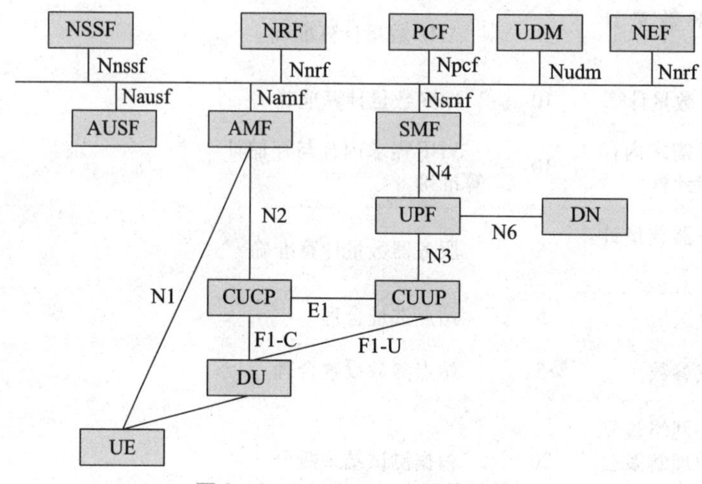

图2－2－1　Option 2网络结构

表2－2－11　5GC各网络功能介绍

网络功能	英文名	中文名	功能
AMF	Access and Mobility Management Function	接入和移动性管理功能	完成移动性管理、NAS MM信令处理、NAS SM信令路由、安全锚点和安全上下文管理等
SMF	Session Management Function	会话管理功能	完成会话管理、UE IP地址分配和管理、UP选择和控制等
UDM	Unified Data Management	统一数据管理	管理和存储签名数据、鉴权数据
PCF	Policy Control Function	策略控制功能	支持统一策略框架，提供策略规则
NRF	NF Repository Function	网络存储功能	维护已部署NF的信息，处理从其他NF过来的NF发下请求
NSSF	Network Slice Selection Function	网络切片选择功能	完成切片选择功能
AUSF	Authentication Server Function	鉴权服务器功能	完成鉴权服务功能
NEF	Network Exposure Function	网络开放功能	开放各网络功能的能力，内外部信息的转换
UPF	User Plane Function	用户面功能	完成用户面转发处理

2.6.2　Option 2 规划计算

核心网的规划计算在无线网的规划计算完成后进行，Option 2 无线网的规划计算参照模块一任务 2 进行。核心网参数规划包含虚拟网络功能数量及所需要的内存与储存两类，需与参数规划值保持一致。网络功能数量主要包括 AMF、UPF、VNF 数量计算，内存与储存计算主要计算 VNF 的需求内存和存储，最终计算服务器的数据。

2.6.3　站点选址

通过网络规模估算，估算出规划区域内需要建设的基站数及位置，受限于各种因素，理论位置并不一定可以布站，因而实际站点同理论站点并不一致，这就需要对备选站点进行实地勘察，并根据所得数据调整基站规划参数、基站选址、基站勘察、基站规划参数设置等。同时，应注意利用原有的基站站点进行共站址建设 5G。共站址主要依据无线环境、传输资源、电源、机房条件、工程可实施性等方面综合确定是否可建设。

在兴城市，商业区的站址规划中，可以根据铁塔天线的建设位置对商业区的整体覆盖情况进行选择。站址选择前，需进行站址勘察，预规划站点，一般包括 1 个主站点和 2～3 个备用站点。到达现场进行勘测的时候，首先进行主站点的勘测，当主站点站址可用时，直接采集勘测数据，包括站高、经纬度、天面详细信息、基站周围传播环境；天馈系统设置包括天线的高度、方向角、隔离度要求等。

当主站点站址不可用时，在预规划的备用站点中逐一排查站址是否可用。在备用站点发现可用站址时，同样采集勘测数据、天馈系统配置等信息。

2.6.4　操作演示

①登录 1+X 5G 全网建设软件，打开“网络规划”→“网络规划”模块，选择“兴城市”，并选择 Option 2“独立组网”，如图 2-2-2 所示。

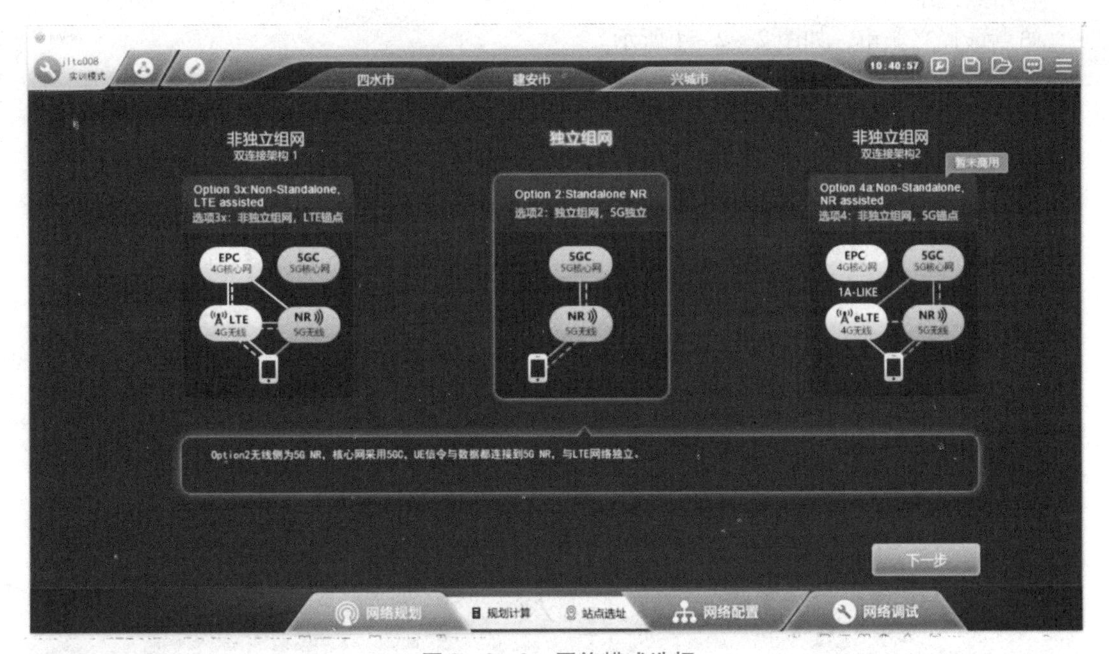

图 2-2-2　网络模式选择

②无线网络规划。

单击“下一步”按钮进入规划计算，下拉选择“核心网”，如图 2－2－3 所示。

图 2－2－3　5GC 规划计算

核心网络规划按照“计算 AMF 数量”→“计算 UPF 数量”→“计算 VNF 需求内存与存储”→“计算服务器数量”的顺序进行。

③站点选址。

站点选择兴城市，如图 2－2－4 所示。

图 2－2－4　城市选择

根据勘察要求，结合覆盖等环境因素选取合适的塔型及站点位置，如图 2-2-5 所示。

图 2-2-5　城市环境

如图 2-2-6 所示，设置好相应的参数。

图 2-2-6　站点参数设置

2.7　拓展任务

对比 NSA 与 SA 组情况下核心网的区别。

任务3 Option 2 网络设备配置

学习目标

1. 掌握各网元 IP 及参数的规划方法；
2. 熟悉 5GC 核心网的 NF 的意义；
3. 掌握各网元对接配置、路由配置的方法；
4. 掌握数据配置的步骤；
5. 能够准确地进行 Option 3x 网络的数据配置；
6. 掌握 Option 2 网络基础业务调试的步骤及方法。

建议学时

4 学时

3.1 任务描述

根据兴城市前期 5G 网络的规划与设计，按照 Option 2 的组网架构进行网络设备的实际配置。按照前期的规划要求，选择合适的设备，完成无线接入机房及核心网机房中的设备部署。

3.2 任务分析

分析工作任务的主要内容，查阅资料，需明确表 2-3-1 中的主要问题。

表 2-3-1 任务分析表

画出 5G - Option 2 的网络结构，标出各接口、各网元连接的线缆类型及各接口速率。

3.3　方案制订

根据任务要求，制作小组工作方案。

3.4　任务实施

按照兴城市前期规划的 5G－Option 2 组网架构进行网络建设，用 1＋X 5G 全网建设软件按照表 2－3－2 的步骤进行仿真。

表 2－3－2　任务实施步骤

<table>
<tr><th>序号</th><th colspan="2">操作步骤</th><th>操作提示</th><th>操作记录</th></tr>
<tr><td>1</td><td colspan="2">打开软件，进入“网络配置”→“设备配置”模块</td><td>（1）输入账号和密码
（2）选择兴城市</td><td></td></tr>
<tr><td rowspan="3">2</td><td rowspan="3">无线网设备配置</td><td>1. AAU、ITBBU、SPN 设备安装</td><td>（1）选择 5G AAU
（2）SPN 型号的区别</td><td></td></tr>
<tr><td>2. ITBBU 设备的板卡安装</td><td>（1）ITBBU 板卡名称与槽位
（2）CU、DU 的设置方式</td><td></td></tr>
<tr><td>3. 线缆连接</td><td>（1）选择合适的线缆
（2）线缆两端接口速率匹配</td><td></td></tr>
<tr><td rowspan="3">3</td><td rowspan="3">核心网设备配置</td><td>1. SERVER 设备安装</td><td>SERVER 的功能</td><td></td></tr>
<tr><td>2. 线缆连接</td><td>（1）选择合适的线缆
（2）线缆两端口速率匹配</td><td></td></tr>
<tr><td>3. 冗余设备的安装与线缆连接</td><td>（1）注意端口的选择
（2）明确各线缆两端连接的设备</td><td></td></tr>
</table>

3.5 考核评价（表 2-3-3）

表 2-3-3 考核评价表

考核项目	考核内容	分值	评分细则	自我评价	小组评价	教师评价
职业素养	不迟到、不早退	2	违反 1 次不得分			
	团队协作精神	4	团队分工明确，任务完成顺利			
	精益求精	5	能提出改进建议且效果明显			
	创新精神	5	优化操作步骤			
	课堂积极性	5	根据上课情况统计			
	执行命令	4	根据任务完成过程统计			
技能素养	设备选型正确	10	根据规划计算正确选择设备，错一个扣 1 分			
	线缆选型正确	10	线缆选择错一个扣 1 分			
	端口连接正确	20	端口选择错一个扣 1 分，端口速率不匹配一个扣 2 分			
	ITBBU 板卡安装正确	5	板卡错一个扣 1 分			
知识素养	核心网结构、接口及各网元的作用	10	根据测试结果赋分			
	无线接入网结构、接口及各网元的作用	10	根据测试结果赋分			
	ITBBU 的结构及各板卡作用	10	根据测试结果赋分			

3.6 知识点精

3.6.1 设备配置流程

1. 核心网设备配置

与 Option 3x 网络的设备配置相比，核心网设备配置简单得多，按照设备放置→设备连接的顺序进行。在设备放置时，只需放置一台服务器即可，然后将服务器与交换机、交换机与 ODF 连接即可。

2. 无线网设备配置

无线网设备配置的步骤：首先添加铁塔设备和机房设备，然后将铁塔设备和机房设备连线，再连接 GPS - ITBBU、ITBBU - SPN，最后连接 SPN - ODF。

总体连接设备配置按照添加设备→设备连线的顺序进行。

3.6.2　连接线缆

设备连接常用的线缆见表 2 - 3 - 4。

表 2 - 3 - 4　设备连接常用线缆

名称	说明
LC - LC 光纤	光口之间的连接，常用于连接 BBU 和 AAU、ITBBU 和 AAU、ITBBU 和 SPN
LC - FC 光纤	常用于连接 SPN 和 ODF
以太网线	网口之间的连接，常用于连接 SPN 和 BBU
天线跳线	属于二分之一馈线
GPS 跳线	用于 5G 虚拟交换单板 GNSS 接口和 GPS 防雷器的连接
GPS 馈线	常用于连接 ITBBU 与 GPS

3.6.3　操作示范

1. 城市组网模式选择

登录 1 + X 5G 全网建设软件，单击“兴城市”，单击 Option 2“独立组网”，单击“下一步”按钮，如图 2 - 3 - 1 所示。

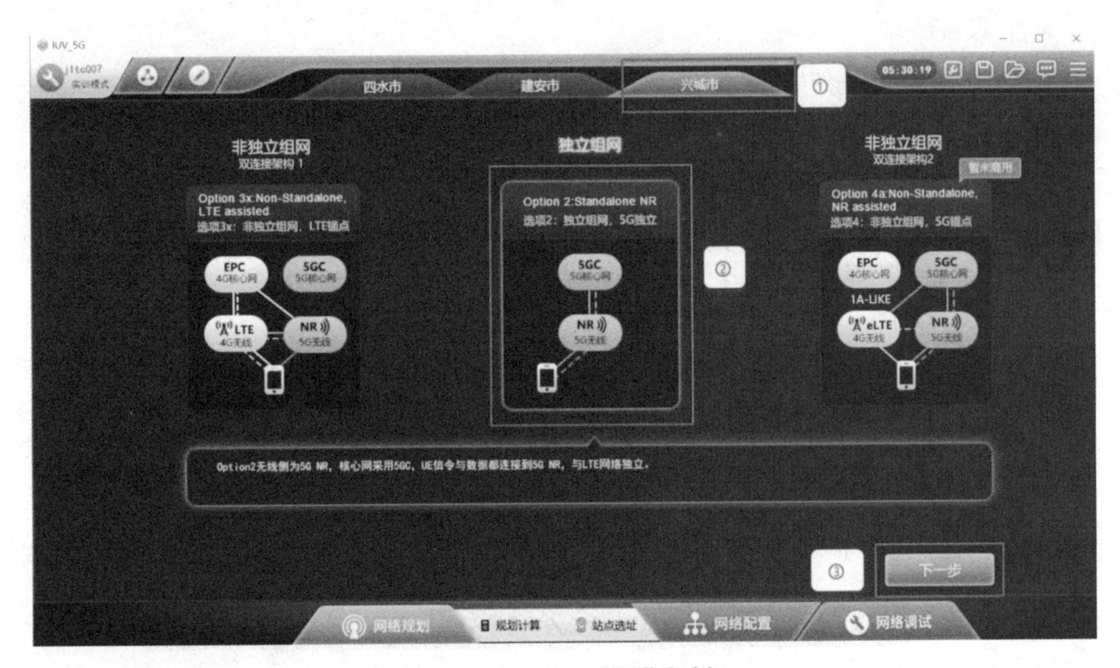

图 2 - 3 - 1　城市组网模式选择

2. 机房选择

打开“网络配置”→“设备配置”模块，选择兴城市核心网机房，如图 2－3－2 所示。

图 2－3－2　机房选择

3. 核心网设备部署

（1）设备部署

单击中间机柜，拖动设备池内的“服务器”到机柜内部。

（2）线缆连接

①服务器与 SW1。

单击服务器，进入服务器面板界面，单击线缆池内的“LC－LC 光纤”，随后单击服务器面板中 10GE 的 1 光口，再单击“设备指示”中的“SW1”，在打开的 SW 面板界面中单击 10GE 的 1 光口，完成服务器和 SW1 的光纤连接。

②SW1 与 ODF。

单击线缆池内的“LC－FC 光纤”，随后单击 SW 面板界面中 100GE 的 18 光口，再单击“设备指示”中的“ODF”，在打开的 ODF 配线架中，找到对端为“兴城市承载中心机房端口 4”的端口并单击，完成 SW1 与 ODF 的光纤连接，如图 2－3－3 所示。

4. 接入网设备部署

单击 ，返回主页，找到“兴城市 B 站点”并单击进入 B 站点的设备部署界面。或在上方下拉选项 ① 核心网 ② 兴城市核心网机房 处，依次在①位置选择“无线网”，在②位置选择“兴城市 B 站点无线机房”。

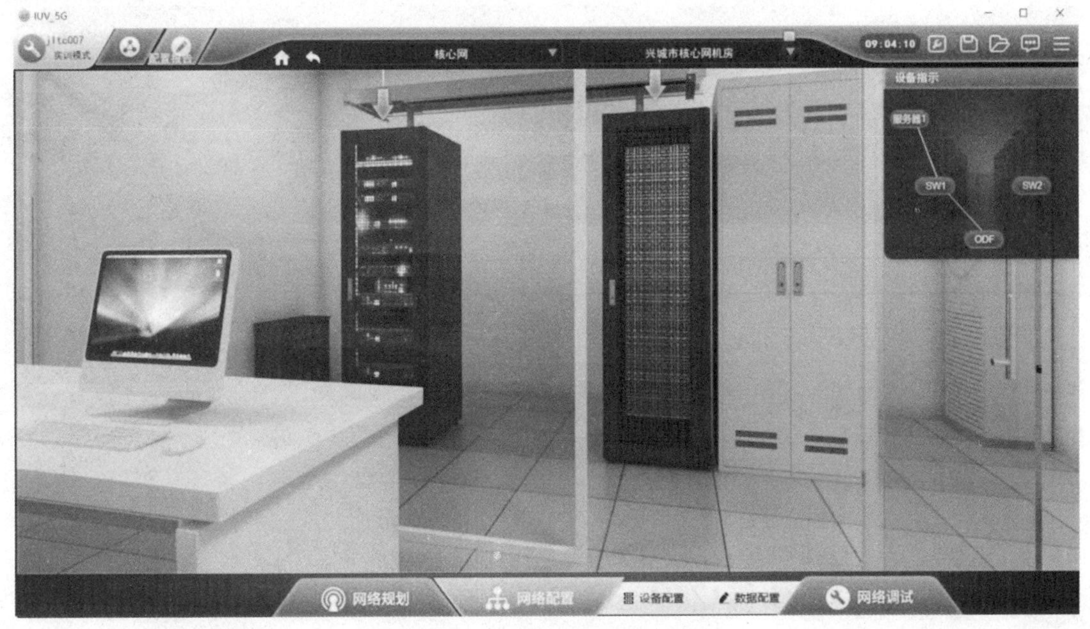

图 2-3-3　5GC 设备配置图

(1) 室内设备部署

单击机房门，进入室内界面。

单击中间机柜，在“设备资源池”中找到“小型 SPN”，拖动“小型 SPN”到机柜红色框中，完成 SPN 的安装。之后，返回室内界面。

单击左侧机柜，在“设备资源池”中找到“5G 基带处理单元”，拖动“5G 基带处理单元”至机柜的红色框中。随后单击“5G 基带处理单元”，打开 5G 设备面板，在“设备池”中找到“5G 基带处理板”，单击拖至 5G 设备面板⑤槽位；在“设备池”中找到“虚拟通用计算板”，单击拖至 5G 设备面板③槽位；在“设备池”中找到“虚拟电源分配板”，单击拖至 5G 设备面板④槽位；在“设备池”中找到“虚拟环境监控板”，单击拖至 5G 设备面板⑤槽位；在“设备池”中找到“5G 虚拟交换板”，单击拖至 5G 设备面板⑨槽位，如图 2-3-4 所示。

完成 5G ITBBU 板卡配置后，返回兴城市 2 区 B 站点主界面。

(2) 室外设备部署

单击铁塔，进入天线安装界面，如图 2-3-5 所示。

在设备资源池中分别单击拖动 3 个“AAU 5G 低频”至铁塔天线的红色方框中，完成 AAU 的安装。

(3) 线缆连接（图 2-3-6）

①连接 ITBBU 与 AAU。

单击“设备指示”中的 ITBBU，进入 ITBBU 面板界面，在“线缆池”中单击“成对 LC-LC 光纤”，之后单击 ITBBU 面板中 BP5G 单板的 2 口，再单击“设备指示”中的 AAU1，最后单击 AAU1 的 1 口，完成 ITBBU 与 AAU1 的连接。

使用同样的方式将 ITBBU 中 BP5G 单板的 3 口连接 AAU2 的 1 口，BP5G 单板的 4 口连

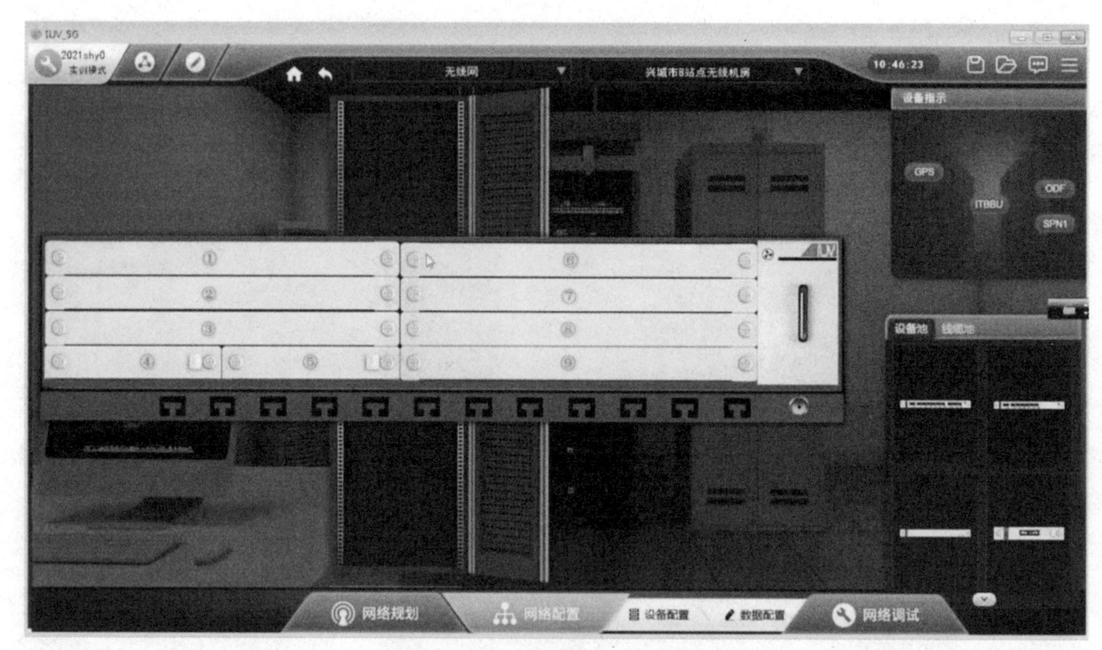

图 2-3-4　ITBBU 板卡位置图

图 2-3-5　天线安装界面

接 AAU3 的 1 口。

②连接 ITBBU 与 GPS。

单击“设备指示”中的 ITBBU，在“线缆池”中单击“GPS 馈线”，之后单击 ITBBU 面板右下角的 GPS 接口，再单击“设备指示”中的 GSP，最后单击 GPS 的接口，完成 ITB-

图 2-3-6 天馈系统线缆安装图

BU 与 GPS 的连接。

③连接 ITBBU 与 SPN1。

单击“设备指示”中的 ITBBU，在“线缆池”中单击“成对 LC-LC 光纤”，之后单击 ITBBU 面板中 SW5G 单板的 4 口，再单击“设备指示”中的 SPN1，最后单击 SPN1 的 1 板 2 口，完成 ITBBU 与 SPN1 的连接。

④连接 SPN1 与 ODF。

在“线缆池”中单击“成对 LC-LC 光纤”，单击 SPN1 的 1 板 1 口，之后单击“设备指示”中的 ODF，最后单击对端为“兴城市 2 区汇聚机房端口 4”的对应端口，完成 SPN1 与 ODF 的连接。

3.7 拓展任务

ITBBU 与 AAU 采用 10GE 端口，ITBBU 与 SPN 采用 50GE 端口，完成 Option 2 模式下无线侧设备的安装与线缆连接。

任务4　Option 2 核心网数据配置

学习目标

1. 掌握核心网与接入各设备的网络数据配置；
2. 了解各数据的基本功能与作用；
3. 能够理解数据的意义、原理。

建议学时

4 学时

4.1　任务描述

设备配置工作已经完成，现需要根据规划数据对核心网各 NF 进行数据配置，各 NF 在工程模式下能 ping 通。

4.2　任务分析

分析工作任务的主要内容，查阅资料，需明确表 2-4-1 中的主要问题。

表 2-4-1　任务分析表

序号	问题	答案	备注
1	5GC 核心网哪些 NF 需要对接配置？对应哪个接口？		
2	5GC 核心网中的各 NF 实现功能必须到哪儿进行注册？		
3	5GC 核心网哪个网元功能类似于 EPC 中的 HSS？		
4	5GC 核心网各网络功能的客户端和服务端地址不同情况下，如何配置？		

4.3　方案制订

4.4　任务实施

以兴城市为例进行 5G－Option 2 网络建设，用 1＋X 5G 全网建设软件按照表 2－4－2 的步骤进行仿真建设。

表 2－4－2　仿真建设

序号	操作步骤		操作提示	操作记录
1	打开软件，进入“网络配置”→“数据配置”模块		（1）输入账号和密码 （2）选择建设城市	
2	核心网数据配置	1. 核心网选择	选择兴城市核心网	
		2. 添加 AMF 网元并配置	（1）单击＋加载 AMF 网元 （2）对 AMF 网元进行配置	
		3. 添加 SMF 网元并配置	（1）单击＋加载 SMF 网元 （2）对 SMF 网元进行配置	
		4. 添加 AUSF 网元并配置	（1）单击＋加载 AUSF 网元 （2）对 AUSF 网元进行配置	
		5. 添加 NRF 网元并配置	（1）单击＋加载 NRF 网元 （2）对 NRF 网元进行配置	
		6. 添加 UDM 网元并配置	（1）单击＋加载 UDM 网元 （2）对 UDM 网元进行配置	
		7. 配置 AUSF 网元相关	AUSF 相关配置添加	
		8. 添加 NSSF 网元并配置	（1）单击＋加载 NSSF 网元 （2）对 NSSF 网元进行配置	
		9. 添加 PCF 网元并配置	（1）单击＋加载 PCF 网元 （2）对 PCF 网元进行配置	
		10. 添加 UPF1 网元并配置	（1）单击＋加载 UOF 网元 （2）对 UPF 网元进行配置	

4.5 考核评价（表 2-4-3）

表 2-4-3 考核评价表

考核项目	考核内容	分值	评分细则	自我评价	小组评价	教师评价
职业素养	不迟到、不早退	2	违反一次不得分			
	团队协作精神	4	团队分工明确，任务完成顺利			
	精益求精	5	能提出改进建议且效果明显			
	创新精神	5	优化操作步骤			
	课堂积极性	5	根据上课情况统计			
	执行命令	4	根据任务完成过程统计			
技能素养	网络架构理解正确	10	根据规划合理选择相关设备数据			
	网元数据配置正确	20	配置错一处扣 1 分			
	端口连接正确	20	端口选择错一个扣 1 分，端口速率不匹配一个扣 2 分			
	ITBBU 板卡安装正确	5	板卡错一个扣 1 分			
知识素养	核心网网元的作用	10	根据配置结果赋分			
	SMF 网络切片场景配置	10	根据配置结果赋分			
	SCTP 协议理解	10	根据测试结果赋分			

4.6 知识点精

4.6.1 5GC 核心网数据配置

1. UPF 参数（表 2-4-4）

表 2-4-4 UPF 参数说明

配置项	参数名称	参数说明
XGEI 接口	接口 ID	接口 ID 代表一个序列号，如果要添加多个接口，可以按照序列号填写，例如添加一个填写 1，添加两个接口，第二个填写 2

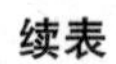

续表

配置项	参数名称	参数说明
XGEI 接口	VLAN 配置	默认启用，代表生效，单击下拉框，选择“未启用”，代表这条 VLAN 未生效，直连地址不通
	VLAN ID	VLAN 翻译为虚拟局域网，取值范围为 1～4 094，默认为 1，接口上配置不同的 VLAN 代表不同的网段，接口上配置相同的 VLAN 代表同一个网段，VLAN 取值可自定义，只要对应接口连线即可
	XGEI 接口地址	IP 地址根据规划参数配置，常用 IP 地址分类有 A、B、C 三类，一般核心网的网络功能只和 SW 相连，建议用 30 位掩码的 IP 地址
	XGEI 接口掩码	掩码代表子网掩码，需要和地址对应，例如 30 位掩码，写法为 255. 255. 255. 252
虚拟接口配置-loopback 接口地址	接口 ID	接口 ID 代表一个序列号，如果要添加多个接口，可以按照序列号填写，例如添加一个填写 1，添加两个接口，第二个填写 2
	loopback 地址	一般采用 32 位掩码的 IP 地址，也就是广播地址，也可用 A、B、C 类 IP 地址
	loopback 掩码	掩码和 IP 地址对应，32 位写法为 255. 255. 255. 255
http 配置	客户端地址	http 协议具有客户端/服务器端的工作模式，客户端需要配置对应地址与其他网络功能的服务器端地址对接，例如 AMF 与 NRF，AMF 的客户端地址需要访问 NRF 的服务器端地址
	服务器端地址	http 协议具有客户端/服务器端的工作模式，客户端需要配置对应地址与其他网络功能的服务器端地址对接，例如 AMF 与 NRF，AMF 的客户端地址需要访问 NRF 的服务器端地址
	服务器端端口	访问 http 协议的也需要端口访问，两个网络功能访问的端口要一致
NRF 地址配置		除 UPF 网络功能外，其他核心网网络功能要访问到 NRF 网络功能，需配置 NRF 的地址
对接配置	SMF N4 业务地址	根据描述填写对应 SMF N4 本端地址
	UPF N4 端口	N4 端口代表 SMF N4 和 UPF N4 之间对应关系，两端必须对应，和 http 端口可以一致，也可以不一致
	UPF N4 业务地址	根据描述填写对应 UPF N4 本端地址
	DN 地址	路径的地址，这里代表切片的地址
	DN 属性	路径的名称，这里代表切片的属性
	N3 接口地址	UPF 和 CUUP 对接的接口地址
地址池配置	DNN 名称	Data Network Name 数据网络名称，和 APN 名称功能一样
	地址池名称	自定义名称，例如给 eMBB 的用户，可以直接写视频类型或者用数字和字母表示
	地址池优先级	用户自定义，默认为 1
	地址池起始地址	代表用户可以获取的 IP 地址，最小不能小于软件中设置的地址
	地址池终止地址	代表用户可以获取的最大地址，不能超过最大的一个地址
	掩码	与 IP 地址一一对应

续表

配置项	参数名称	参数说明
UPF 公共配置	用户面 ID	用户面的一个序号，自定义即可，一般为 1
	MCC、MNC	所有切片类型与无线侧以及核心侧 MCC 和 MNC 保持一致
	TAC	所有切片类型与无线侧需保持一致
UPF 切片功能配置	S-NSSAI 标识	切片标识 S-NSSAI：1 代表 eMBB 大带宽场景；2 代表 uRLLC 超高可靠低时延，远程医疗场景；3 代表 mMTC 海量连接，用于物联网场景；4 代表 V2X 车联网场景。配置时需注意，对于相同的切片类型，其标识保持一致
	SST	表示切片类型，有四个选项：eMBB、uRLLC、mMTC、V2X
	SD	此处自定义，代表切片类型对应的实体业务
	分片最大上行速率/($Gb \cdot s^{-1}$)	所有切片类型自定义上行速率即可
	分片最大下行速率/($Gb \cdot s^{-1}$)	所有切片类型自定义下行速率即可

2. AMF 参数（表 2-4-5）

表 2-4-5 AMF 参数说明

虚拟接口配置-XEGI 接口配置	描述	描述自定义，软件无任何逻辑配置功能
	接口 ID	接口 ID 代表一个序列号，如果要添加多个接口，可以按照序列号填写，例如添加一个填写 1，添加两个接口，第二个填写 2
	VLAN 配置	默认启用，代表生效，单击下拉框，选择“未启用”，代表这条 VLAN 未生效，直连地址不通
	VLAN ID	VLAN 翻译为虚拟局域网，范围取值为 1~4 094，默认为 1，接口上配置不同的 VLAN 代表不同的网段，接口上配置相同的 VLAN 代表同一个网段，VLAN 取值可自定义，只要对应接口连线即可
	XGEI 接口地址	IP 地址根据规划参数配置，常用 IP 地址分类有 A、B、C 三类，一般核心网的网络功能只和 SW 相连，建议用 30 位掩码的 IP 地址
	XGEI 接口掩码	掩码代表子网掩码，需要和地址对应，例如 30 位掩码，写法为 255. 255. 255. 252
虚拟接口配置-loopback 接口地址	描述	描述自定义，软件无任何逻辑配置功能
	接口 ID	接口 ID 代表一个序列号，如果要添加多个接口，可以按照序列号填写，例如添加一个填写 1，添加两个接口，第二个填写 2
	loopback 地址	一般采用 32 位掩码的 IP 地址，也就是广播地址，也可用 A、B、C 类 IP 地址
	loopback 掩码	掩码和 IP 地址对应，32 位写法为 255. 255. 255. 255

续表

虚拟路由配置		核心网网络功能之间通信需要配置静态路由，路由都为双向路由，路由格式：目的地址　子网掩码　下一跳地址
http 配置	客户端地址	http 协议具有客户端/服务器端的工作模式，客户端需要配置对应地址与其他网络功能的服务器端地址对接，例如 AMF 与 NRF，AMF 的客户端地址需要访问 NRF 的服务器端地址
	服务器端地址	http 协议具有客户端/服务器端的工作模式，客户端需要配置对应地址与其他网络功能的服务器端地址对接，例如 AMF 与 NRF，AMF 的客户端地址需要访问 NRF 的服务器端地址
	服务器端端口	访问 http 协议的也需要访问端口，两个网络功能访问的端口要一致

4.6.2　操作演示

①AMF 网元相关配置如图 2-4-1～图 2-4-11 所示。

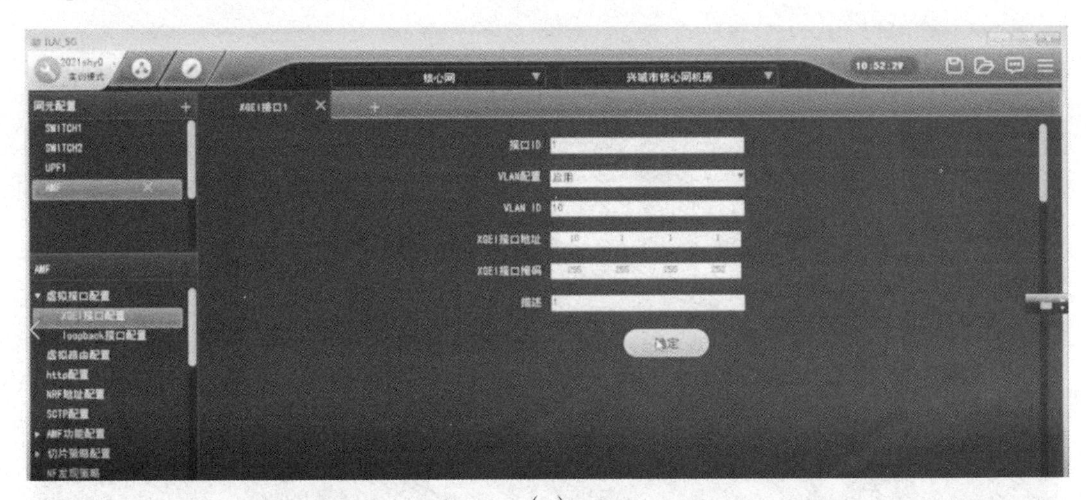

(a)

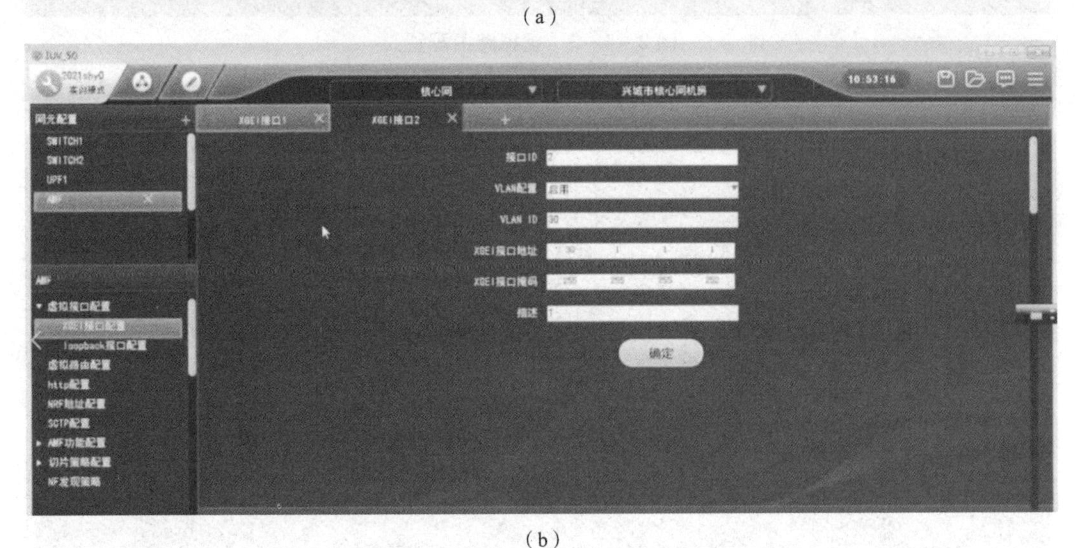

(b)

图 2-4-1　XGE 接口配置

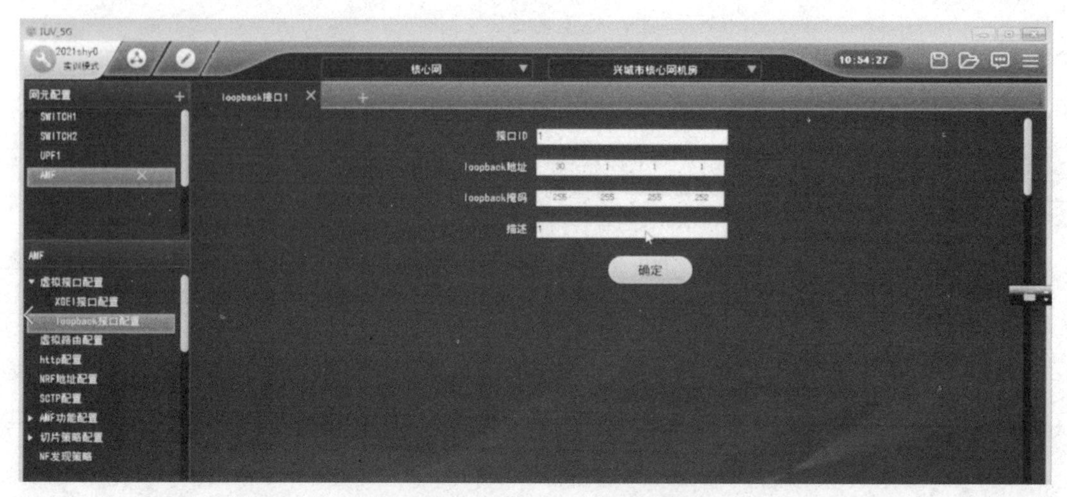

图 2-4-2　loopback 接口配置

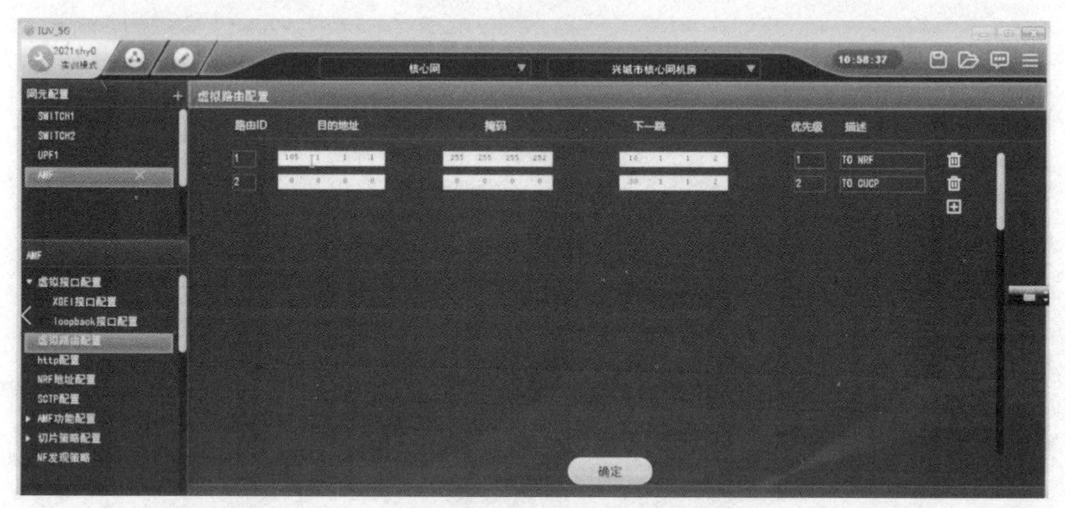

图 2-4-3　虚拟路由配置

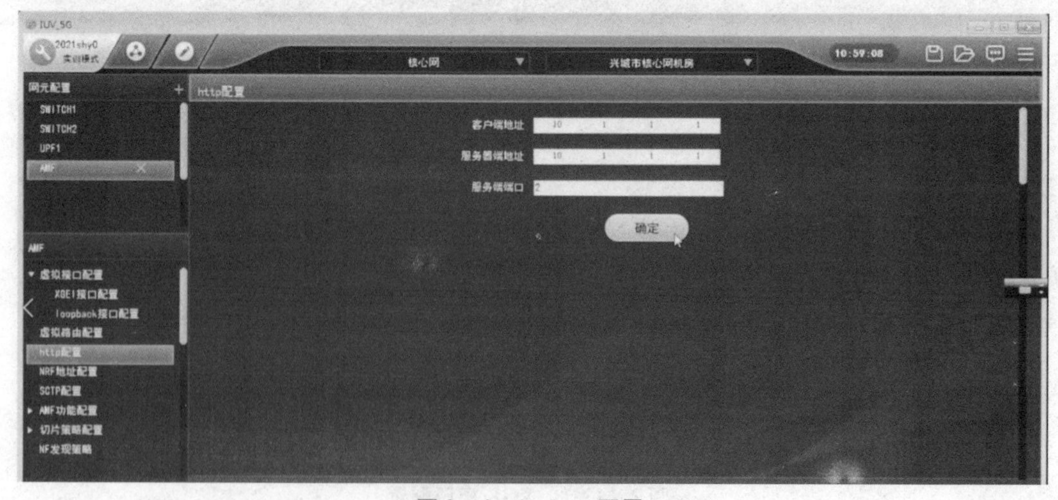

图 2-4-4　http 配置

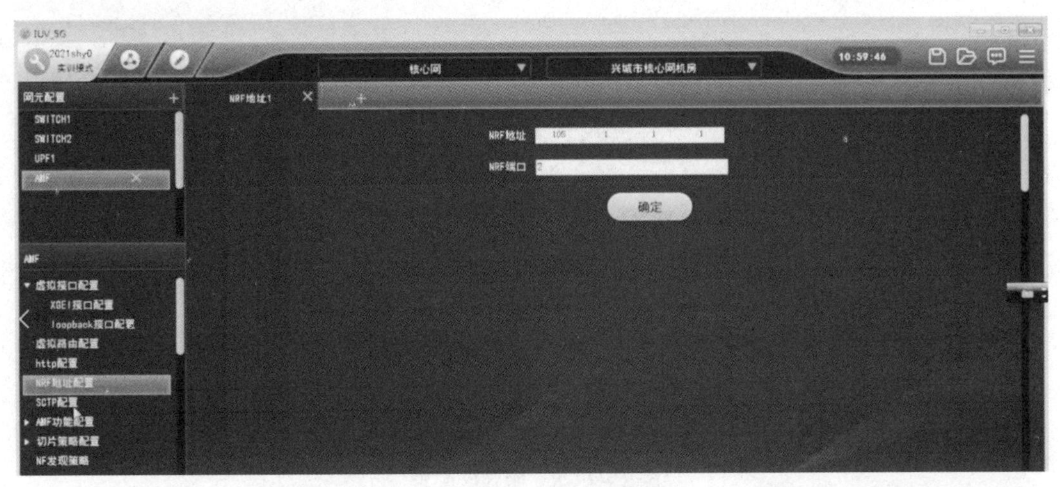

图 2-4-5　NRF 地址配置

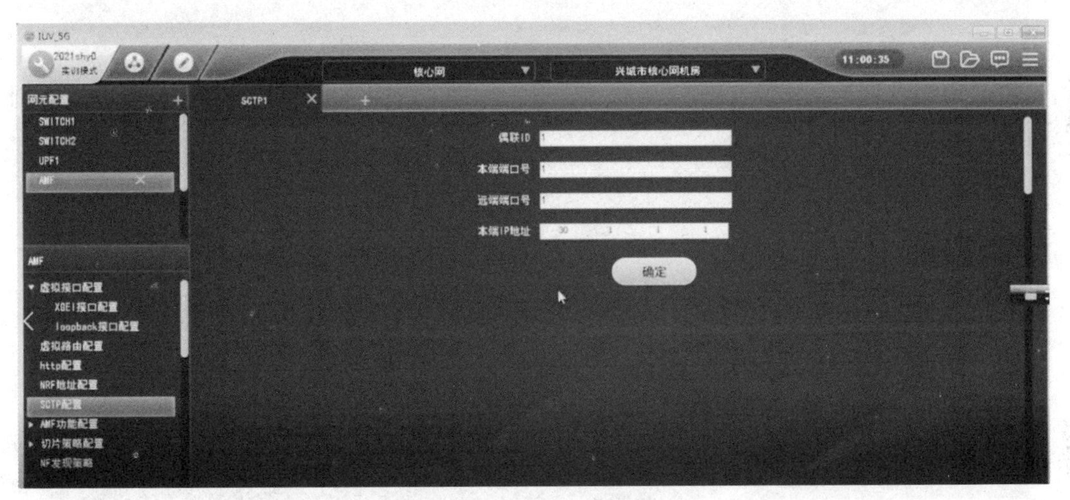

图 2-4-6　SCTP 配置

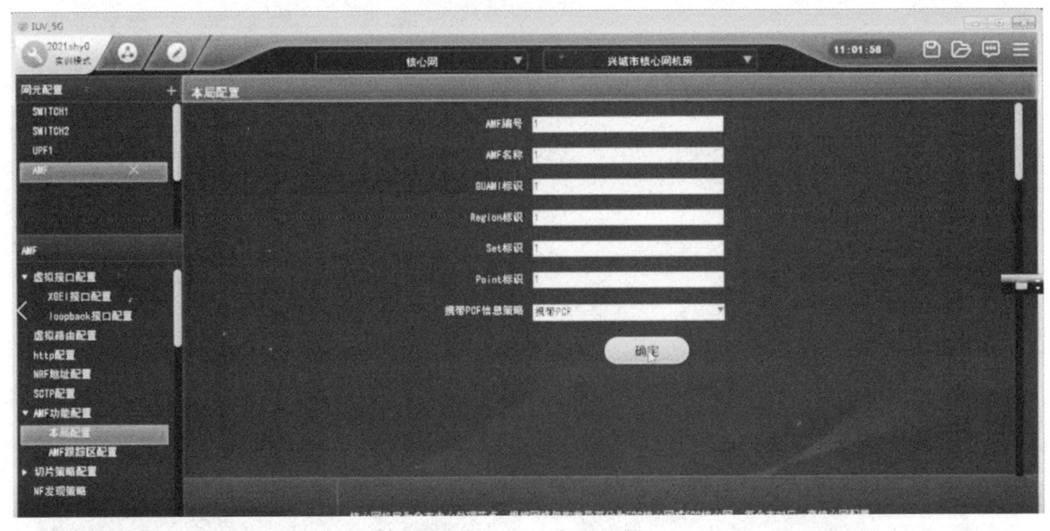

图 2-4-7　本局配置

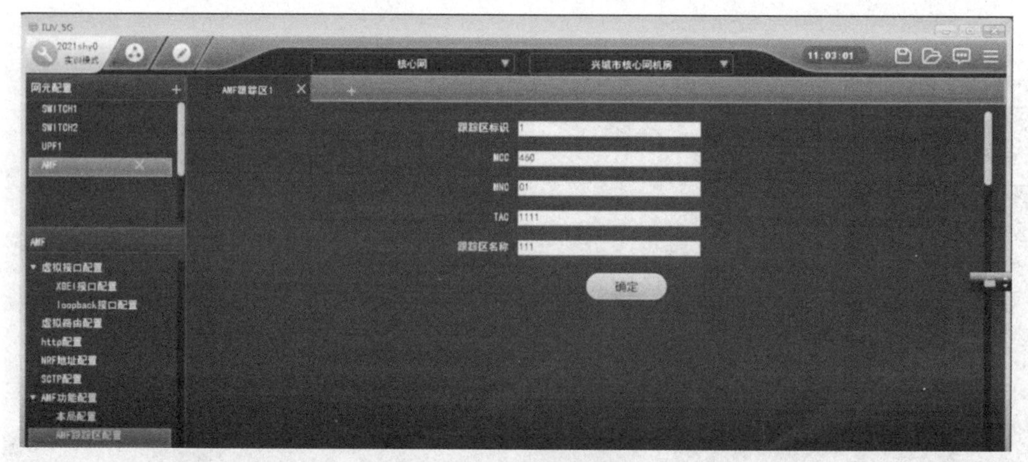

图 2-4-8　跟踪区配置

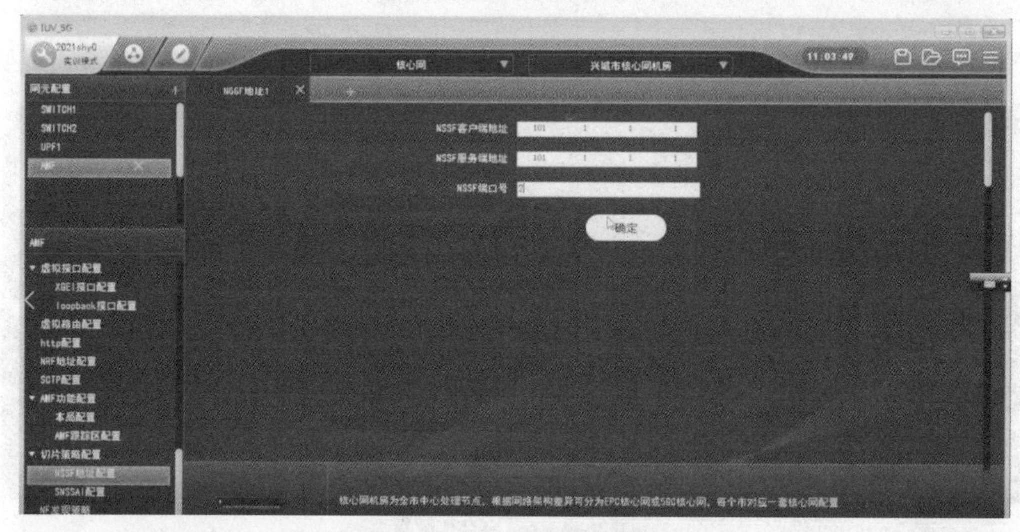

图 2-4-9　NSSF 地址配置

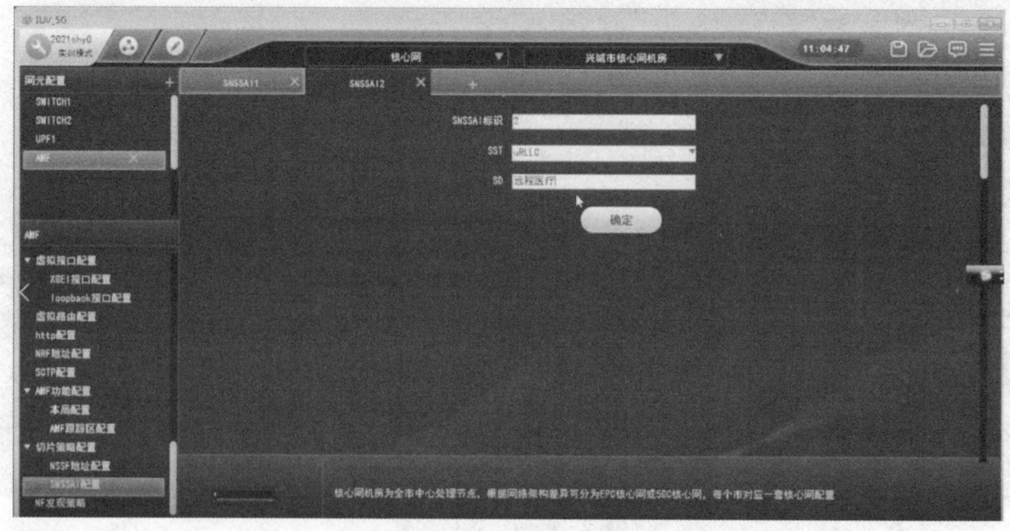

图 2-4-10　SNSSAI 配置

图 2-4-11　NF 发现策略配置

②SMF 网元相关配置如图 2-4-12～图 2-4-21 所示。

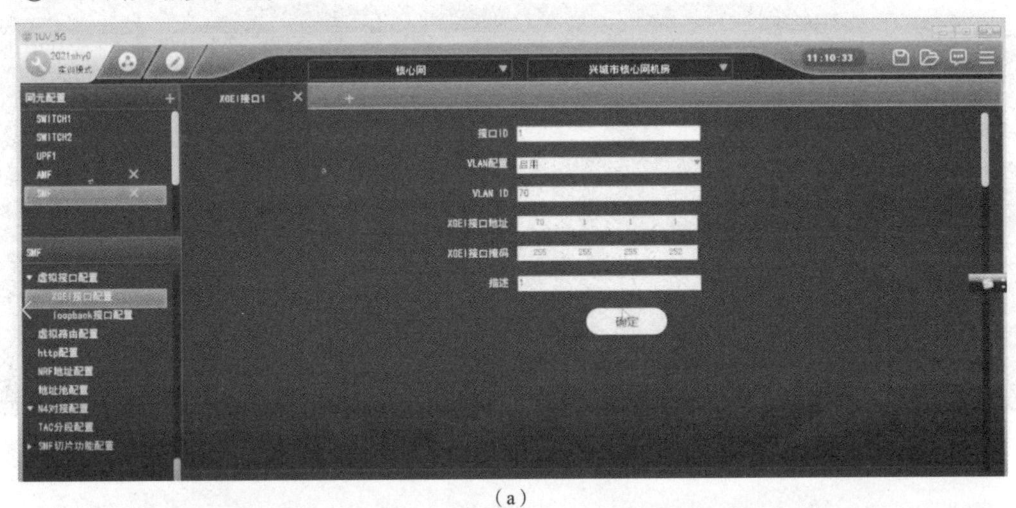

(a)

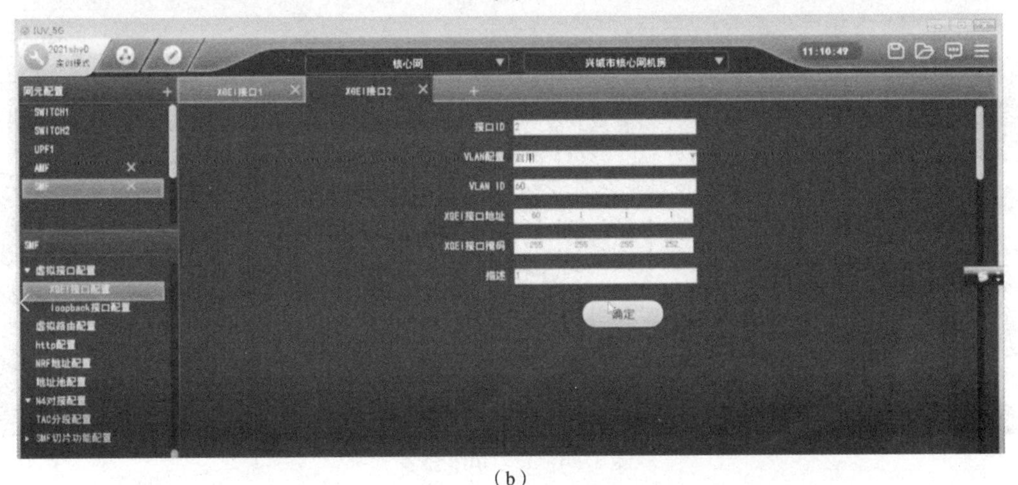

(b)

图 2-4-12　XGEI 接口配置

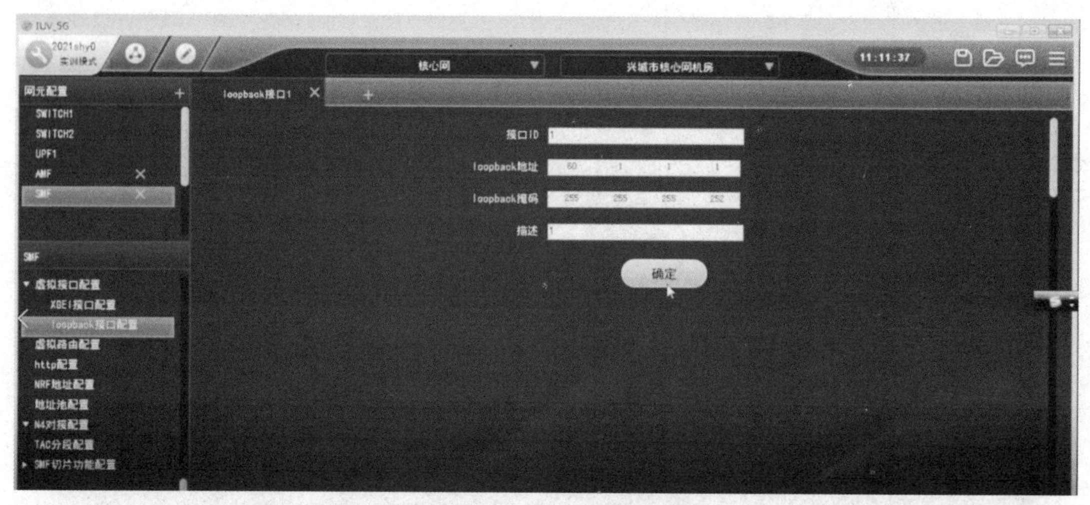

图 2－4－13　lookback 接口配置

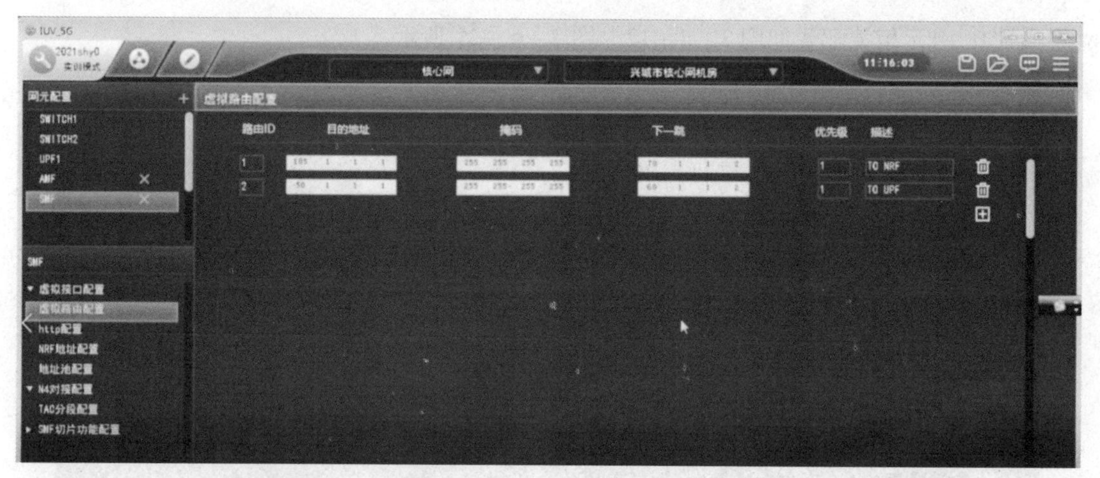

图 2－4－14　虚拟路由配置

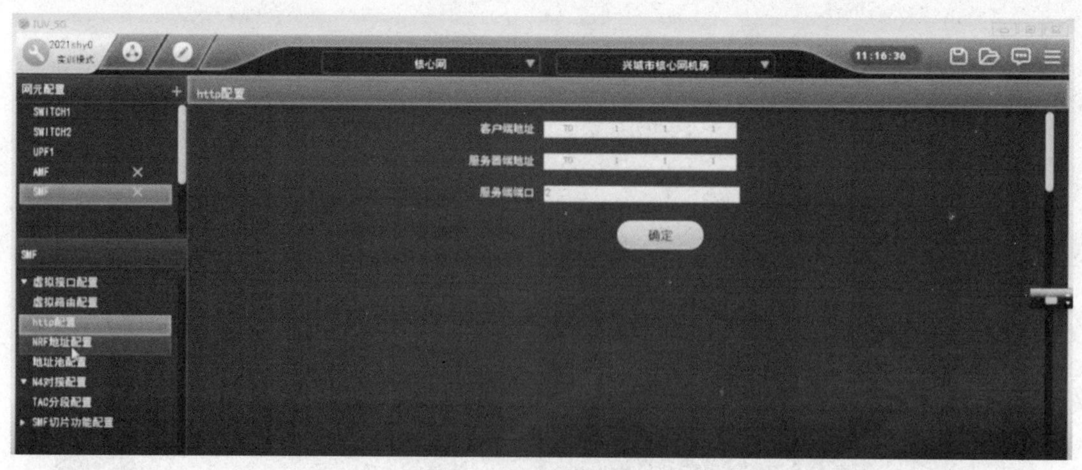

图 2－4－15　http 配置

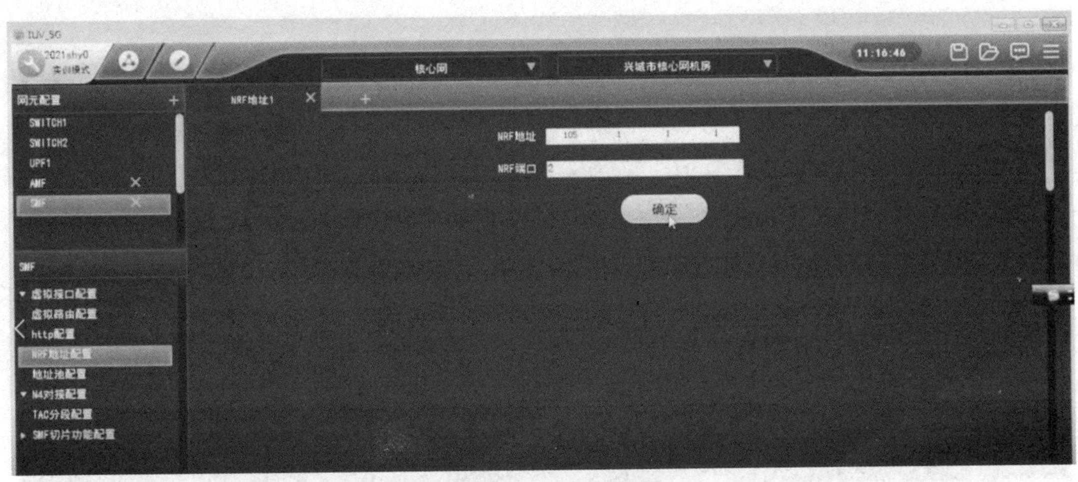

图 2-4-16　NRF 地址配置

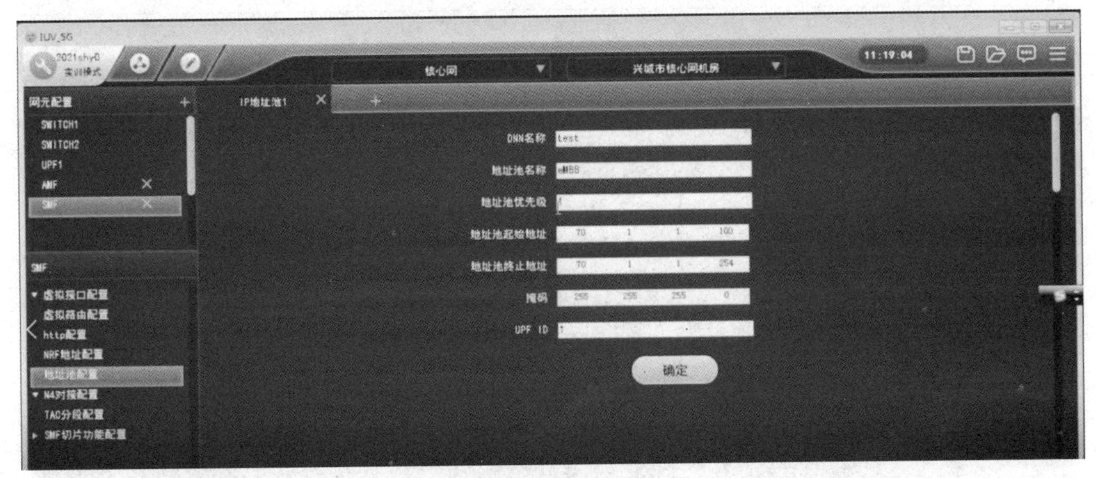

图 2-4-17　地址池配置

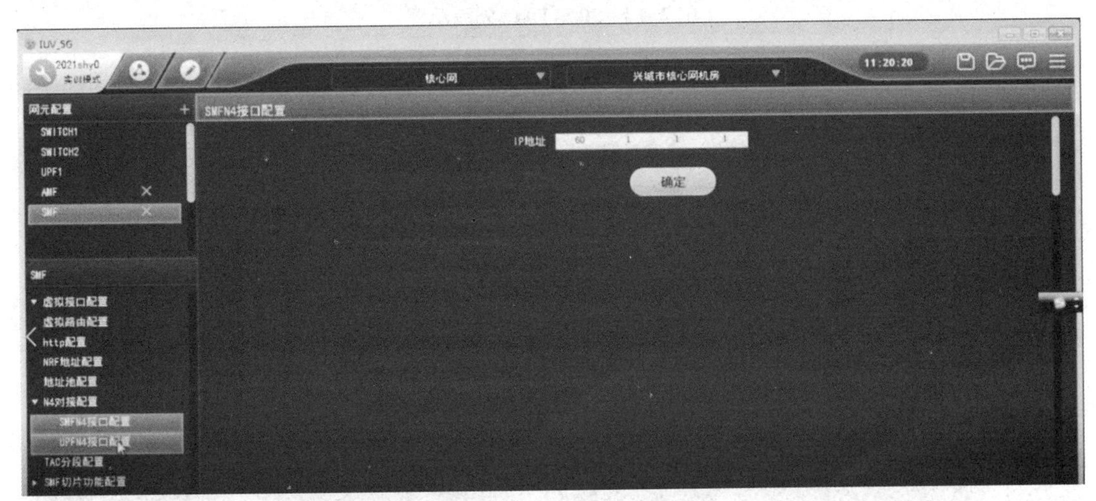

图 2-4-18　SMF N4 接口配置

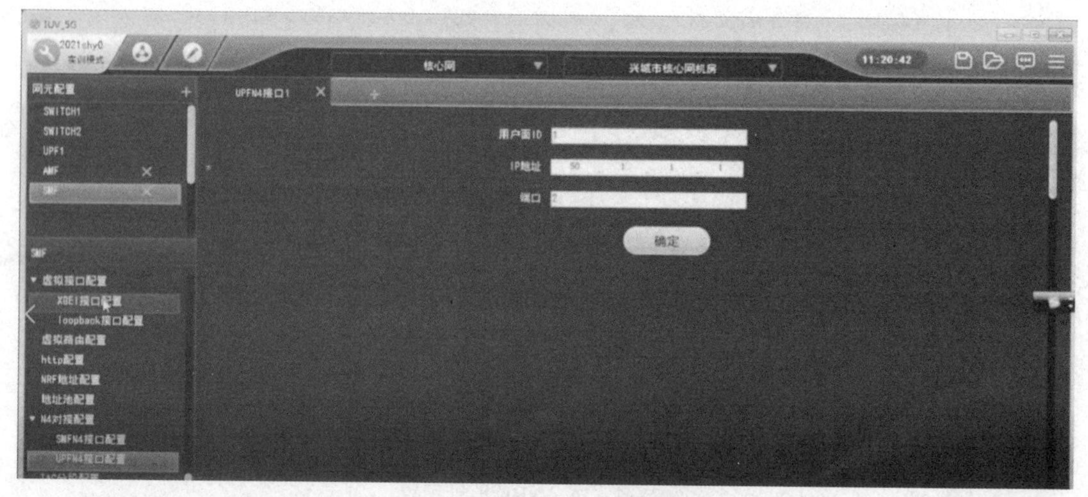

图 2-4-19　UPF 接口配置

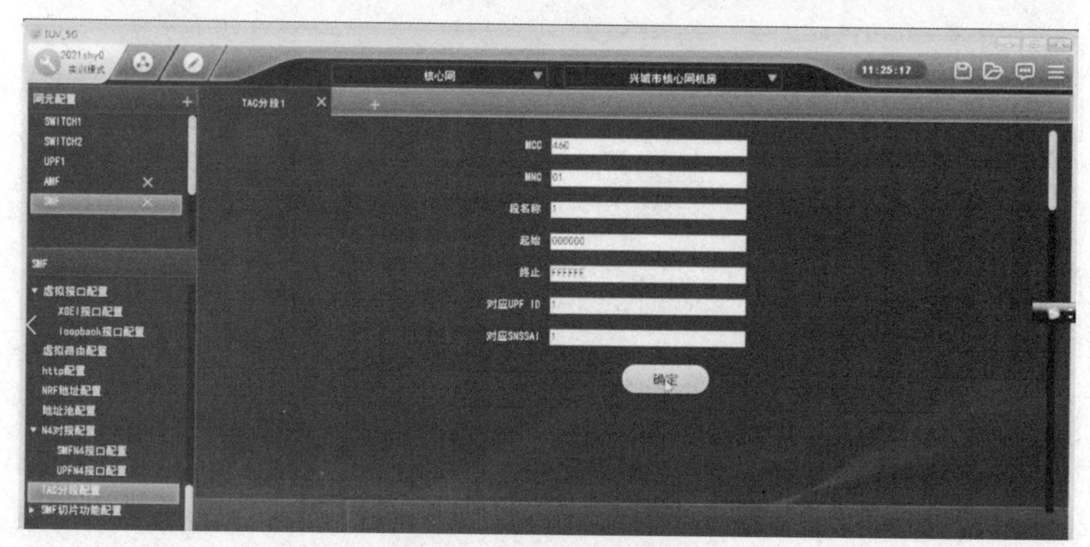

图 2-4-20　TAC 分段配置

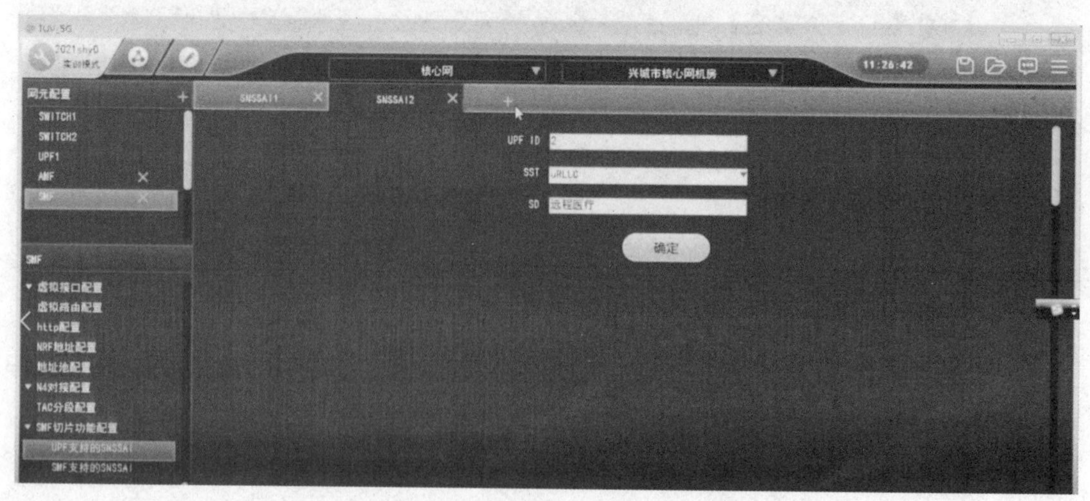

图 2-4-21　UPF 支持的 SNSSAI

③AUSF 网元相关配置如图 2－4－22～图 2－4－27 所示。

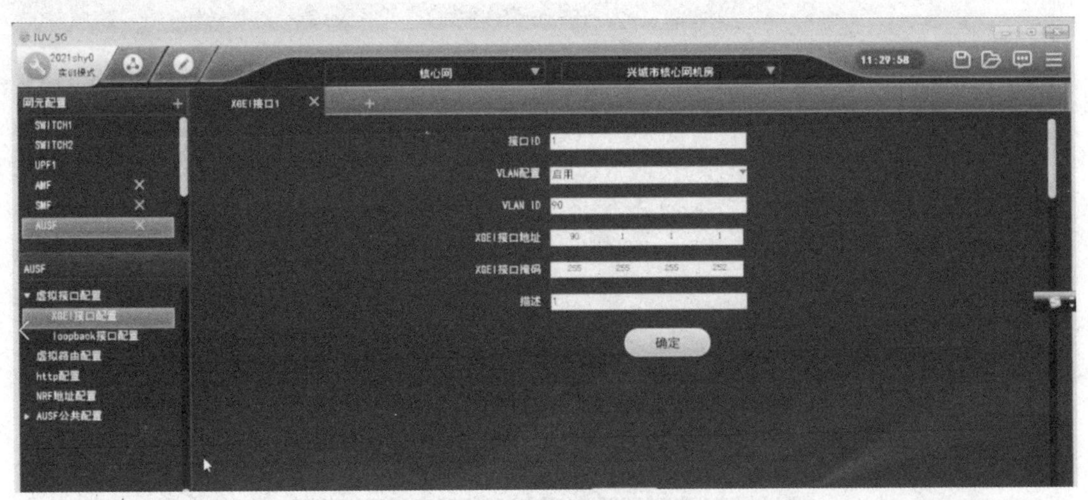

图 2－4－22 XGEI 接口配置

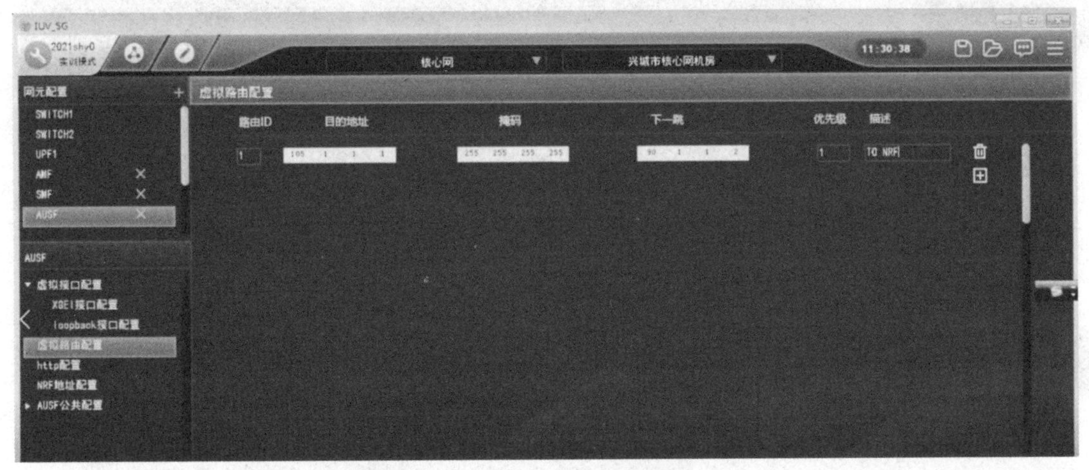

图 2－4－23 虚拟路由配置

图 2－4－24 http 配置

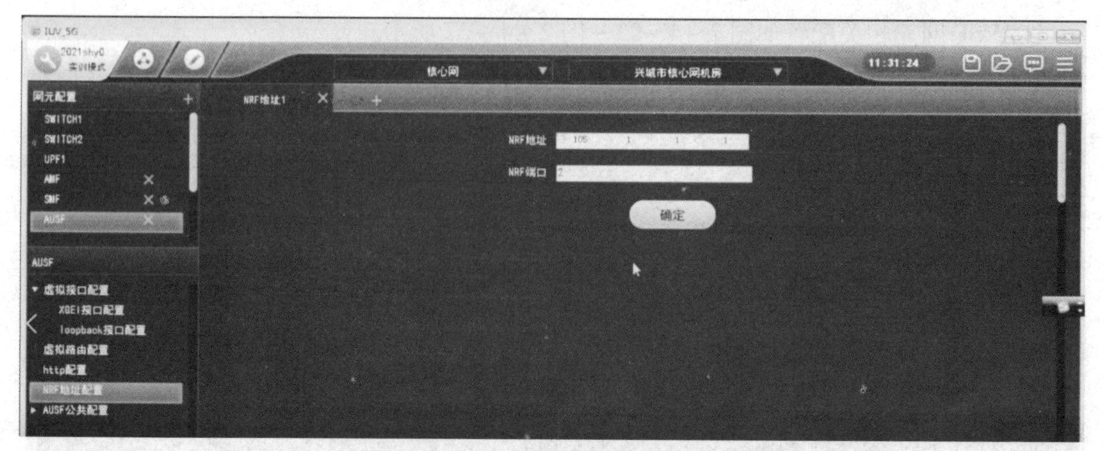

图 2-4-25　NRF 地址配置

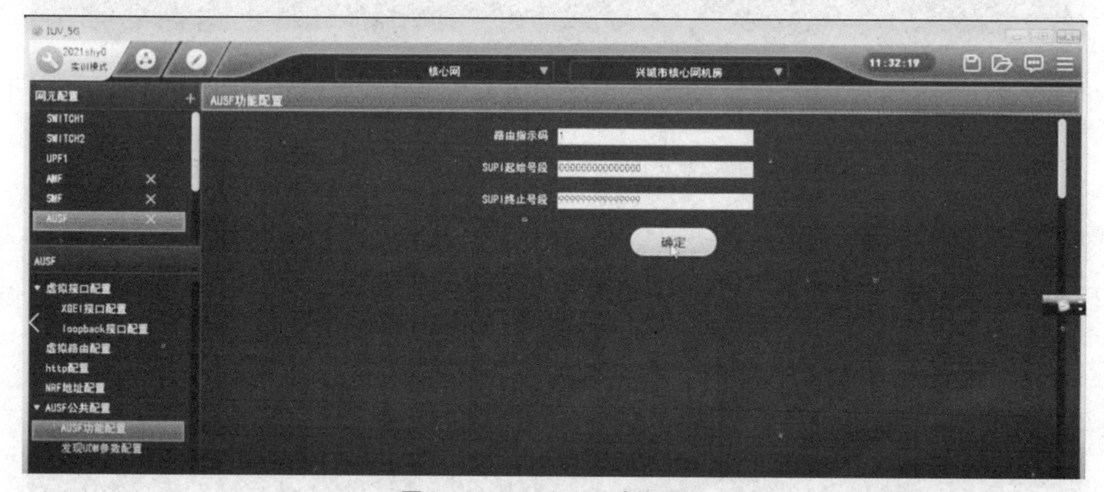

图 2-4-26　AUSF 功能配置

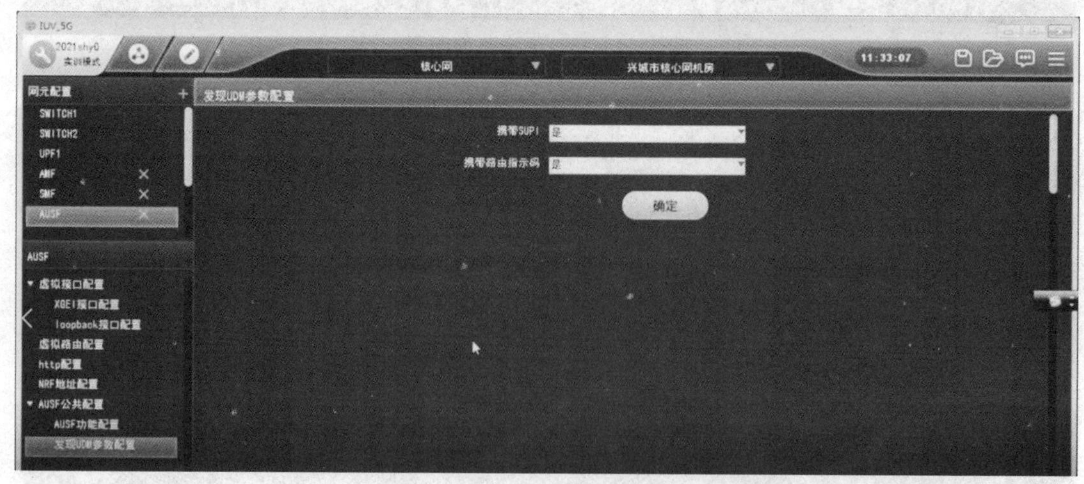

图 2-4-27　发现 UDM 参数配置

④NRF 网元相关配置如图 2-4-28～2-4-30 所示。

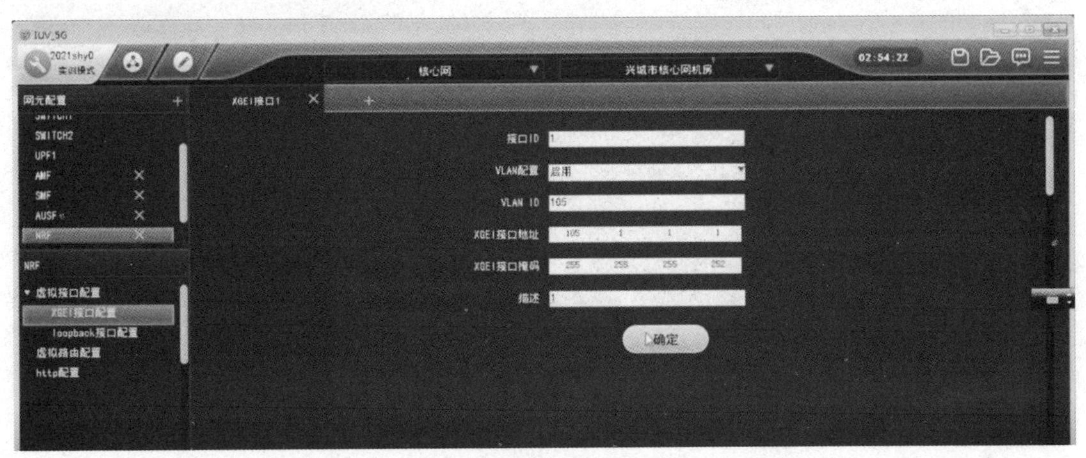

图 2-4-28 XGEI 接口配置

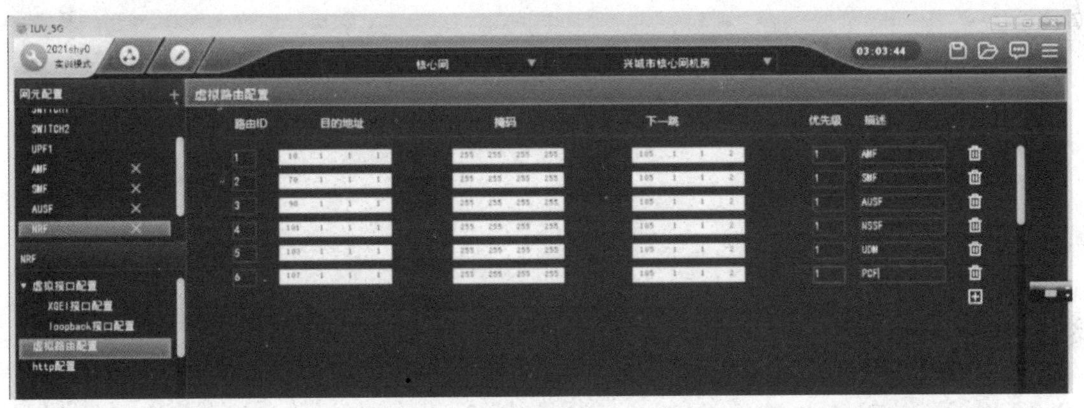

图 2-4-29 虚拟路由配置

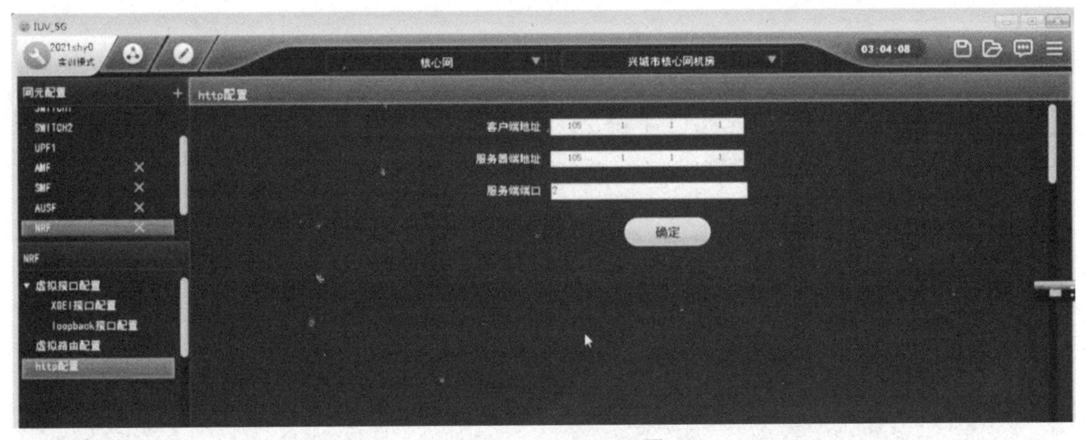

图 2-4-30 http 配置

⑤UDM 网元相关配置如图 2 -4 -31 ~ 图 2 -4 -39 所示。

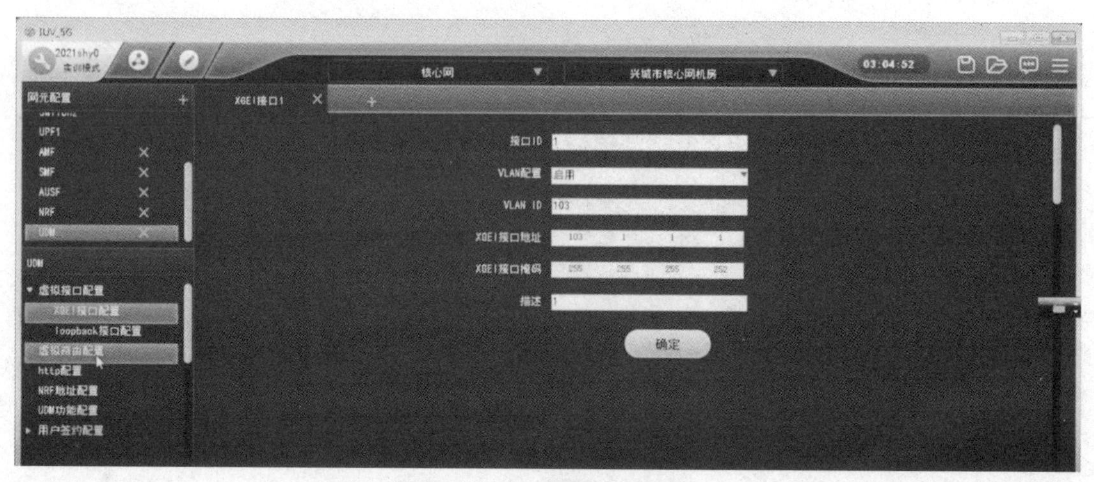

图 2 -4 -31　XGEI 接口配置

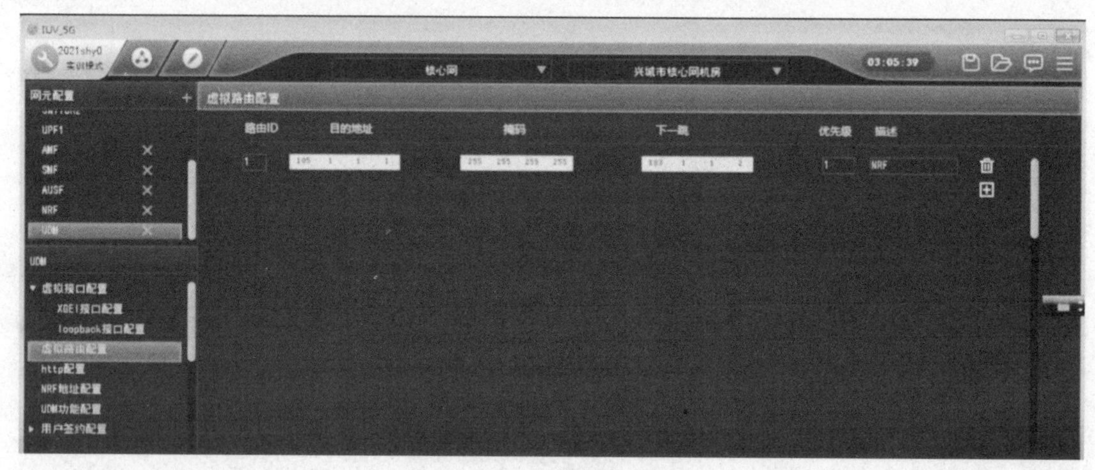

图 2 -4 -32　虚拟路由配置

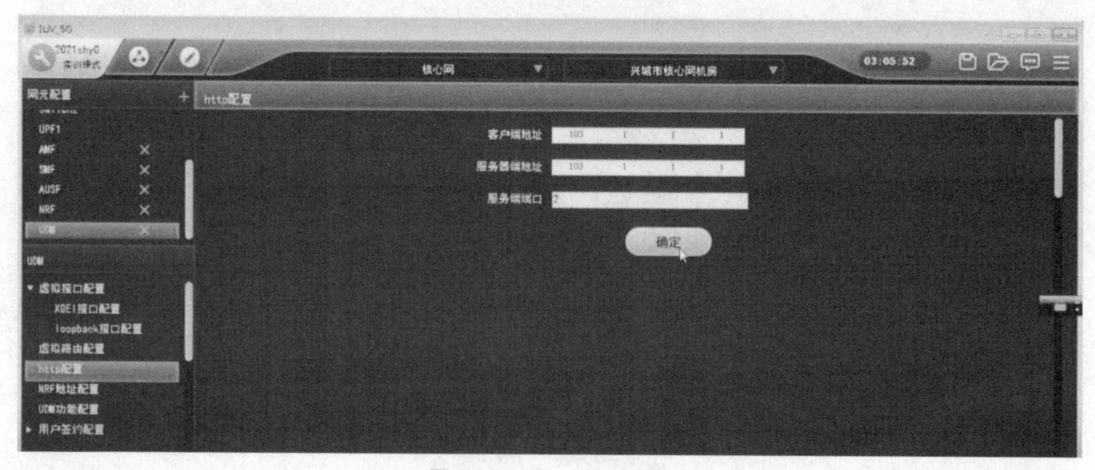

图 2 -4 -33　http 配置

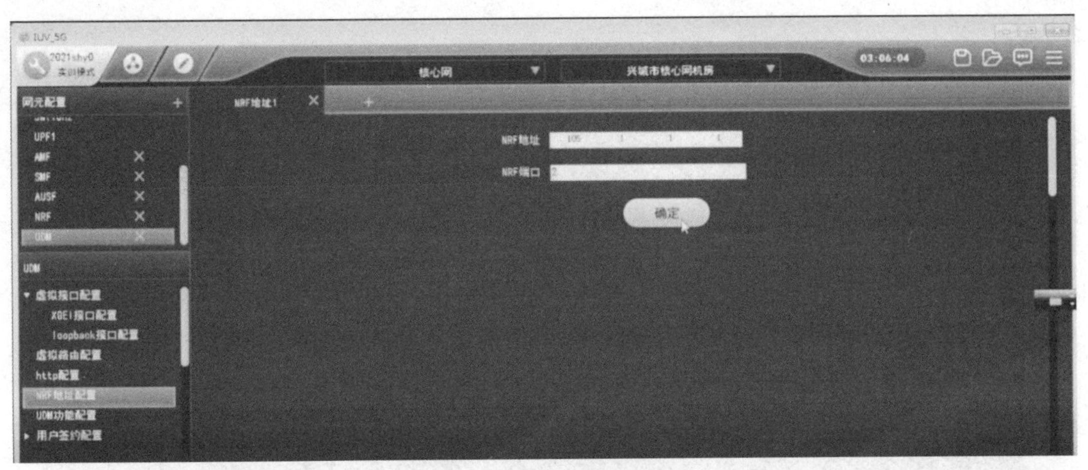

图 2－4－34　NRF 地址配置

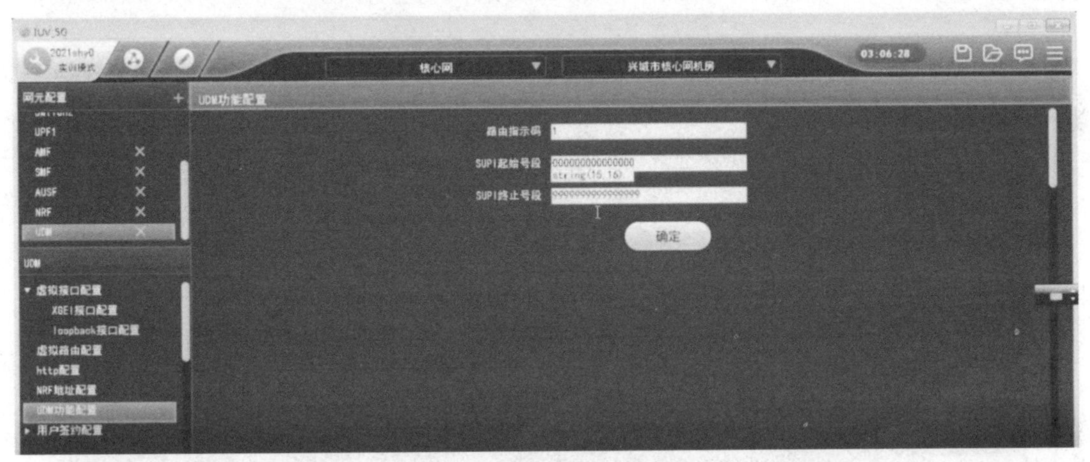

图 2－4－35　UDM 功能配置

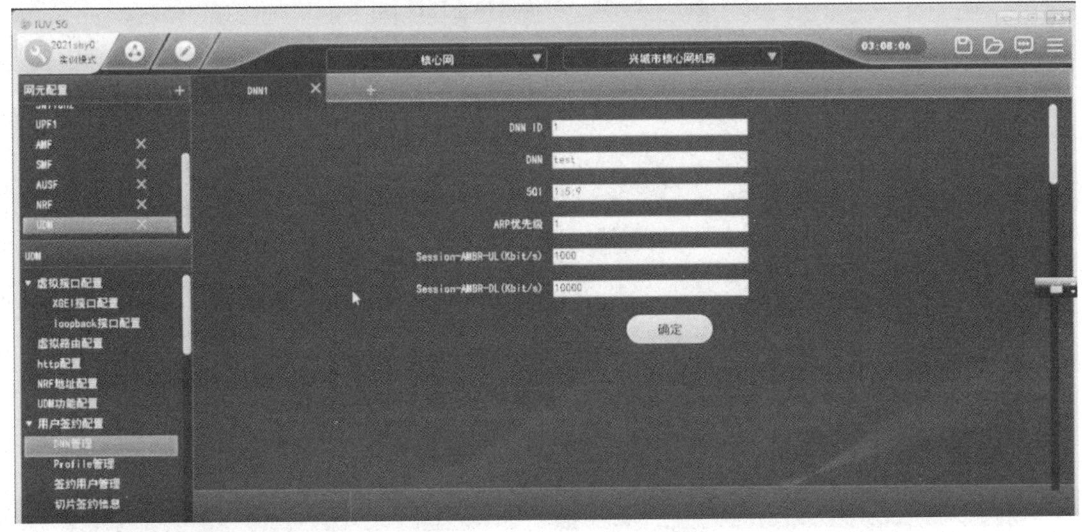

图 2－4－36　DNN 管理配置

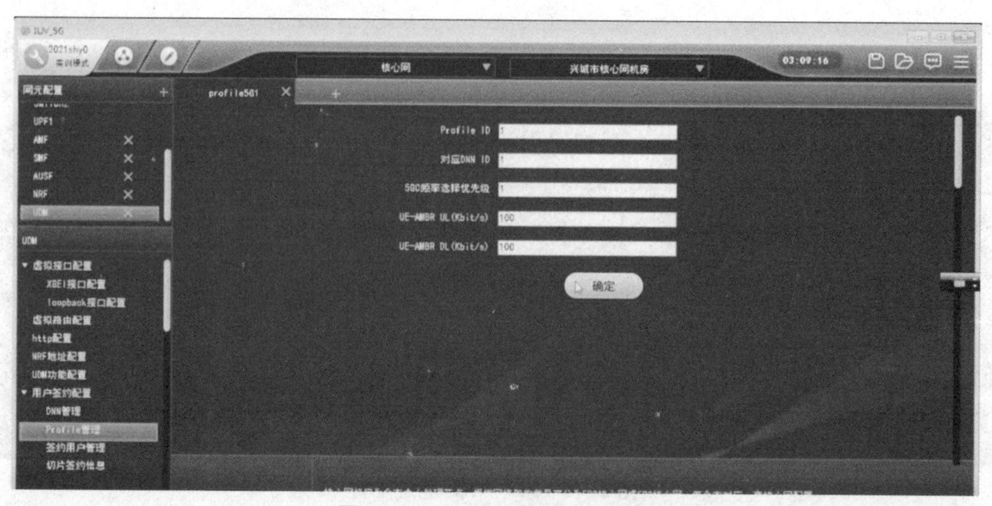

图 2-4-37 Profile 5G1 配置

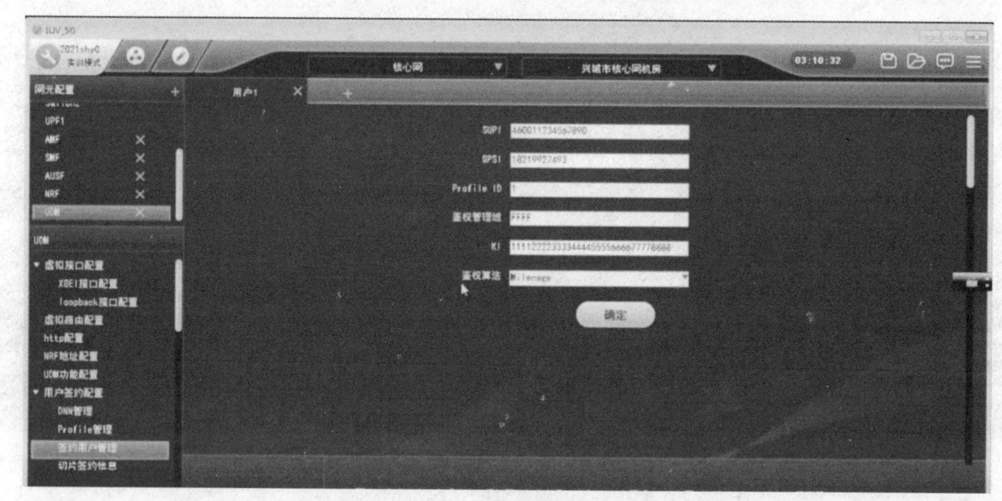

图 2-4-38 签约用户管理配置

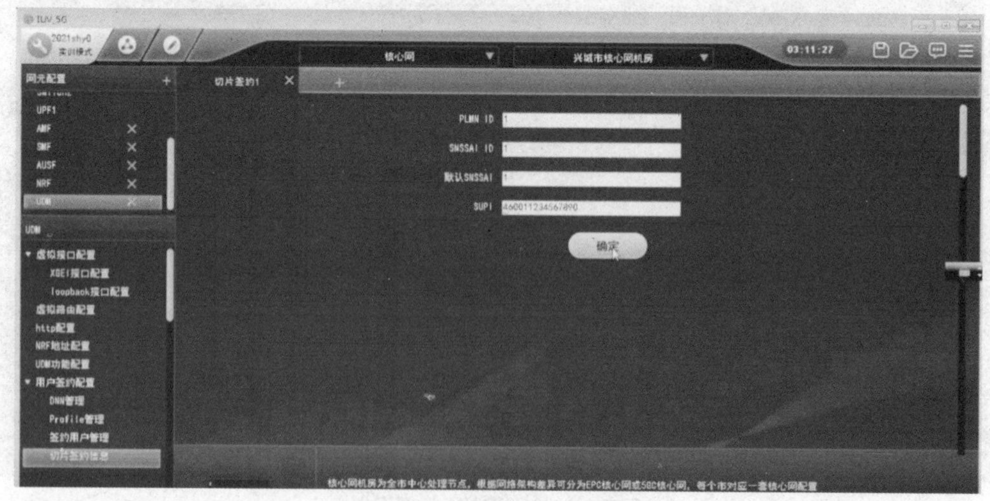

图 2-4-39 切片签约信息配置

⑥AUSF 网元相关配置如图 2－4－40 和图 2－4－41 所示。

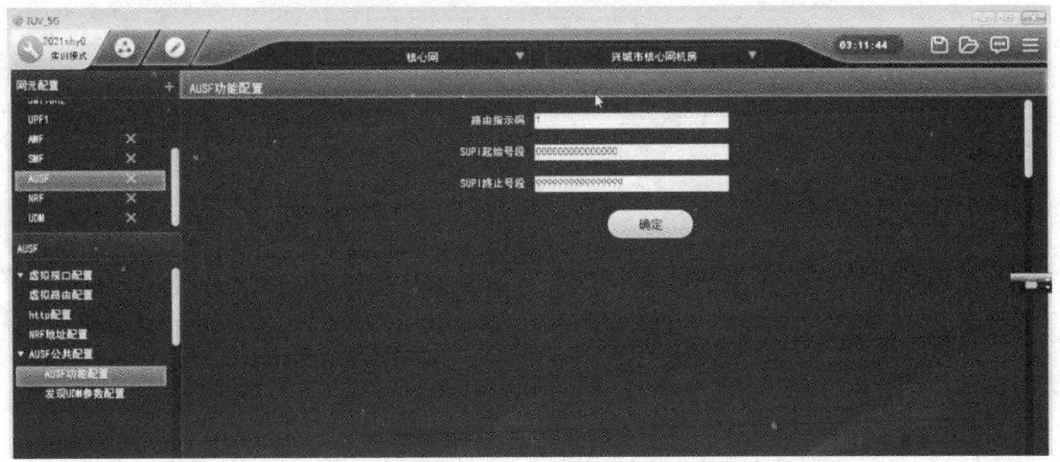

图 2－4－40　AUSF 功能配置

图 2－4－41　发现 UDM 参数配置

⑦NSSF 网元相关配置如图 2－4－42～图 2－4－46 所示。

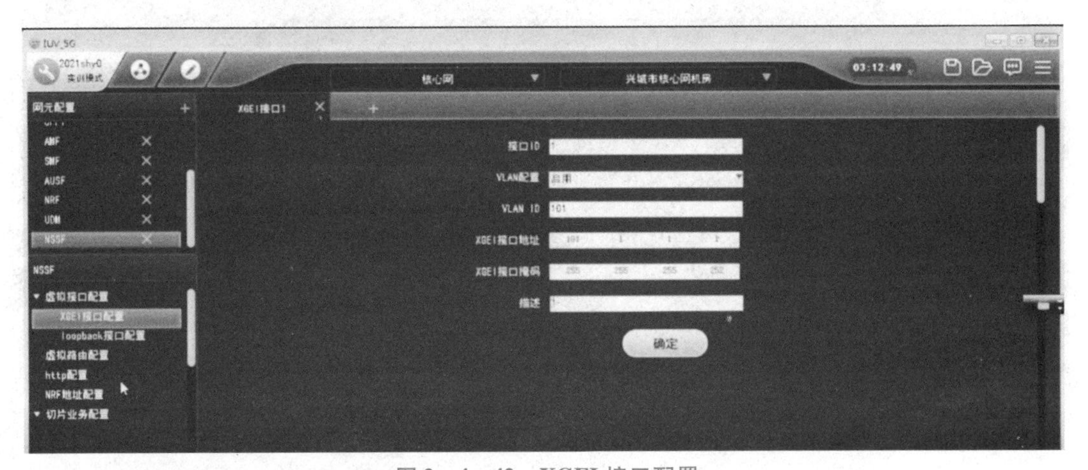

图 2－4－42　XGEI 接口配置

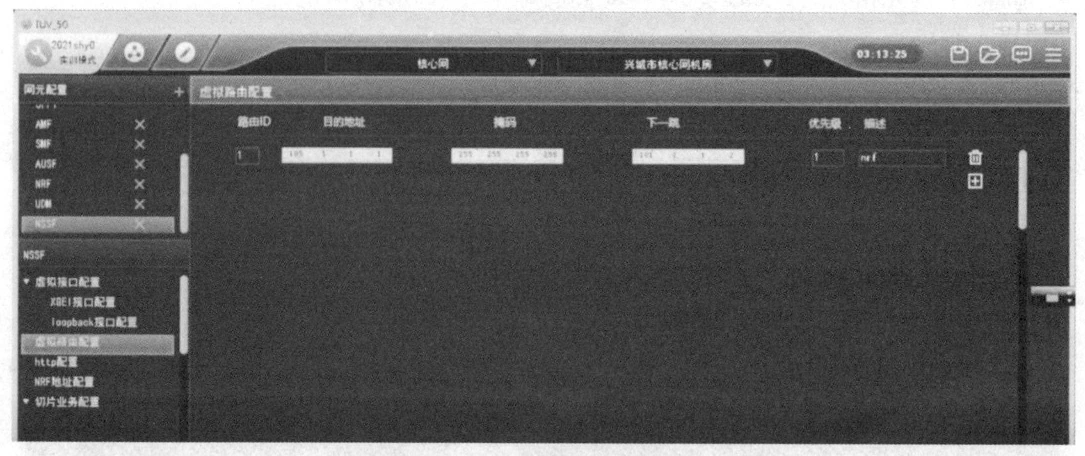

图 2-4-43　虚拟路由配置

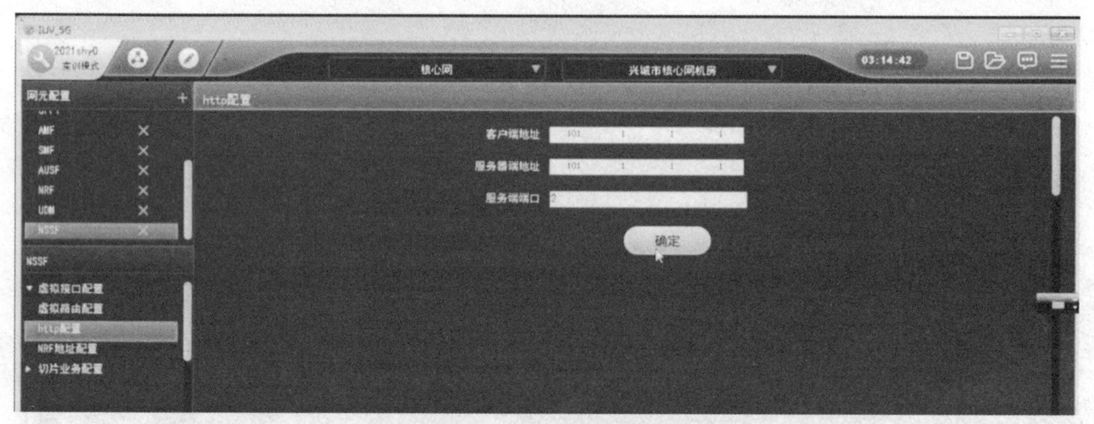

图 2-4-44　http 配置

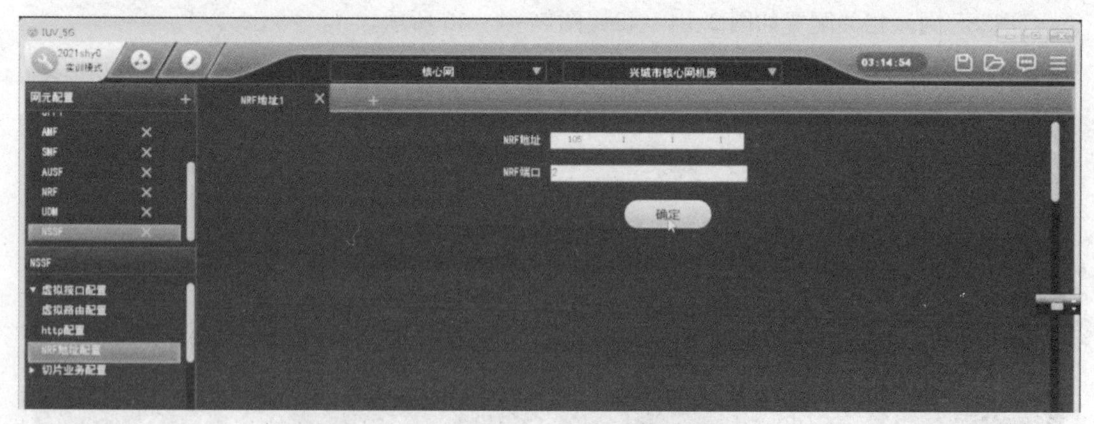

图 2-4-45　NRF 地址配置

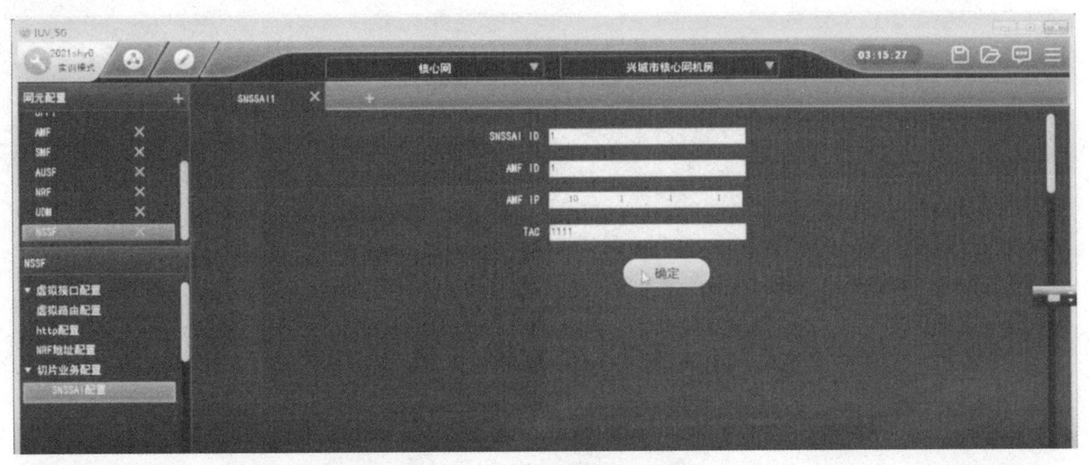

图 2-4-46　SNSSAI 配置

⑧PCF 网元相关配置如图 2-4-47～图 2-4-52 所示。

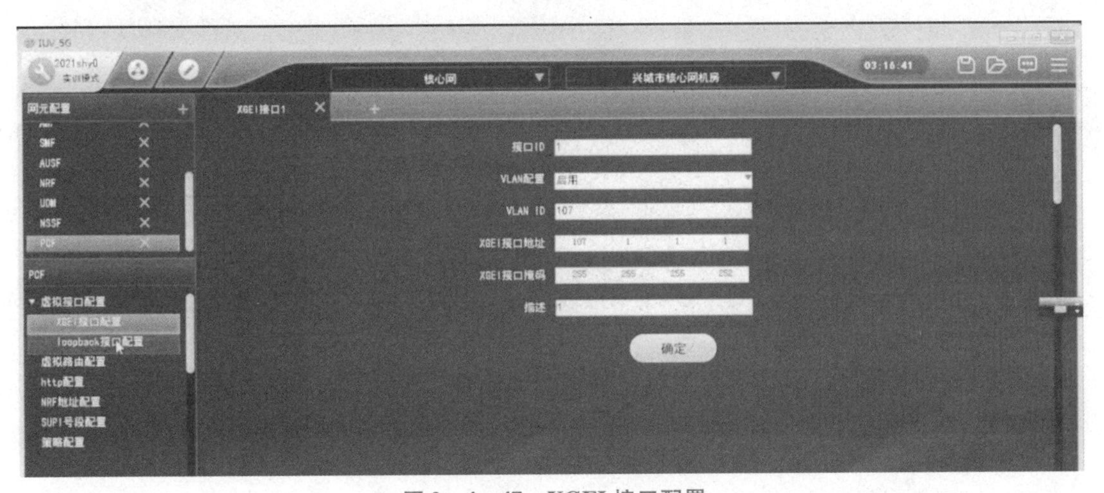

图 2-4-47　XGEI 接口配置

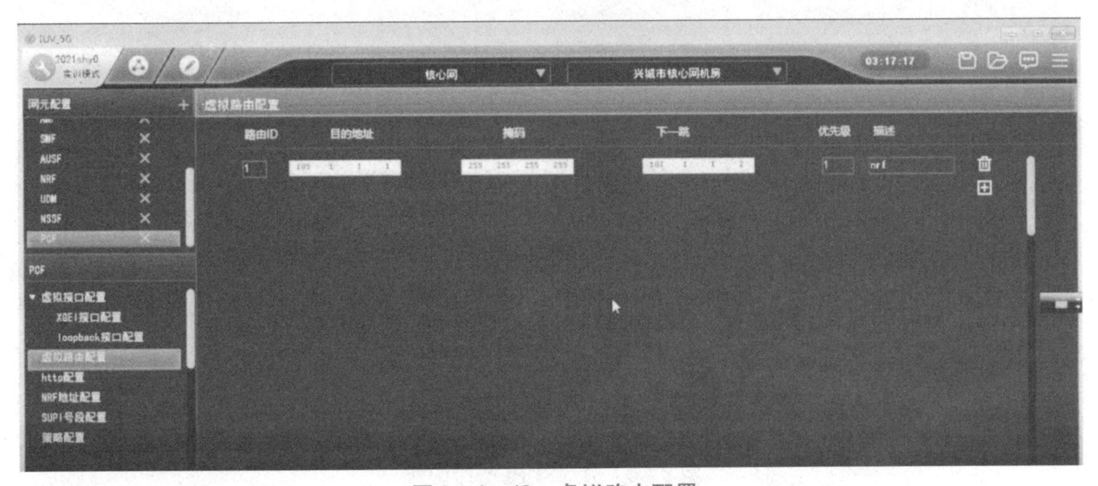

图 2-4-48　虚拟路由配置

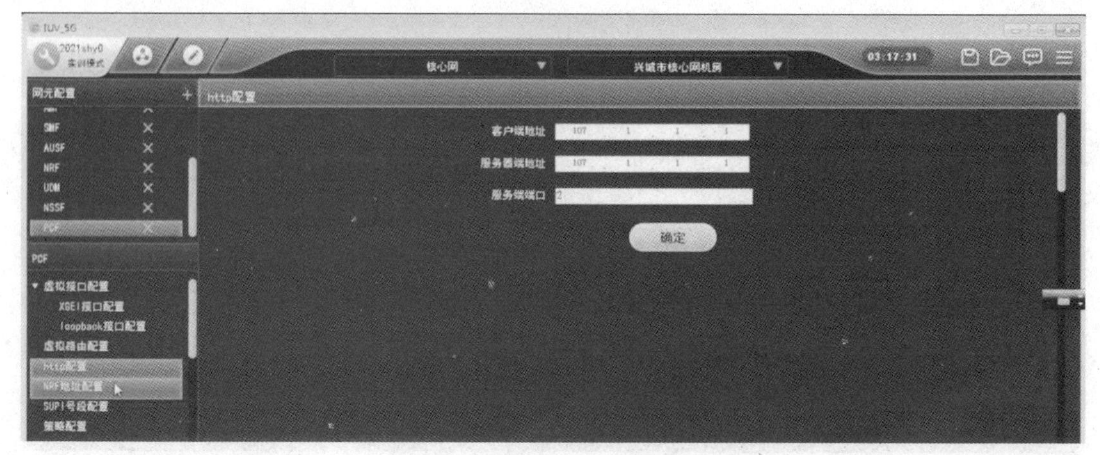

图 2-4-49　http 配置（1）

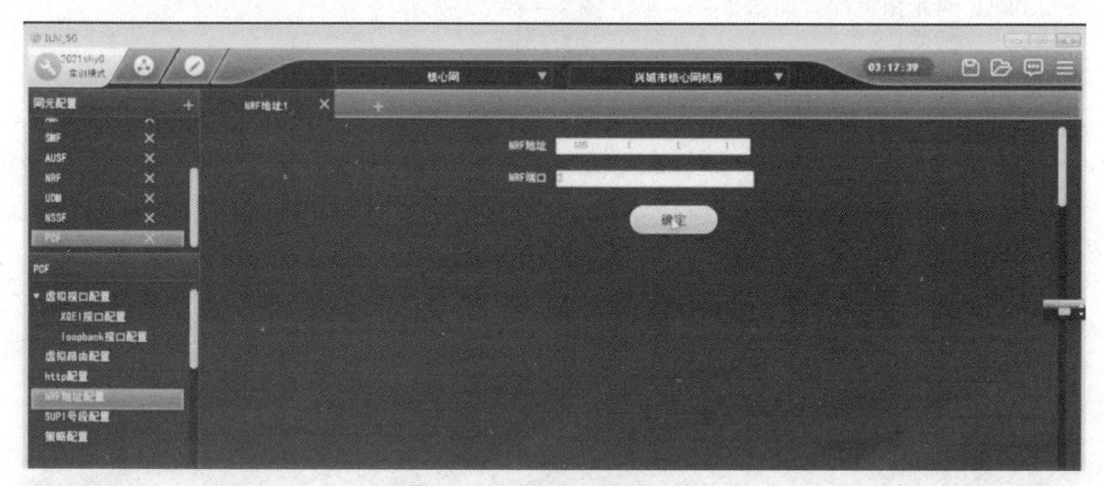

图 2-4-50　http 配置（2）

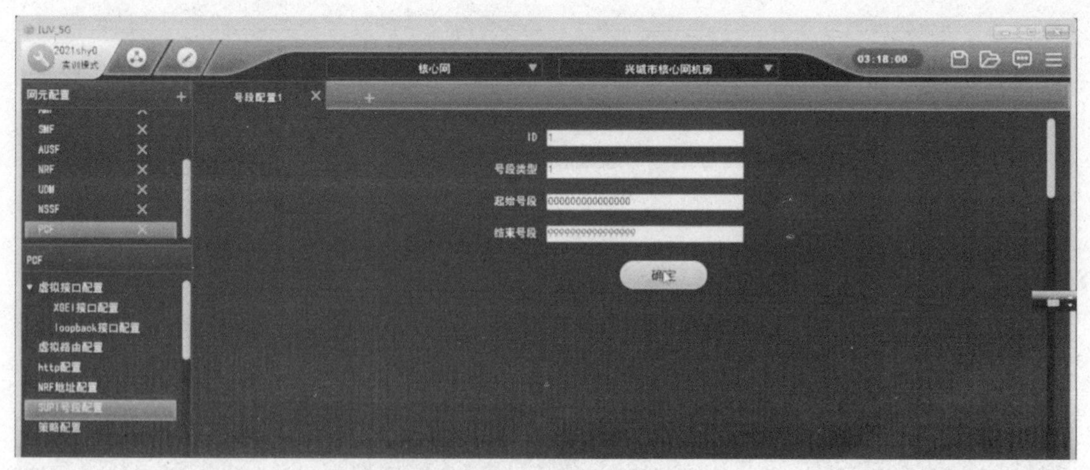

图 2-4-51　SUPI 号段配置

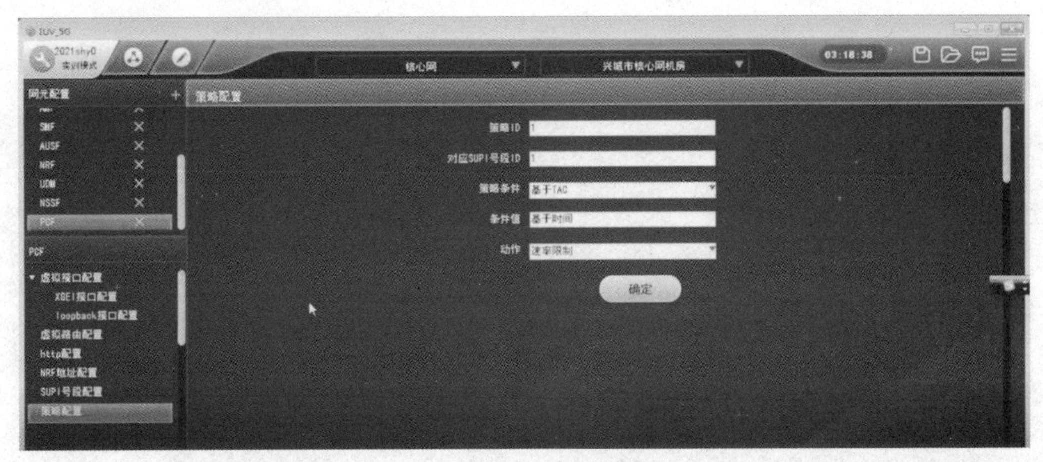

图 2-4-52　策略配置

⑨PCF 网元相关配置如图 2-4-53～图 2-4-61 所示。

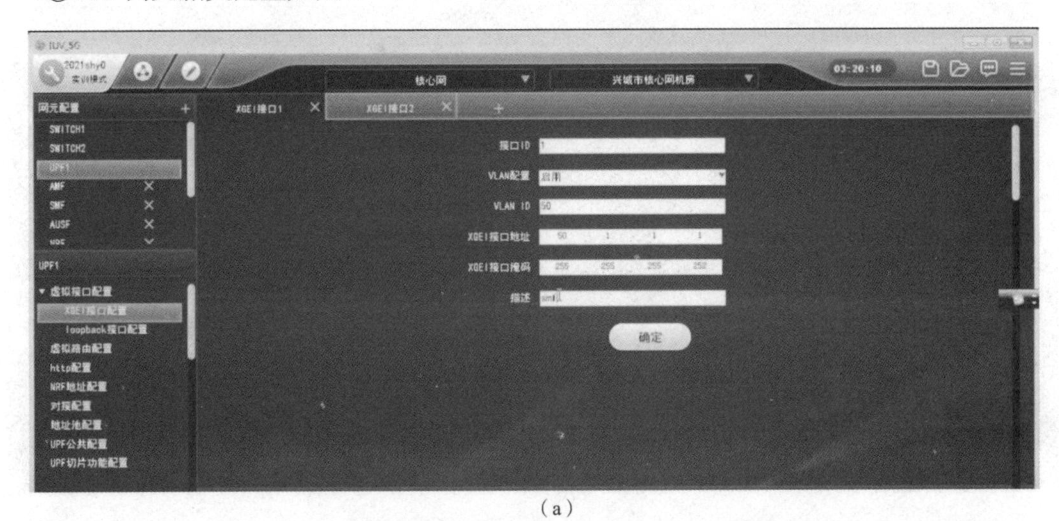

（a）

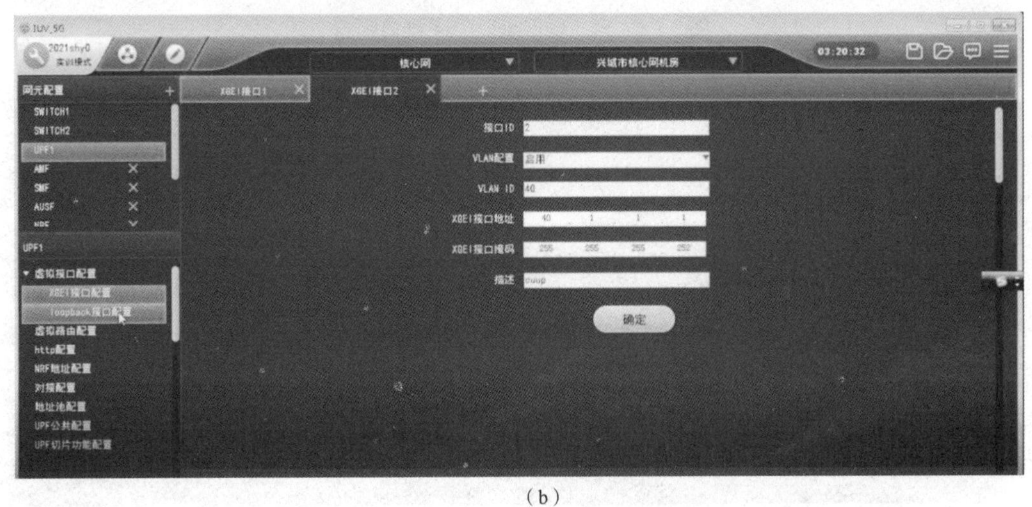

（b）

图 2-4-53　XGEI-N4 接口配置

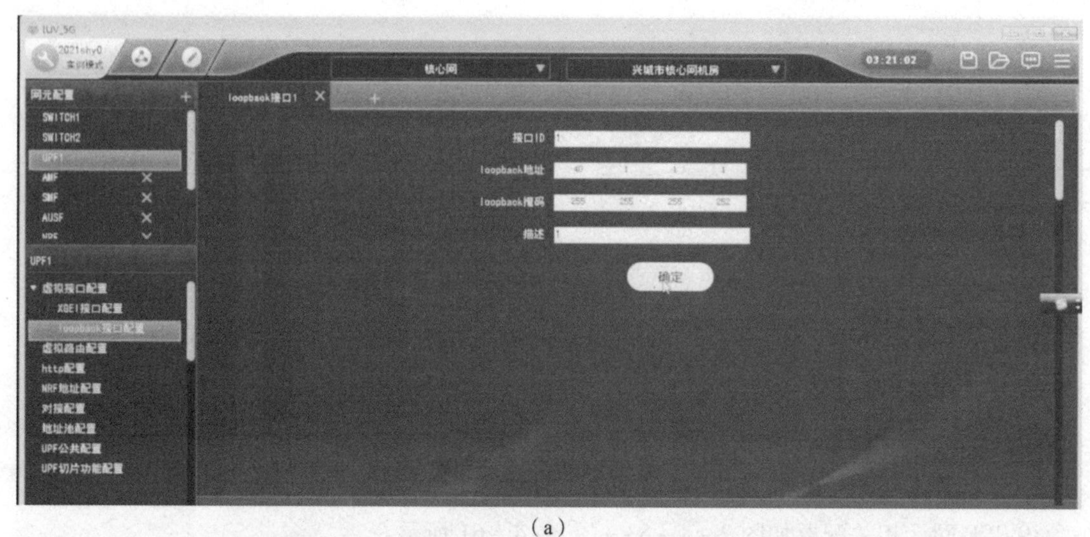

(a)

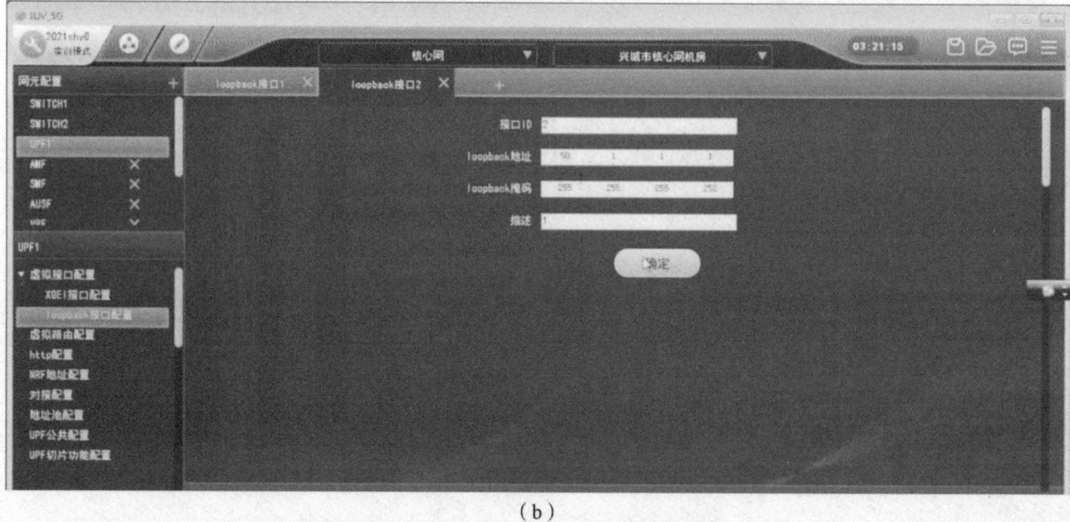

(b)

图 2-4-54　loolback-N4 接口配置

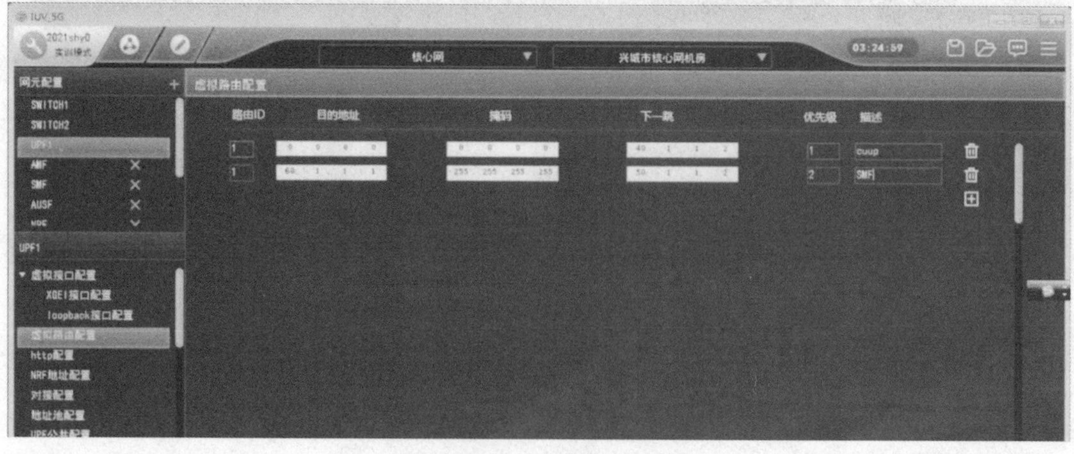

图 2-4-55　虚拟路由配置

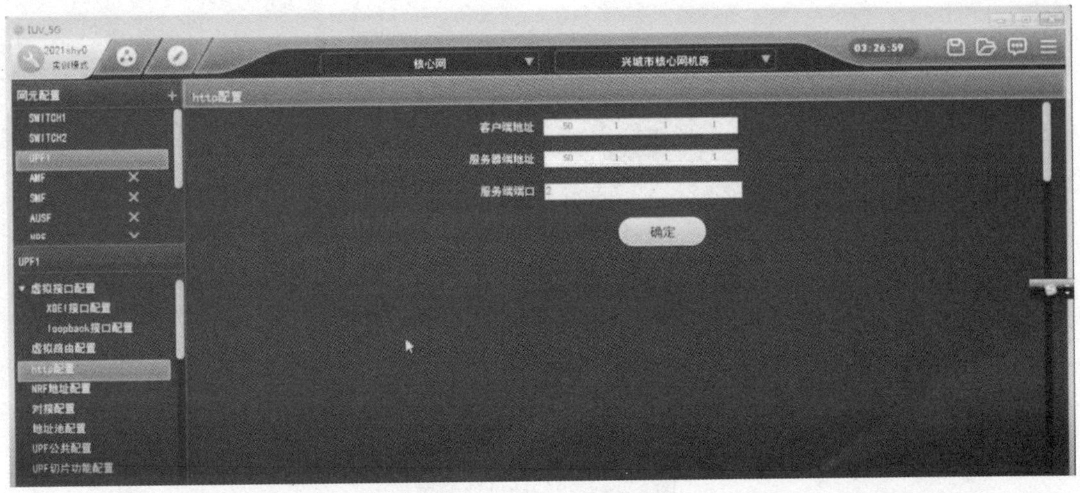

图 2-4-56　http 配置

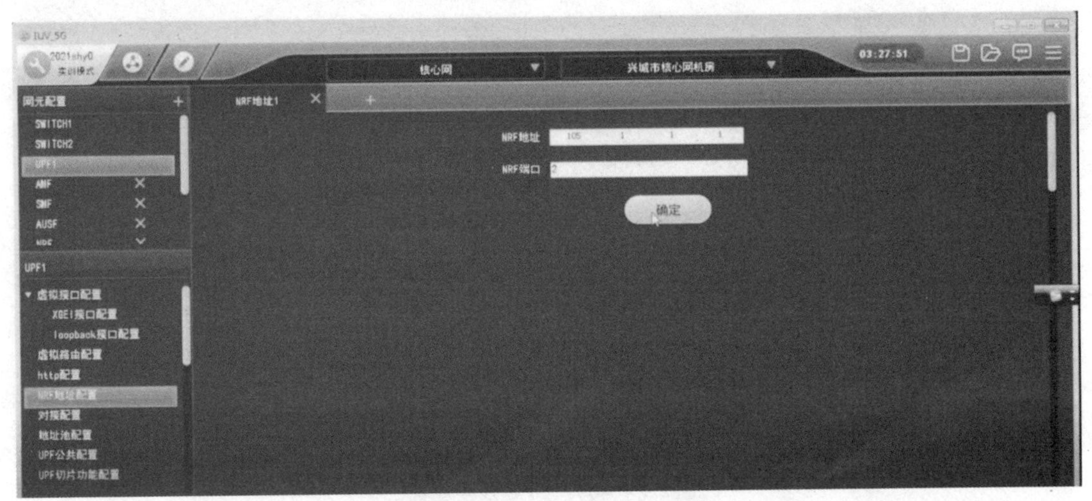

图 2-4-57　NRF 地址配置

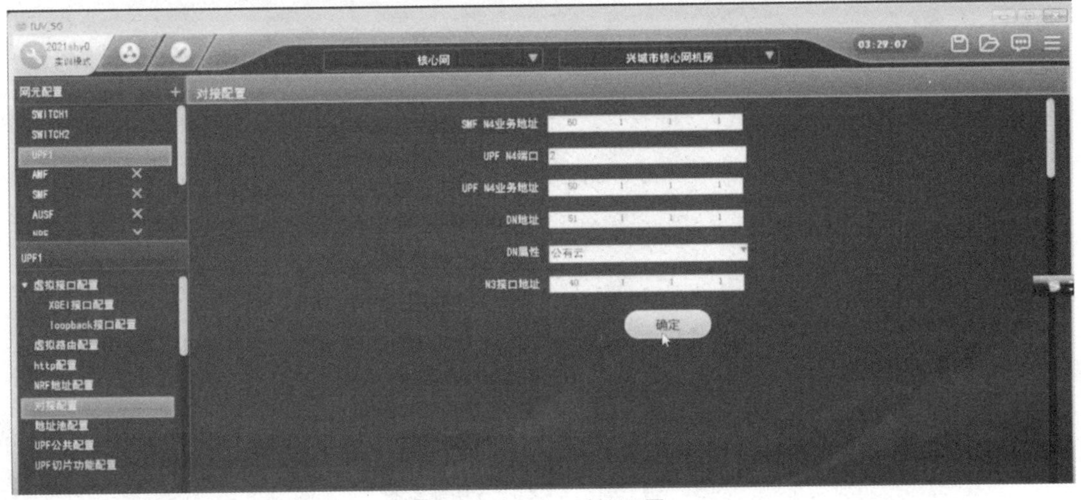

图 2-4-58　对接配置

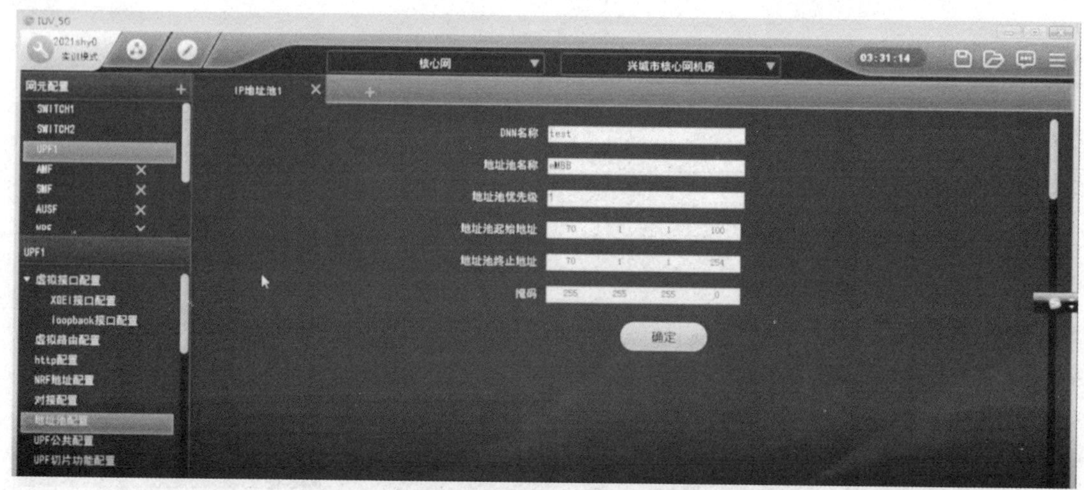

图 2-4-59 地址池配置

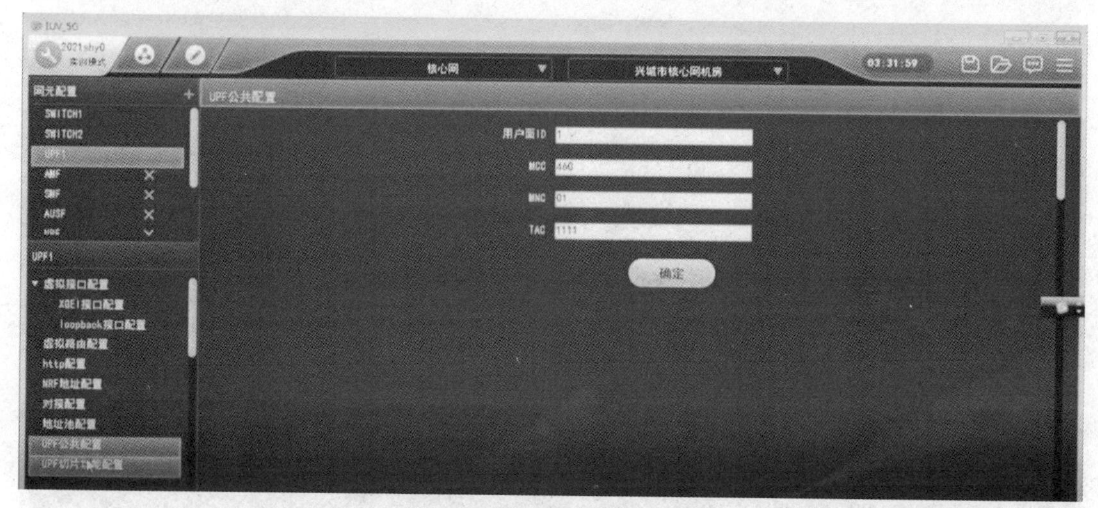

图 2-4-60 UPF 公共配置

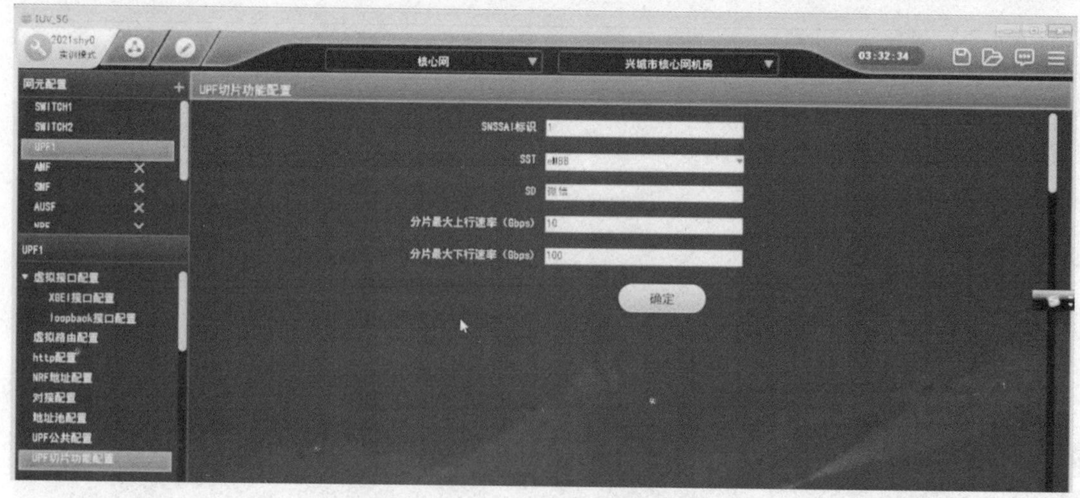

图 2-4-61 UPF 切片功能配置

4.7　拓展任务

根据数据规划表完成 5GC 核心网各 NF 客户端与服务端 IP 不同的数据配置，并拨测成功。

独立组网规划表

任务5 Option 2基础业务验证

学习目标

1. 掌握Option 2组网模式下的接入网小区数据配置；
2. 掌握Option 2组网模式下的接入网传输数据配置。

建议学时

4学时

5.1 任务描述

部署兴城市5G Option 2组网架构下的设备，规划接入网小区参数，见表2-5-1~表2-5-3。配置接入网侧小区数据和传输数据，用测试终端进行业务验证，实现兴城市B站点3个小区的终端会话或注册联网业务正常拨测。

表2-5-1 接入网IP地址规划

参数名	IP地址
DU	10.10.10.10/24
CUCP	30.30.30.30/24
CUUP	40.40.40.40/24

表2-5-2 NR网元管理

基站标识	1
移动国家码MCC	460
移动网络号MNC	01
网络模式	SA
AAU频段/MHz	3 400~3 800

表2-5-3 DU小区参数

参数	小区1	小区2	小区3
基站标识	1	1	1
PLMN	46 001	46 001	46 001
小区ID	7	8	9
TAC	1 111	1 111	1 111

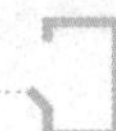

续表

参数	小区 1	小区 2	小区 3
PCI	7	8	9
频段	78	78	78
中心载频	630 000	630 000	630 000
下行 Point A	626 724	626 724	626 724
上行 Point A	626 724	626 724	626 724
系统带宽	273	273	273
SSB 测量频点	630 000	630 000	630 000
测量子载波间隔	30	30	30
系统子载波间隔	30	30	30
小区 RE 参考功率	156	156	156
最大发射功率	23	23	23

5.2 任务分析

分析工作任务的主要内容，查阅资料，需明确表 2-5-4 中的主要问题。

表 2-5-4 任务分析表

1	5G 小区数据配置中涉及的主要参数名称及作用。
2	明确 Option 2 的组网结构，划分接入网侧 IP 地址。
3	5G NR 物理信道的种类及功能。

5.3 方案制订

根据任务要求，制作小组工作方案。

5.4 任务实施

按照兴城市规划的5G－Option 2的组网架构进行网络业务开通，用1＋X 5G全网建设软件按照表2－5－5的步骤在实验模式下进行仿真。

表2－5－5　任务实施表

序号	操作步骤		操作提示	操作记录
1	打开软件，进入“网络配置”→“数据配置”模块		（1）输入账号和密码 （2）选择“无线网”→“兴城市B站点无线机房”	
2	无线网设备数据配置	1. AAU数据配置	（1）AAU支持的频段 （2）AAU的收发模式	
		2. DU数据配置	（1）DU对接配置 （2）DU功能配置 （3）物理信道配置 （4）测量与定时器开关	
		3. CU数据配置	（1）gNBCUCP功能配置 （2）gNBCUUP功能配置	
3	承载网设备数据配置	1. 逻辑接口配置	配置DU、CUCP、CUUP子接口IP	
		2. OSPF路由配置	（1）OSPF全局配置 （2）OSPF接口配置	

5.5 考核评价（表2-5-6）

表2-5-6 考核评价表

考核项目	考核内容	分值	评分细则	自我评价	小组评价	教师评价
职业素养	不迟到、不早退	2	违反一次不得分			
	团队协作精神	4	团队分工明确，任务完成顺利			
	精益求精	5	能提出改进建议且效果明显			
	创新精神	5	优化操作步骤			
	课堂积极性	5	根据上课情况统计			
技能素养	AAU 配置正确	3	根据设备选型，配置正确的 AAU 频段和收发模式，错一个扣1分			
	ITBBU 网元参数配置正确	6	按照规划，配置正确的网元参数和5G 物理参数，错一个扣1分			
	DU 参数配置正确	20	按照规划，正确配置 DU 各部分参数，错一个扣1分			
	CU 参数配置正确	15	按照规划，正确配置 CU 各部分参数，错一个扣1分			
	承载网参数配置正确	5	正确配置 SPN1 的参数数据，错一个扣1分			
知识素养	5G NR 的信道结构及功能	10	根据测试结果赋分			
	5G NR 主要的标识及作用	10	根据测试结果赋分			
	DU 小区主要的参数名称及作用	10	根据测试结果赋分			

5.6 知识点精

5.6.1 PLMN

PLMN：通用陆地无线网络标识，由国家码 MCC 和移动网络码 MNC 组成。对于我们国家来说，MCC（移动国家码）是 460，而我国有多个运营商，如中国电信、中国联通、中国移动等。手机首先要选择网络，也就是选择 PLMN，是中国电信还是中国联通。IMSI 码对用户不可见，相当于用户的身份证号，组成 PLMN + MSIN 移动标识。软件中自定义，对于同一个网络，PLMN 要全网保持唯一。

5.6.2 TAI

TAI：跟踪区标识，由 PLMN 和 TAC 组成。

TA：Tracking Area，跟踪区。跟踪区是 LTE/SAE 系统为 UE 的位置管理新设立的概念。其被定义为 UE 不需要更新服务的自由移动区域。TA 功能为实现对终端位置的管理，可分为寻呼管理和位置更新管理。UE 通过跟踪区注册告知 EPC 自己的跟踪区 TA。

当 UE 处于空闲状态时，核心网络能够知道 UE 所在的跟踪区，同时，当处于空闲状态的 UE 需要被寻呼时，必须在 UE 所注册的跟踪区的所有小区进行寻呼。

多个 TA 组成一个 TA 列表，同时分配给一个 UE，UE 在该 TA 列表（TAList）内移动时，不需要执行 TA 更新，以减少与网络的频繁交互；当 UE 进入不在其所注册的 TA 列表中的新 TA 区域时，需要执行 TA 更新，MME 给 UE 重新分配一组 TA，新分配的 TA 也可包含原有 TA 列表中的一些 TA；每个小区只属于一个 TA。

5.6.3 5G QoS

QoS（Quality of Service）是服务质量的简称。

QCI（QoS Class Identifier），是系统用于标识业务数据包传输特性的参数，协议 23203 定义了不同的承载业务对应的 QCI 值。需要特别注意的是，QCI = 5 的 IMS 信令业务属于 Non - GBR，优先级设置为比 GBR 类承载高。根据 QCI 的不同，承载（Bearer）可以划分为两大类：GBR（Guaranteed Bit Rate，保证比特速率）类承载和 Non - GBR 类承载。

5QI 规定的 5G QoS 特性见表 2 - 5 - 7。

表 2 - 5 - 7　5G QoS 特性

资源类型	GBR，Delay critical GBR 或 Non - GBR
优先级水平	表示 5G QoS 流间的资源调度优先级。该参数用于区分一个 UE 的各个 QoS 流，也用于区分不同终端的 QoS 流。该参数值越小，表示优先级越高
包时延预算（PDB）	PDB 定义了 UE 和锚点 NPF 之间数据包传输的时延上限
误包率（PER）	误包率定了一个上限，也就是数据包已经被发送端的链路层（如 3GPP 接入网的 RLC 层）处理了，但没有被对应的接收端提交给上层（如 3GPP 接入网的 PDCP 层）的比率上限。PER 参数的作用是让网络配置合适的链路层参数（如 3GPP 接入网的 RLC 和 HARQ 配置）
平均窗口	平均窗口是给 GBR QoS Flow 定义的，用于相关网元统计 GFBR 和 MFBR
最大数据突发量（MDBV）	具有延迟关键资源类型的每个 GBR QoS 流应与一个 MDBV 相关联；MDBV 表示 5G - AN 在一个 5G - AN PDB 期间需要服务的最大数据量

标准5QI到5G QoS特性的映射关系见表2-5-8。

表2-5-8　5QI与5G QoS的映射关系

5QI Value	Resource Type	Default Priority Level	Default Delay Budget	Packet Error Rate	Default Maximum Data Burst Volume（NOTE2）	Default Averaging Window
1	GBR	20	100 ms	10^{-2}	N/A	2 000 ms
2		40	150 ms	10^{-3}	N/A	2 000 ms
3		30	50 ms	10^{-3}	N/A	2 000 ms
4		50	300 ms	10^{-6}	N/A	2 000 ms
65		7	75 ms	10^{-2}	N/A	2 000 ms
66		20	100 ms	10^{-2}	N/A	2 000 ms
67		15	100 ms	10^{-3}	N/A	2 000 ms
75		25	50 ms	10^{-2}	N/A	2 000 ms
5	Non-GBR NOTE1	10	100 ms	10^{-6}	N/A	N/A
6		60	300 ms	10^{-6}	N/A	N/A
7		70	100 ms	10^{-3}	N/A	N/A
8		80	300 ms	10^{-6}	N/A	N/A
9		90	300 ms	10^{-6}	N/A	N/A
69		5	60 ms	10^{-6}	N/A	N/A
70		55	200 ms	10^{-6}	N/A	N/A
79		65	50 ms	10^{-2}	N/A	N/A
80		68	10 ms	10^{-6}	N/A	N/A
81	Delay Critical GBR	11	5 ms	10^{-5}	160B	2 000 ms
82		12	10 ms NOTE5	10^{-5}	320B	2 000 ms
83		13	20 ms	10^{-5}	640B	2 000 ms
84		19	10 ms	10^{-4}	255B	2 000 ms
85		22	10 ms	10^{-4}	1358B NOTE3	2 000 ms

5.6.4　操作演示

登录1+X 5G全网建设软件，单击“兴城市”，基于已完成的前期硬件设备配置，依次单击“网络配置”→“数据配置”，在界面上方下拉选项中选择“无线网”→“兴城市B站点无线机房”，如图2-5-1所示。

1. AAU参数配置

单击“网元配置”中的“AAU1”，进入AAU1参数配置界面，按照AAU设备信息，选择支持频段范围为3 400~3 800 MHz，选择AAU收发模式为64T64R，如图2-5-2所示。

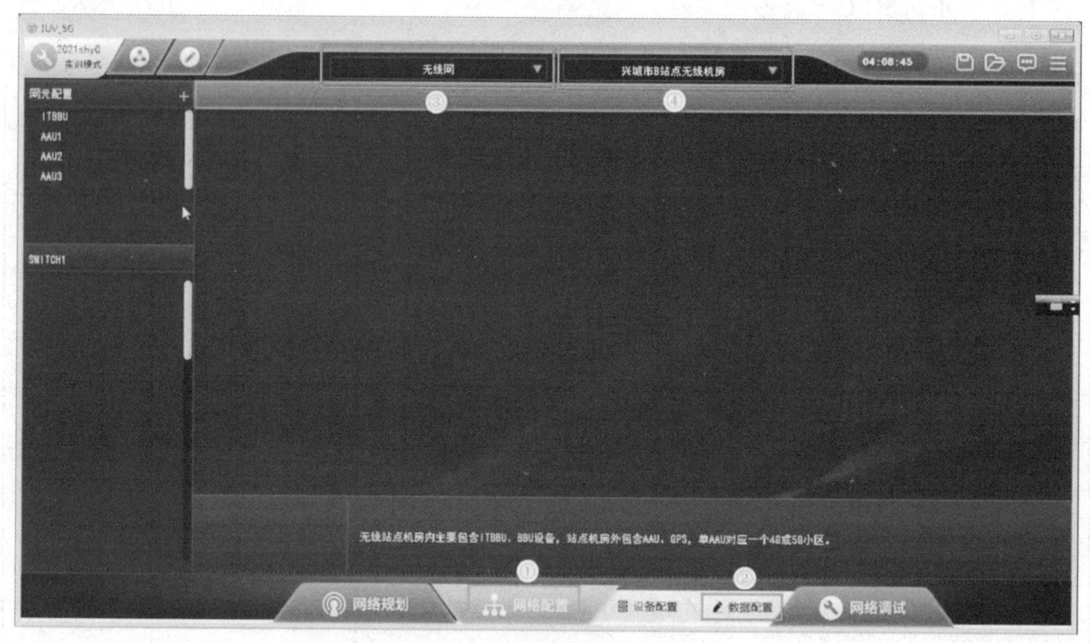

图 2-5-1　数据配置机房选择

图 2-5-2　AAU 参数配置

按照相同的操作，依次完成 AAU2 和 AAU3 的配置。

2. NR 网元管理

单击“网元配置”中的“ITBBU”，并选择“NR 网元管理”。结合网络规划参数，进行参数配置，如图 2-5-3 所示。

图 2-5-3　NR 网元管理配置

3. 5G 物理参数

单击“ITBBU”下的“5G 物理参数”，进入参数配置界面。结合 AAU 设备安装情况，进行参数配置，如图 2-5-4 所示。

图 2-5-4　5G 物理参数

4. DU 配置

单击“ITBBU”下的“DU”，打开 DU 参数配置列表。

（1）DU 对接配置

单击“DU 对接配置”，打开折叠项，单击“以太网接口”，配置带宽和应用场景，如图 2－5－5 所示。

图 2－5－5　以太网接口配置

单击“IP 配置”，按照规划的 IP 地址完成数据配置，VLAN ID 配置为 10，如图 2－5－6 所示。

图 2－5－6　IP 地址配置

单击“SCTP 配置”，偶联类型为“F1 偶联”，对接的是 CUCP，如图 2-5-7 所示。

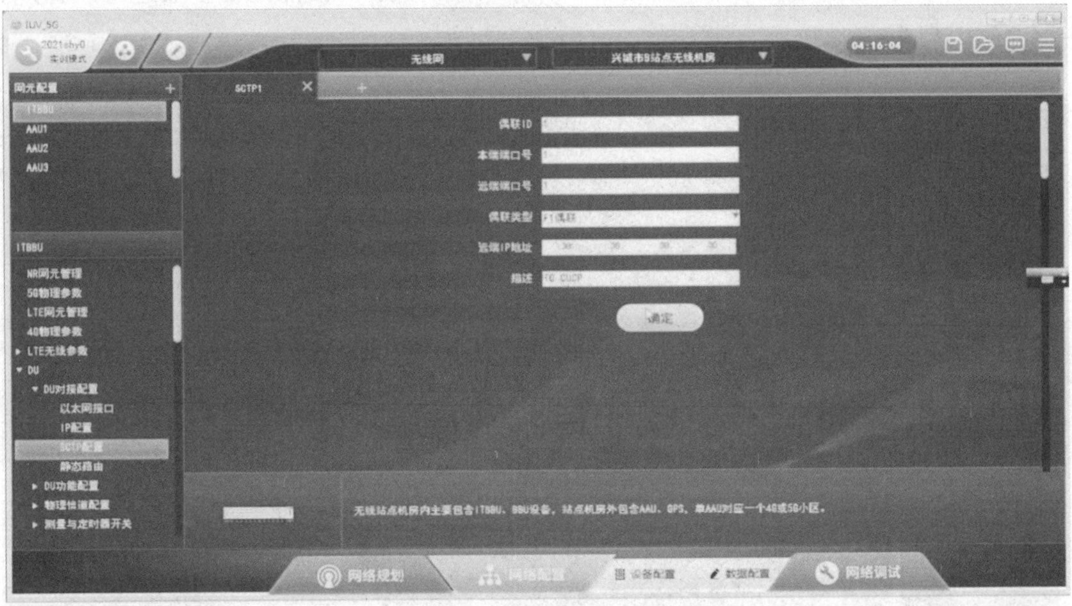

图 2-5-7　SCTP 配置

单击“静态路由”，进入静态路由编辑界面，单击上方的“+”号，添加静态路由信息，由于 DU 对接的是 CUCP，静态路由可以不配置。如配置，则配置目的地为“30.30.30.30”的静态路由信息，如图 2-5-8 所示。

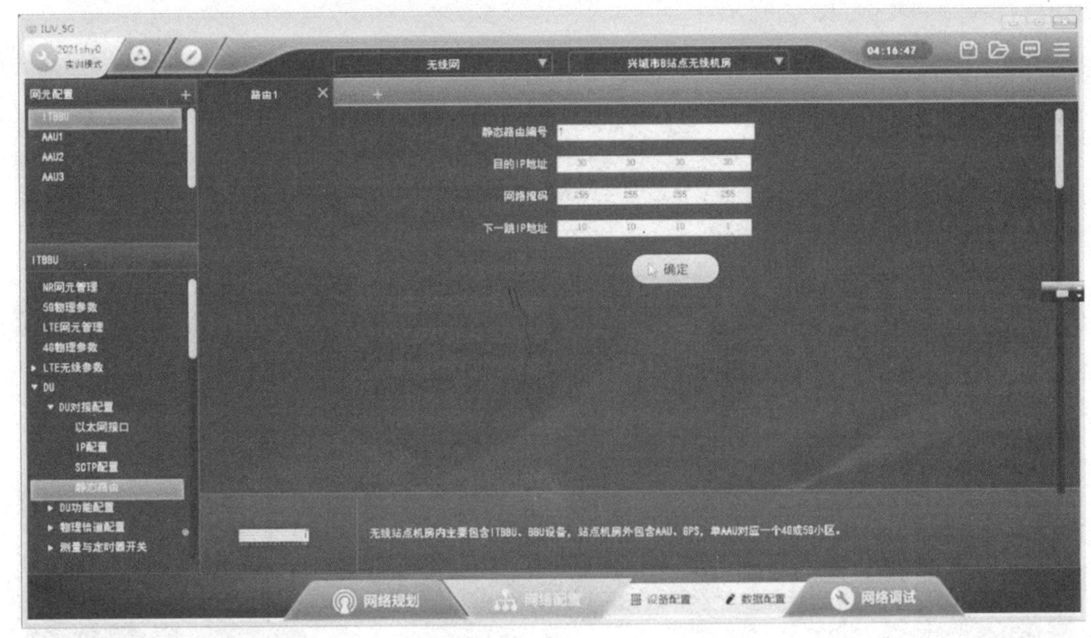

图 2-5-8　静态路由配置

（2）DU 功能配置

单击“DU 功能配置”，打开折叠项，单击“DU 管理”，按照规划参数进行配置，如图 2 -5 -9 所示。

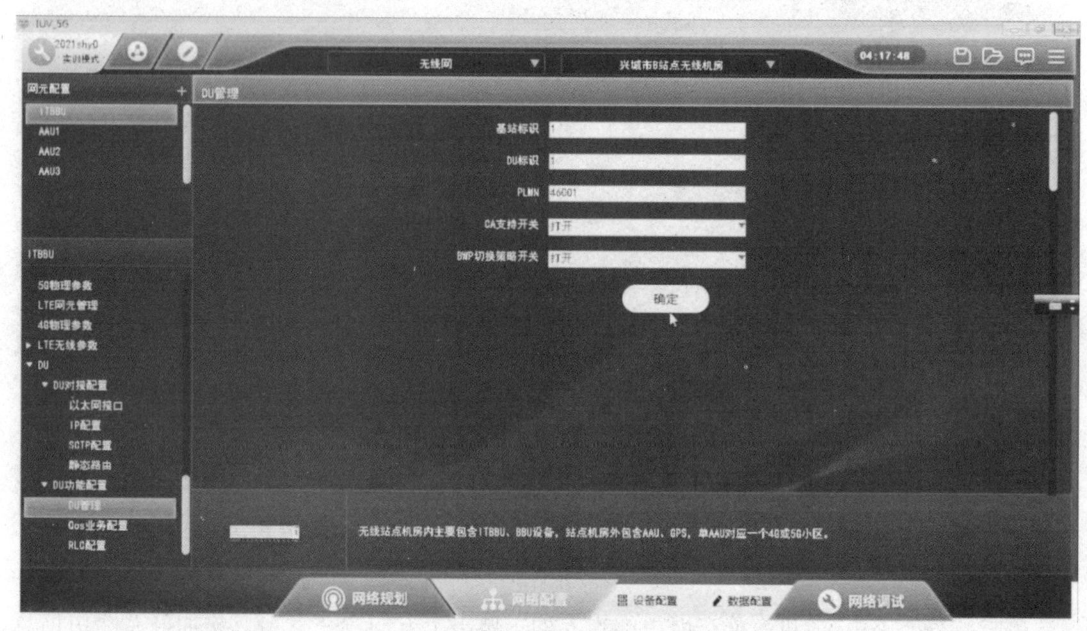

图 2 -5 -9　DU 管理

单击“QoS 业务配置”，进入 QoS 业务编辑界面，单击上方的“ + ”，如图 2 -5 -10 所示。

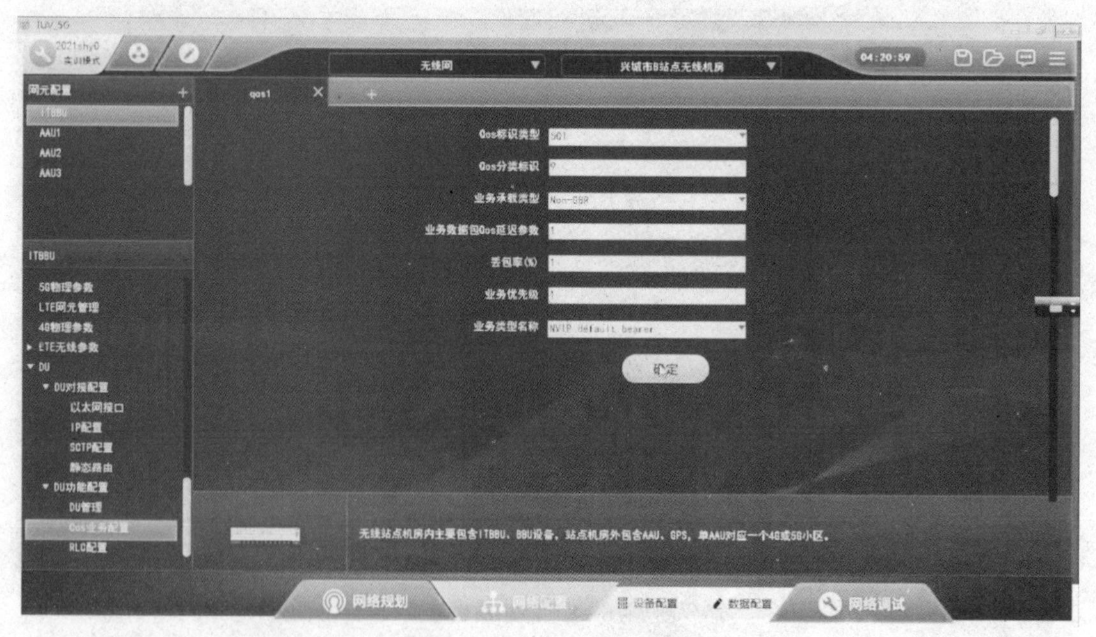

图 2 -5 -10　QoS 业务配置

单击“DU 小区配置”，单击上方的“+”，按照小区规划参数，依次完成 3 个小区的数据配置，如图 2-5-11 所示。

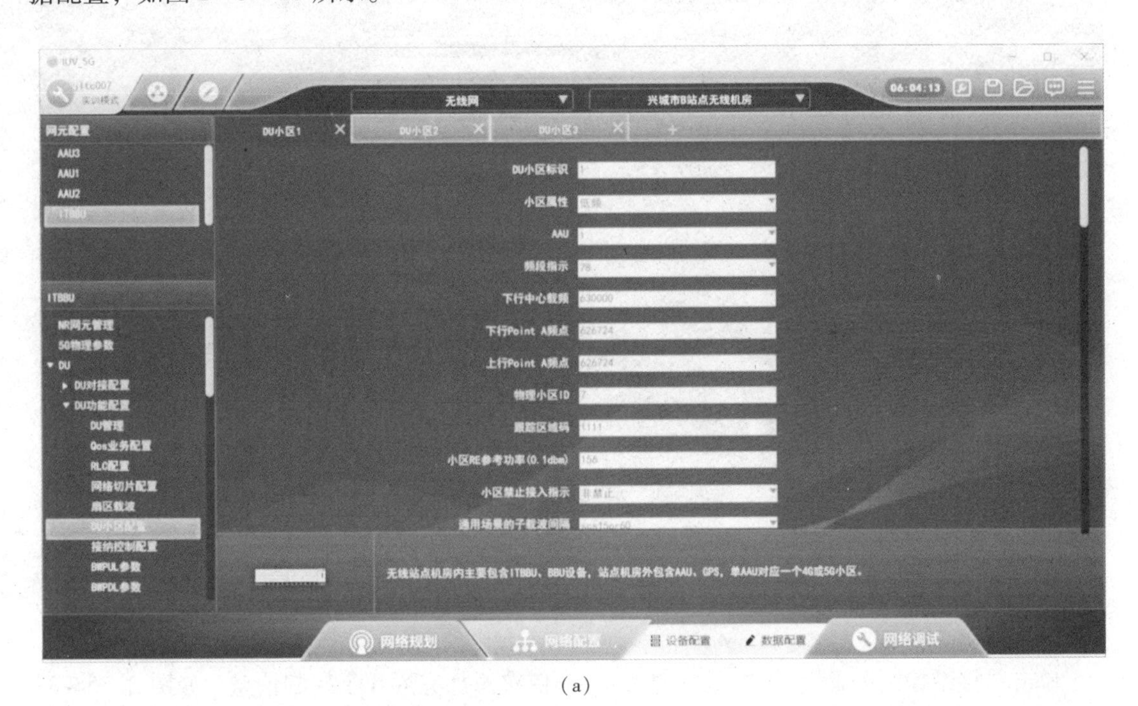

(a)

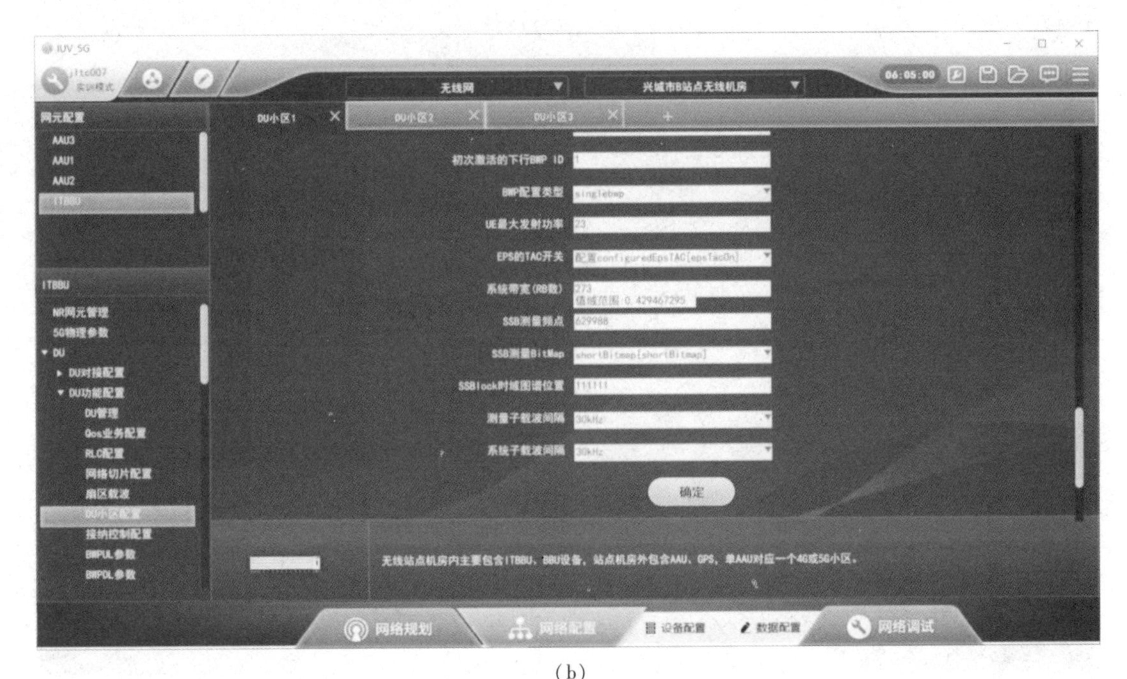

(b)

图 2-5-11　DU 小区 1 数据配置

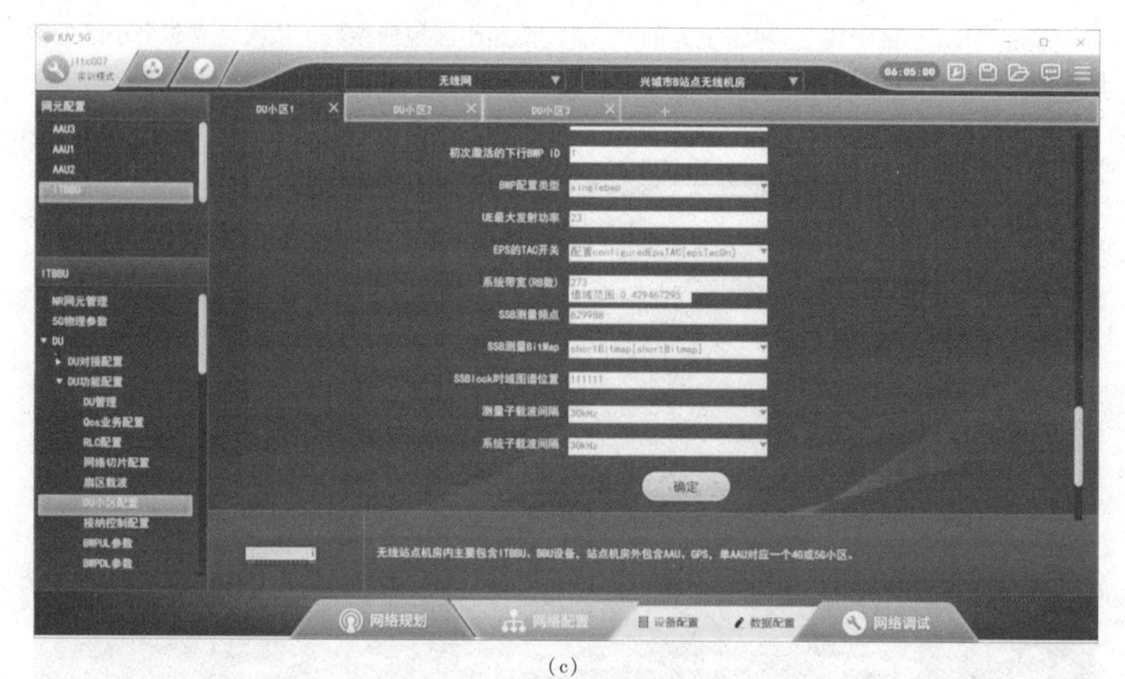

(c)

图 2-5-11　DU 小区 1 数据配置（续）

单击“接纳控制配置”，单击上方的“+”，依次添加完成 3 个控制信息，如图 2-5-12 所示。

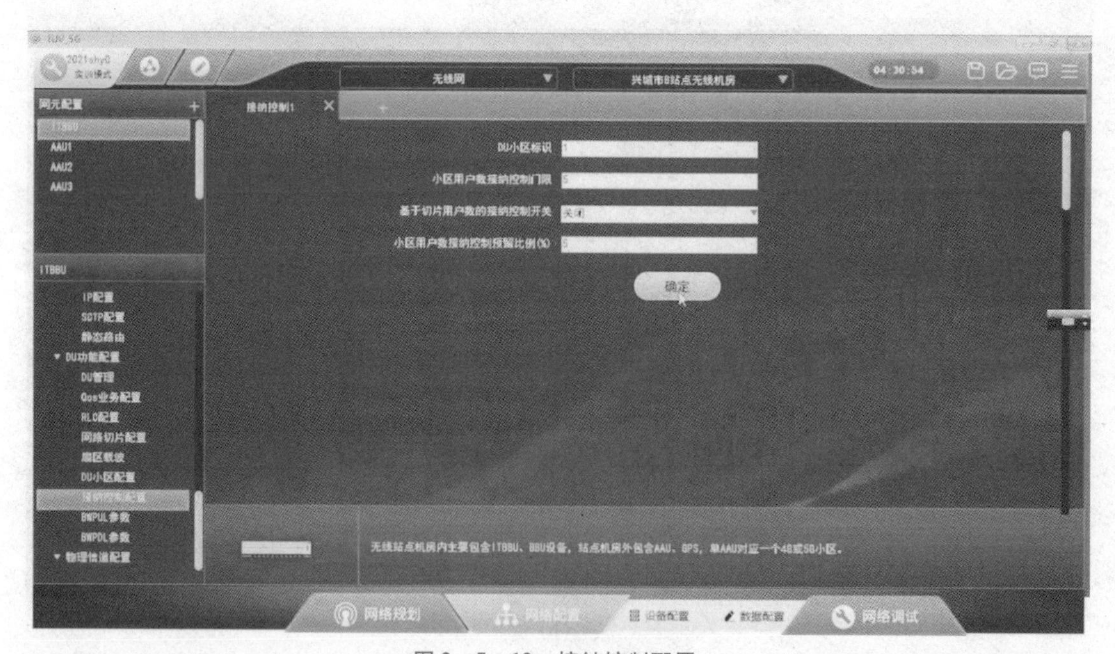

图 2-5-12　接纳控制配置

单击“BWPUL 参数”，单击上方的“+”，依次添加完成 3 个小区的上行 BWP 信息，如图 2-5-13 所示。

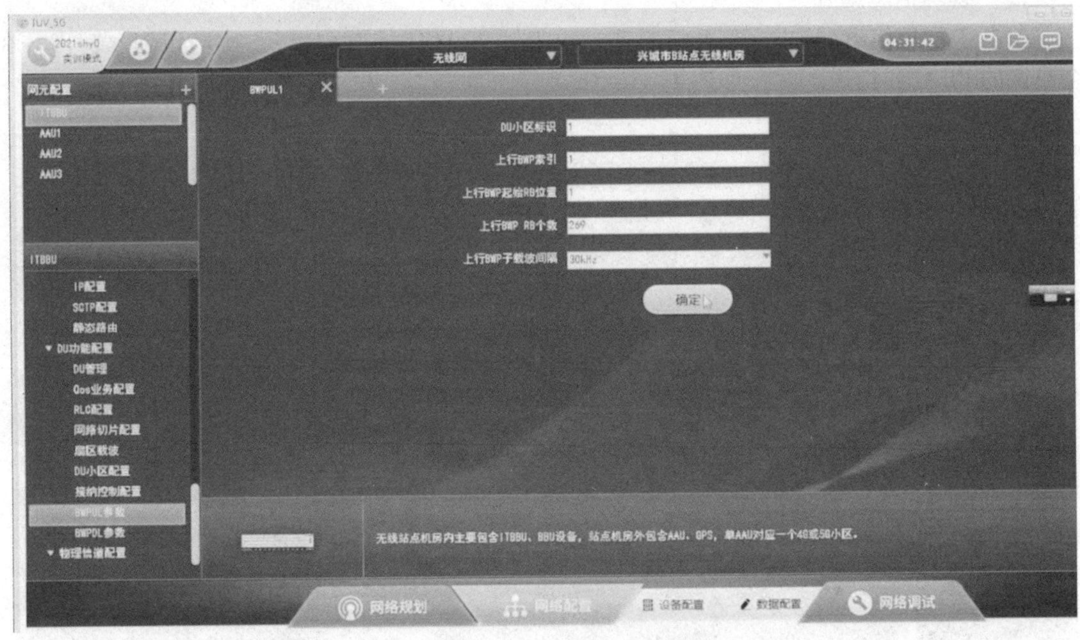

图 2－5－13　BWPUL 参数配置

单击“BWPDL 参数”，单击上方的“＋”，依次添加完成 3 个小区的下行 BWP 信息，如图 2－5－14 所示。

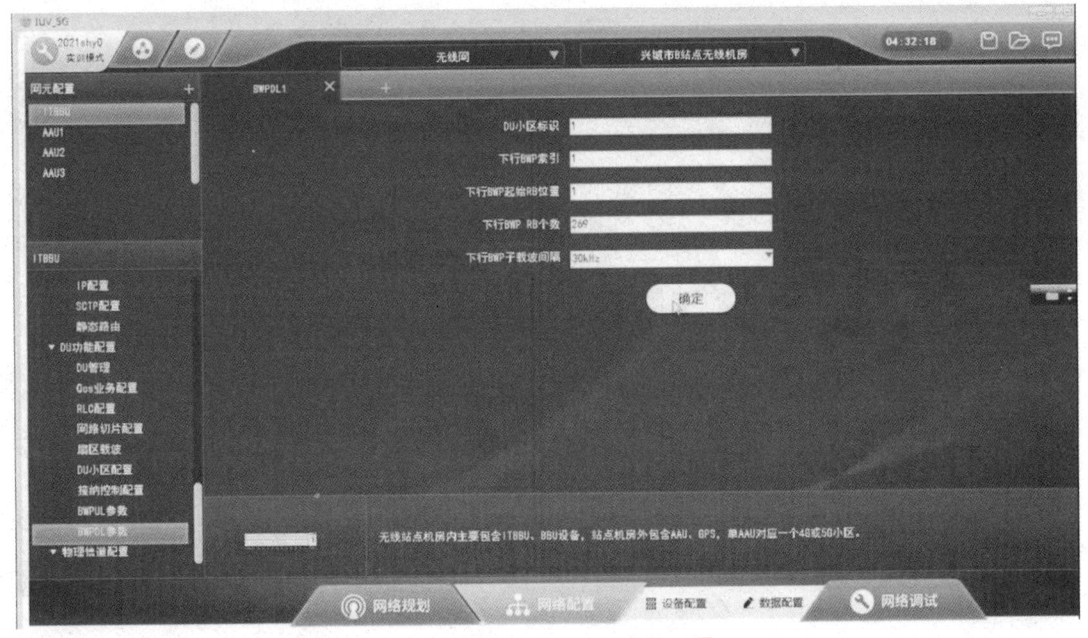

图 2－5－14　BWPDL 参数配置

“RLC 配置”“网络切片配置”“扇区载波”暂不配置。

(3）物理信道配置

单击“物理信道配置”，打开折叠项，单击“PRACH 信道配置”，按照规划参数进行 3 个小区的 PRACH 信道配置，如图 2－5－15 所示。

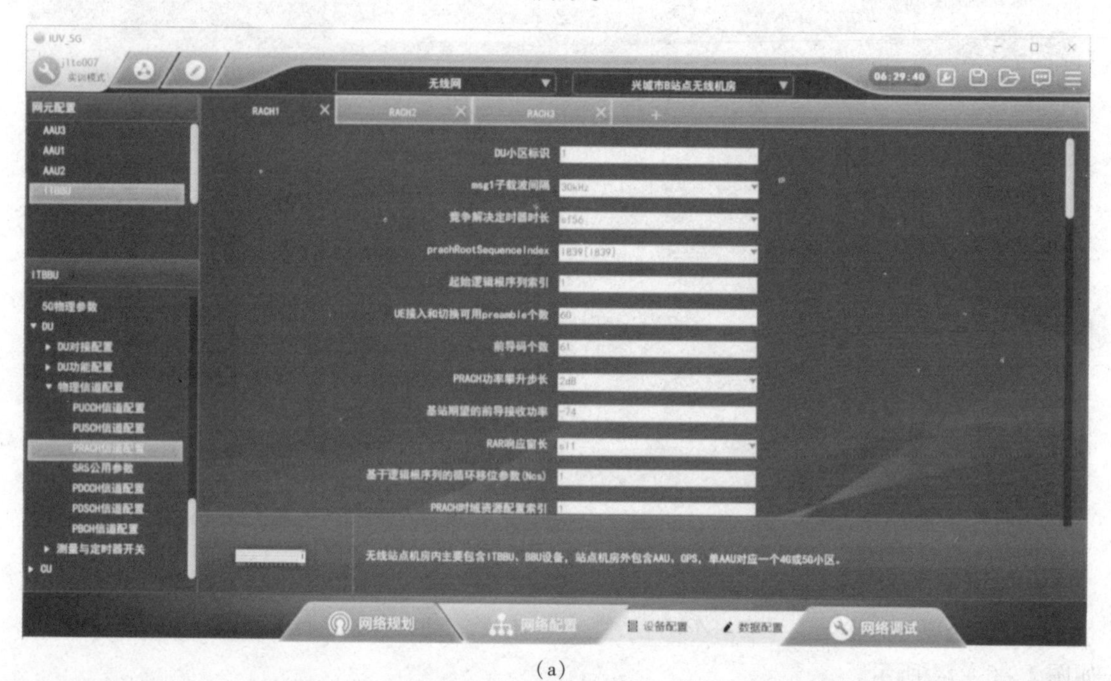

(a)

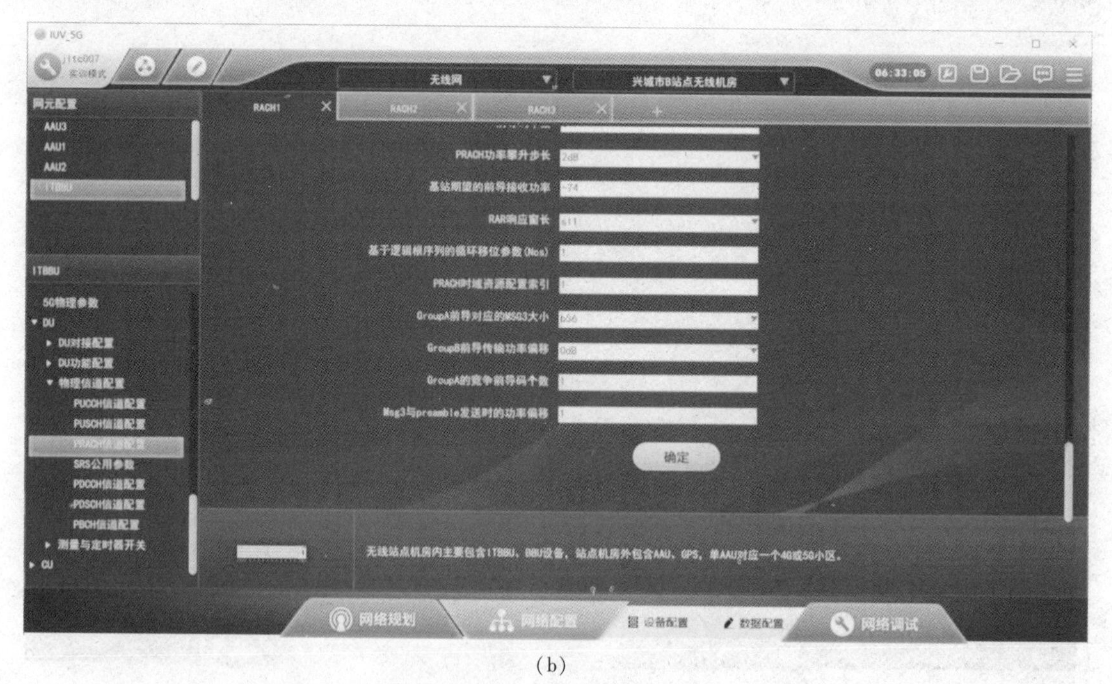

(b)

图 2－5－15　PRACH 信道配置

单击“SRS 公共参数”，按照规划参数进行 3 个小区的 SRS 公共参数配置，如图 2－5－16 所示。

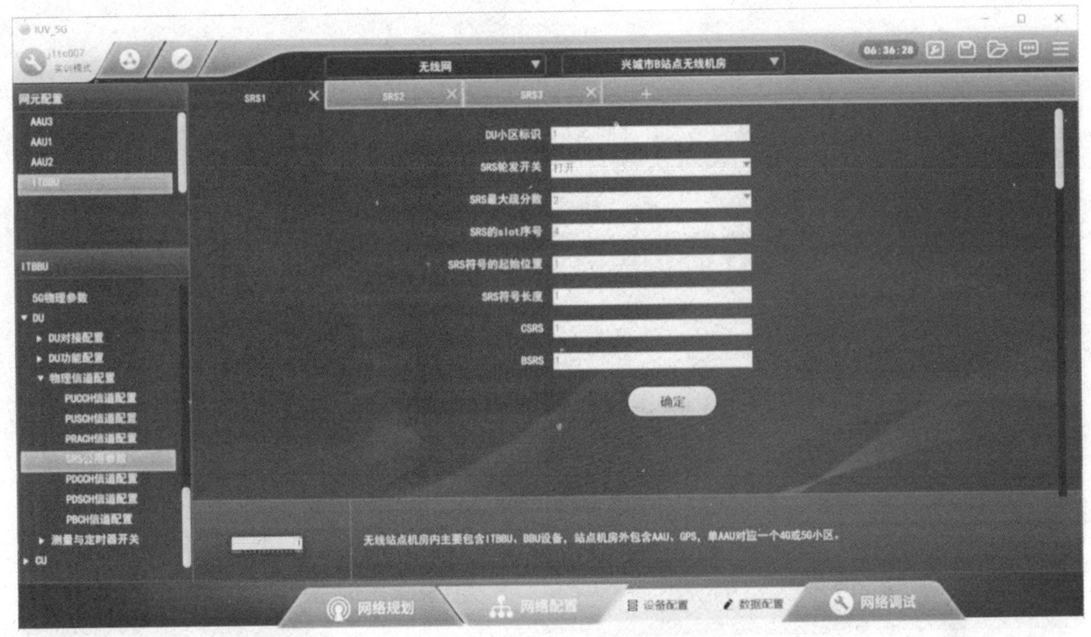

图 2-5-16　SRS 公共参数配置

“PUCCH 信道配置”“PUSCH 信道配置”“PDCCH 信道配置”“PDSCH 信道配置”“PBCH 信道配置”这里暂不配置。

（4）测量与定时器开关

单击“测量与定时器开关”，打开折叠选项，单击“小区业务参数配置”，依次完成 3 个小区的业务参数配置，如图 2-5-17 所示。

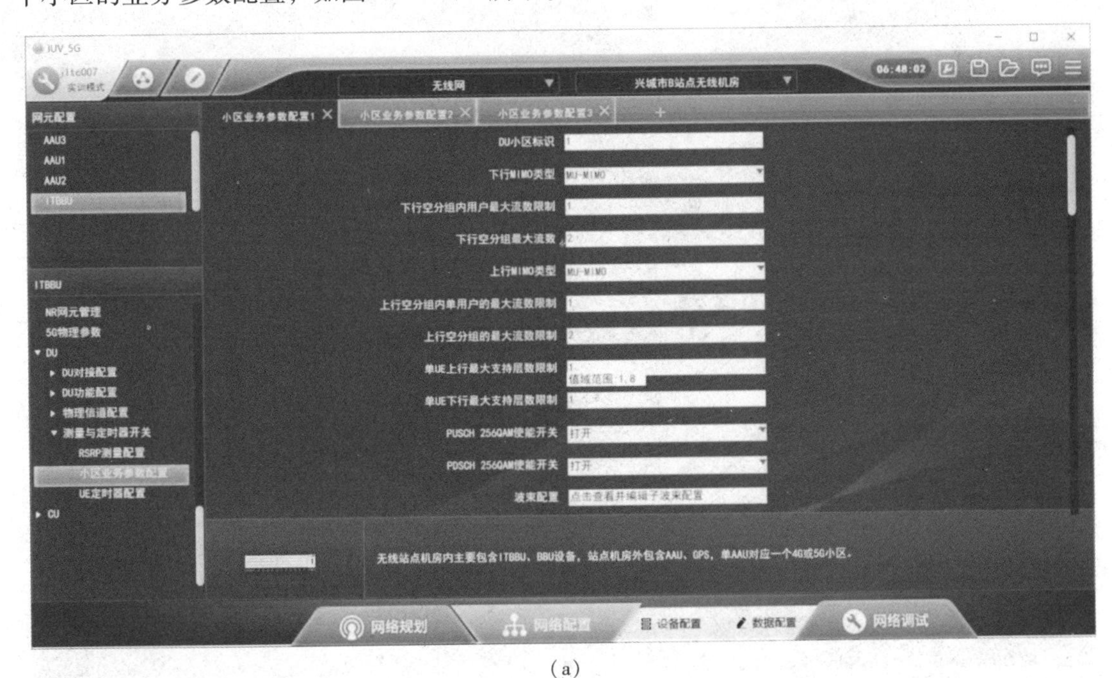

（a）

图 2-5-17　小区业务参数配置

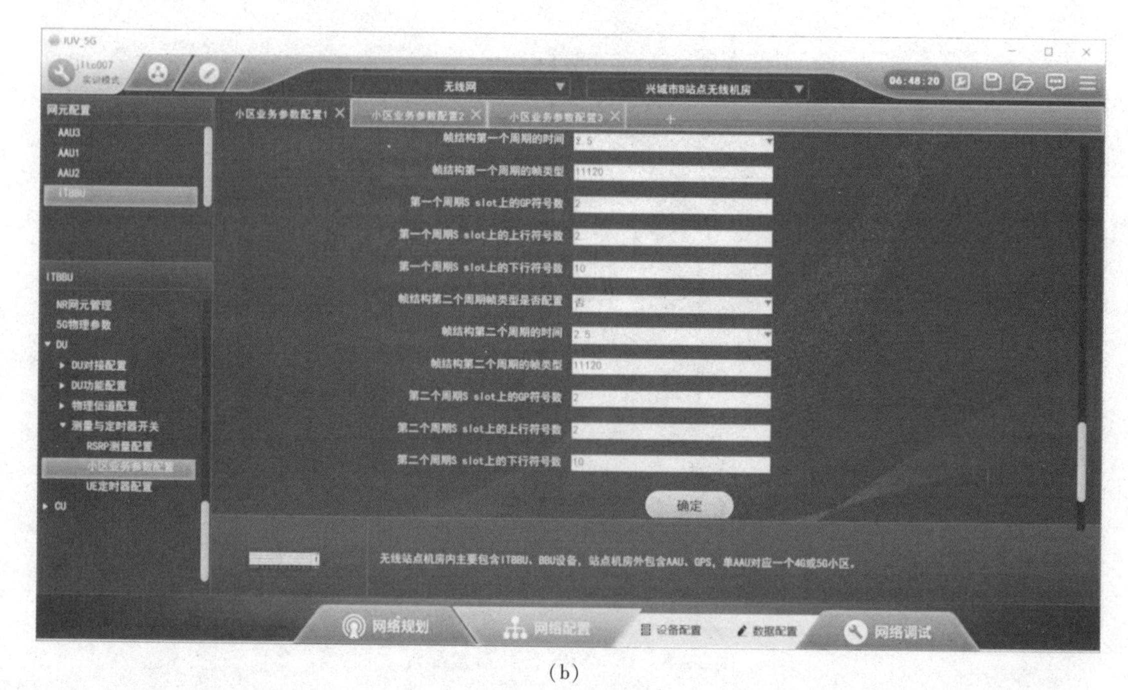

(b)

图 2-5-17　小区业务参数配置（续）

5. CU 配置

单击“ITBBU”下的“CU”，打开 CU 参数配置列表。

(1) gNBCUCP 功能

单击“gNBCUCP 功能”，打开折叠选项，单击“CU 管理”，填写基站基本信息，如图 2-5-18 所示。

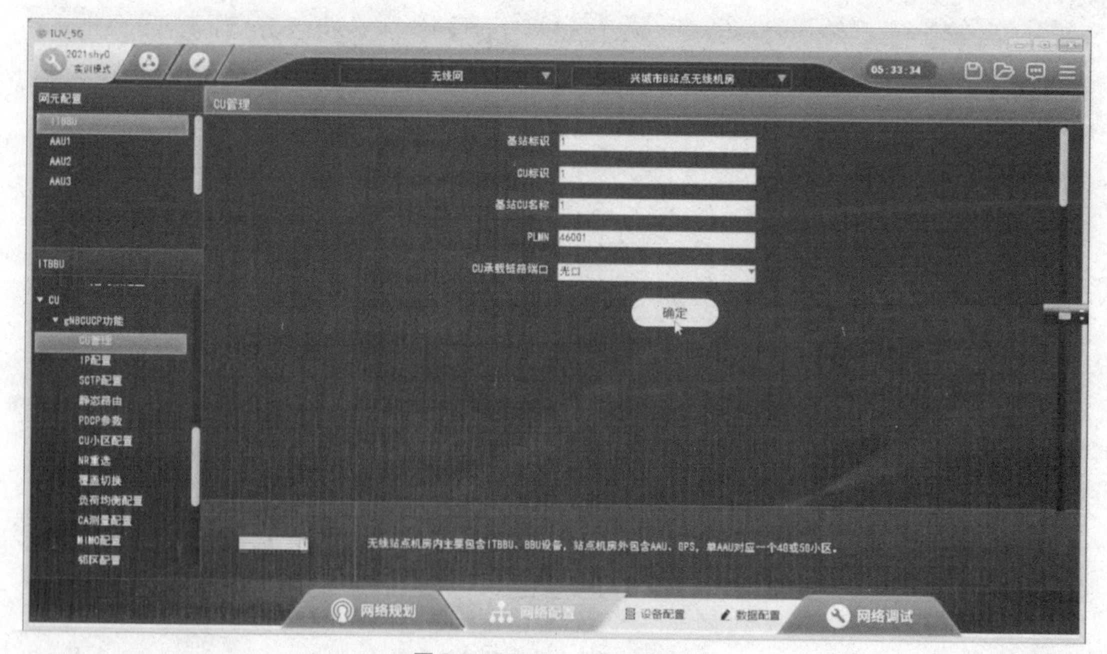

图 2-5-18　CU 管理配置

单击“IP 配置”，配置 IP 数据，VLAN ID 为 30，如图 2-5-19 所示。

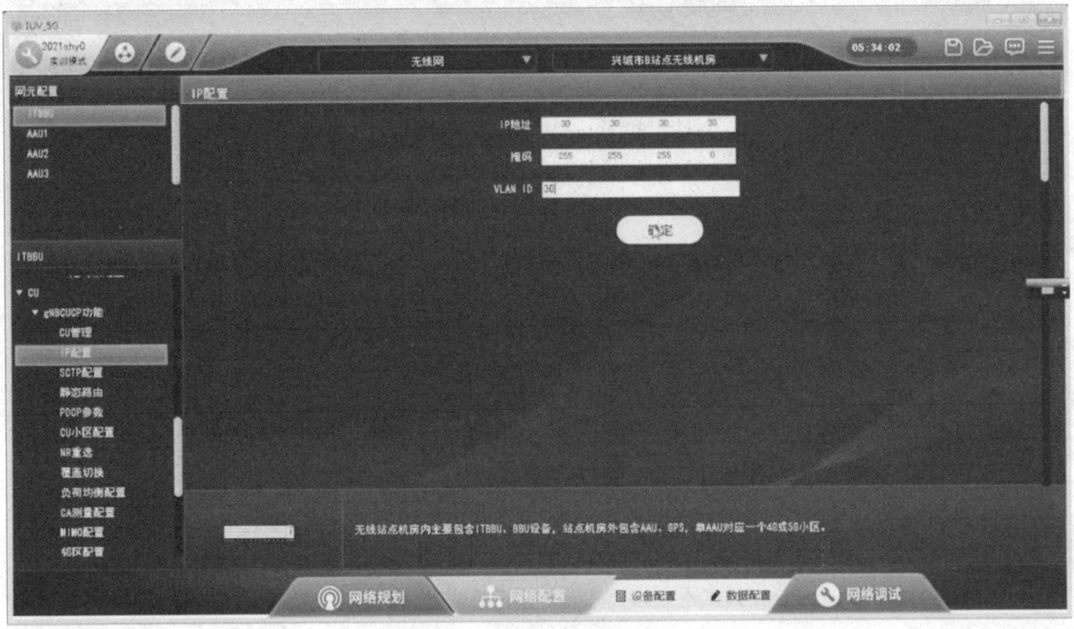

图 2-5-19 IP 配置

单击“SCTP 配置”，分别添加 CUCP 对应的 3 条链路数据，如图 2-5-20 所示。

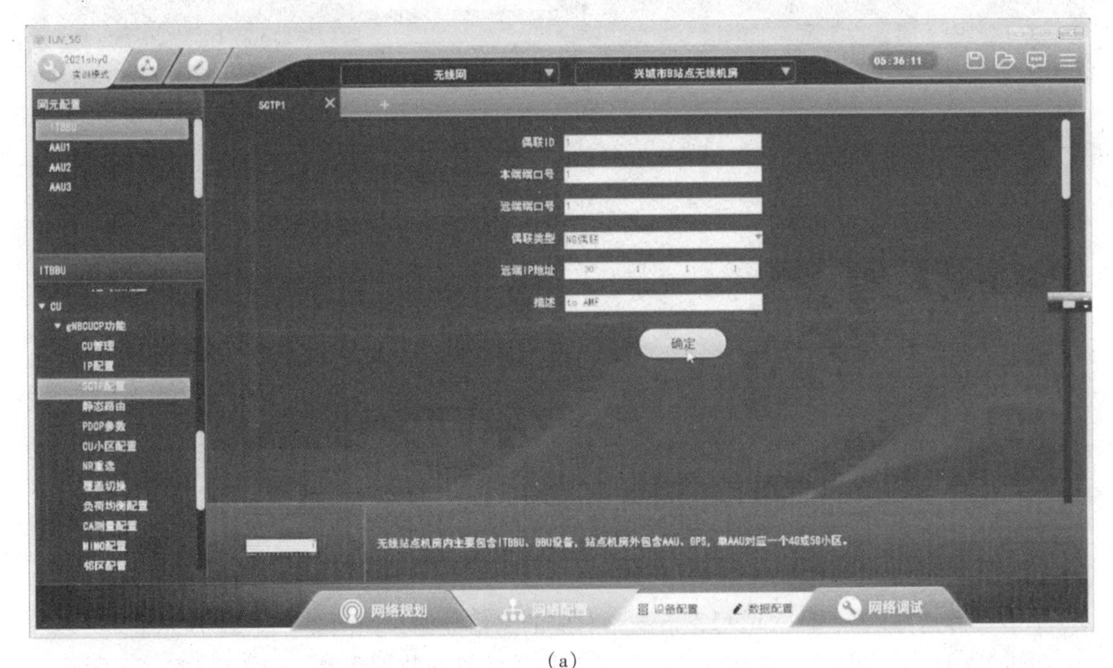

（a）

图 2-5-20 SCTP 配置

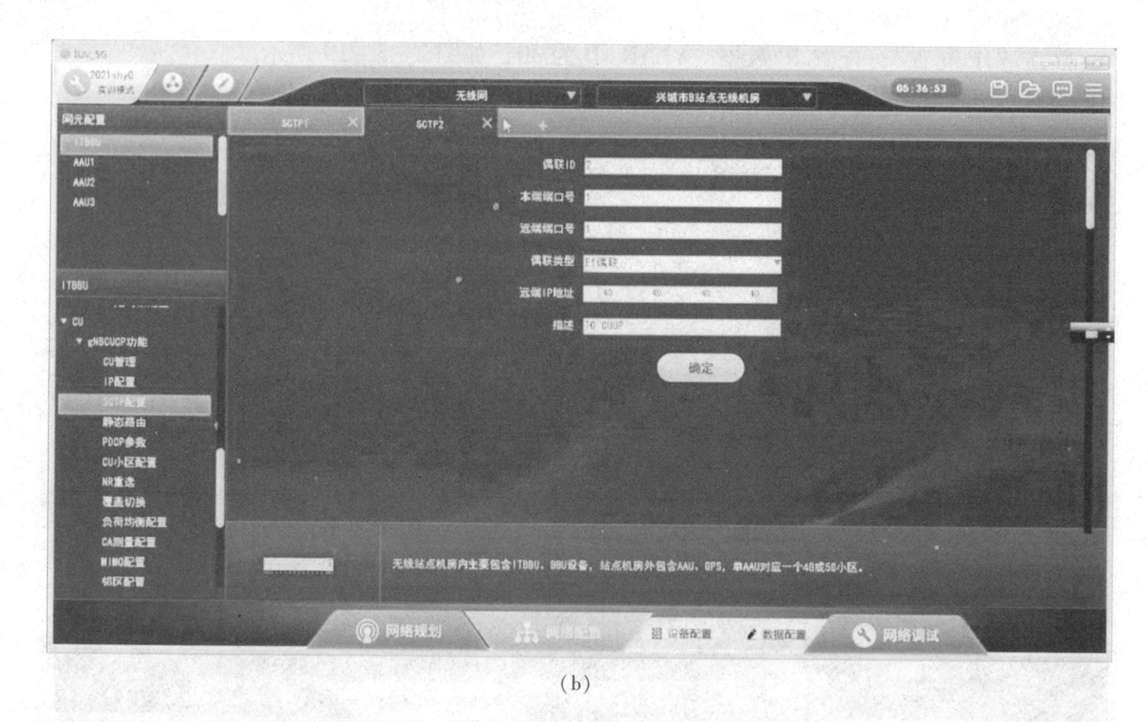

(b)

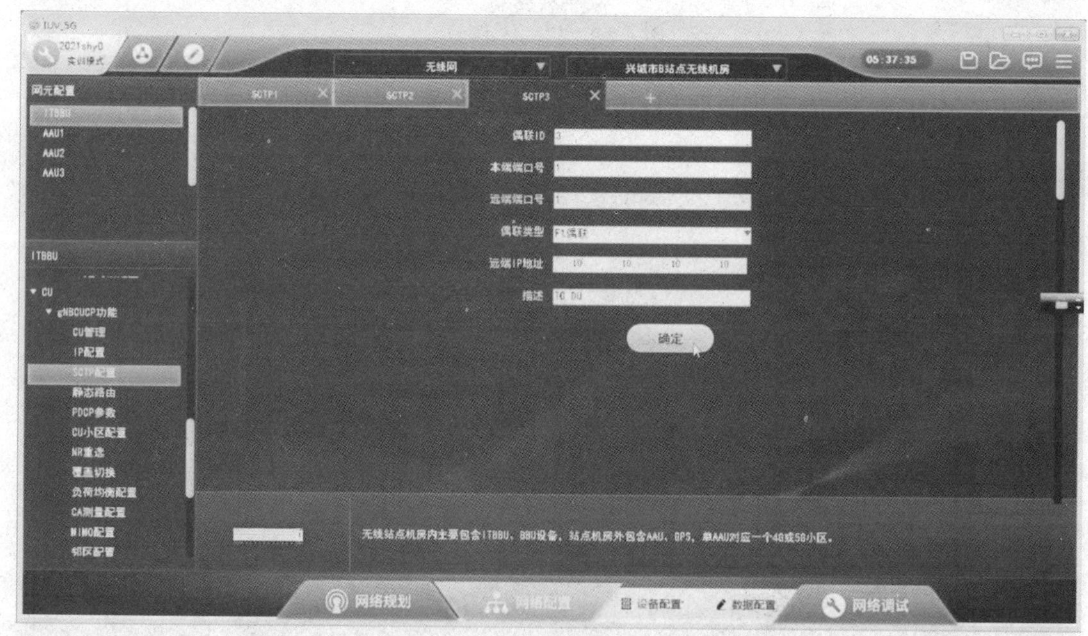

(c)

图 2-5-20　SCTP 配置（续）

单击“静态路由”，依次填写 3 条链路对应的路由数据，如图 2-5-21 所示。

单击“CU 小区配置”，完成 3 个小区的属性等信息的数据配置，如图 2-5-22 所示。

图 2-5-21　静态路由配置

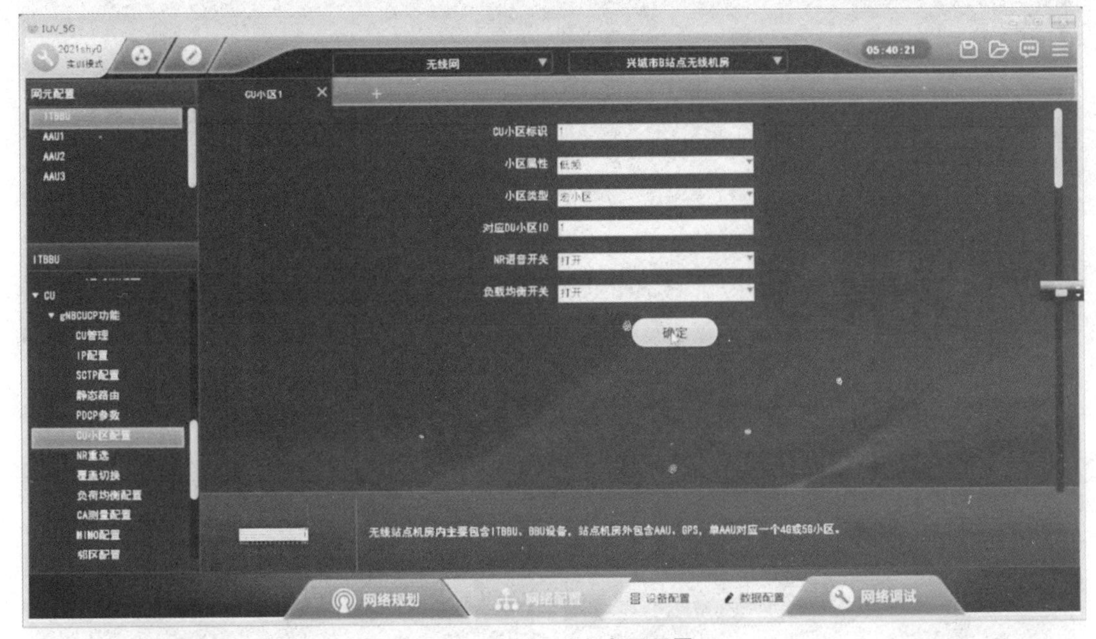

图 2-5-22　CU 小区配置

“PDCP 参数”“NR 重选”“覆盖切换”“符合均衡配置”“CA 测量配置”“MIMO 配置”“邻区配置”“邻区关系配置”“增强双连接功能”“非连接接受配置参数”“Inactive 参数”等选项，在本任务中暂不配置。

（2）gNBCUUP 功能

单击“gNBCUUP 功能”，打开折叠选项，单击“IP 配置”，配置 CUUP 的 IP 地址数据，VLAN ID 为 40，如图 2-5-23 所示。

单击“SCTP 配置”，分别配置 CUUP 的 2 条链路的 SCTP 数据，如图 2-5-24 所示。

单击“静态路由”，分别配置 2 条链路的静态路由数据，如图 2-5-25 所示。

“加密完保安全能力”使用默认配置，“网络切片”在本任务中暂不配置。

6. 承载网配置

在界面上方下拉选项中选择“承载网”→“兴城市 B 站点机房”。

单击“SPN1”下的“逻辑接口配置”，打开折叠选项，单击“配置子接口”，依次完成 DU、CUCP、CUUP 的地址填写，如图 2-5-26 所示。

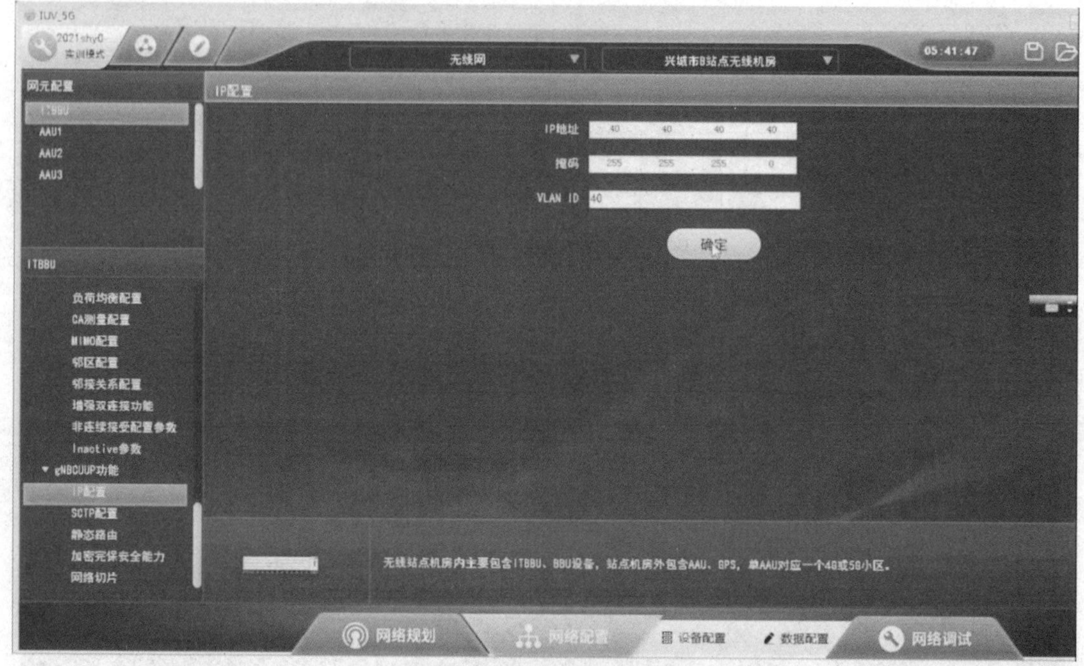

图 2-5-23　CUUP IP 配置

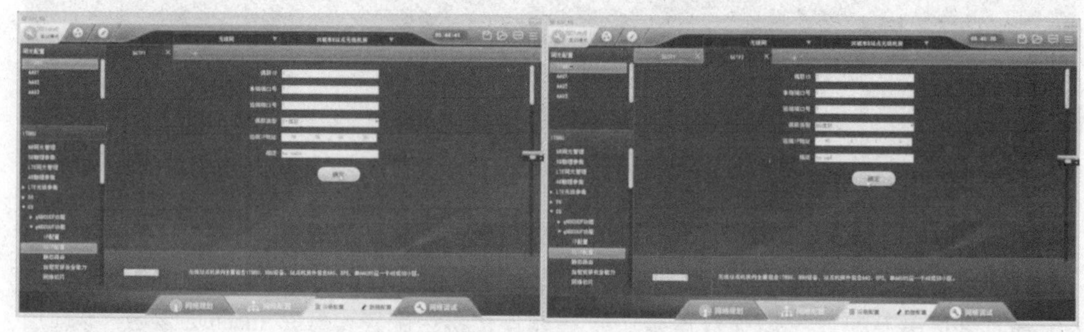

图 2-5-24　SCTP 配置

图 2-5-25　静态路由配置

图 2-5-26　配置子接口

单击“OSPF 路由配置”，打开折叠选项，单击“OSPF 全局配置”，设置 OSPF 全局配置，如图 2-5-27 所示。

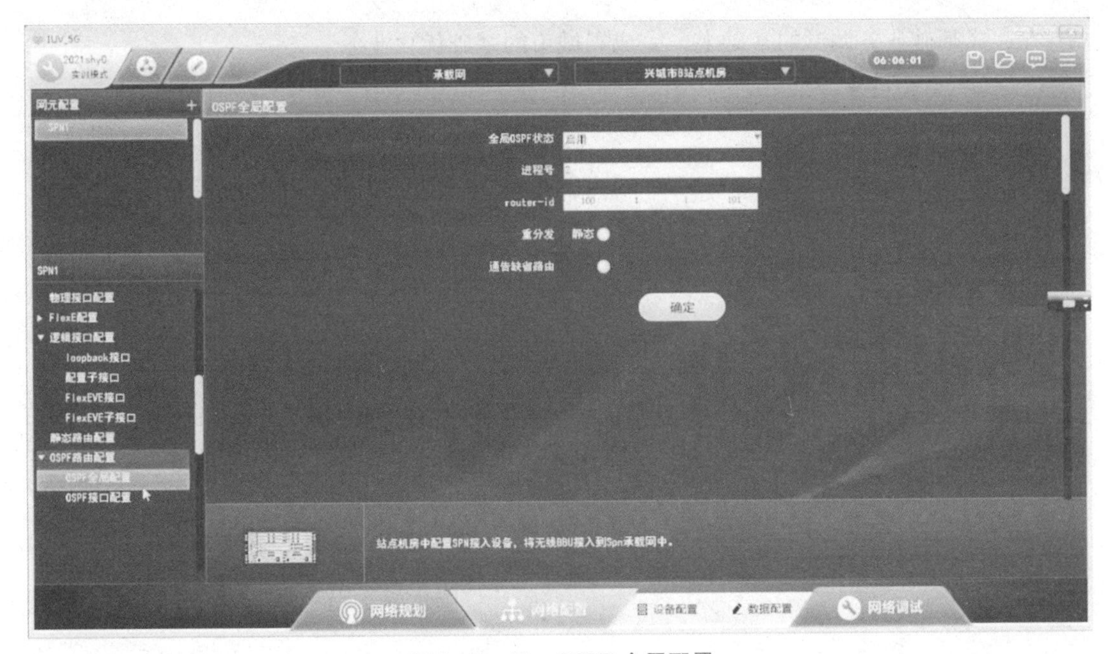

图 2-5-27　OSPF 全局配置

单击“OSPF 接口配置”，启用 3 个接口，如图 2-5-28 所示。

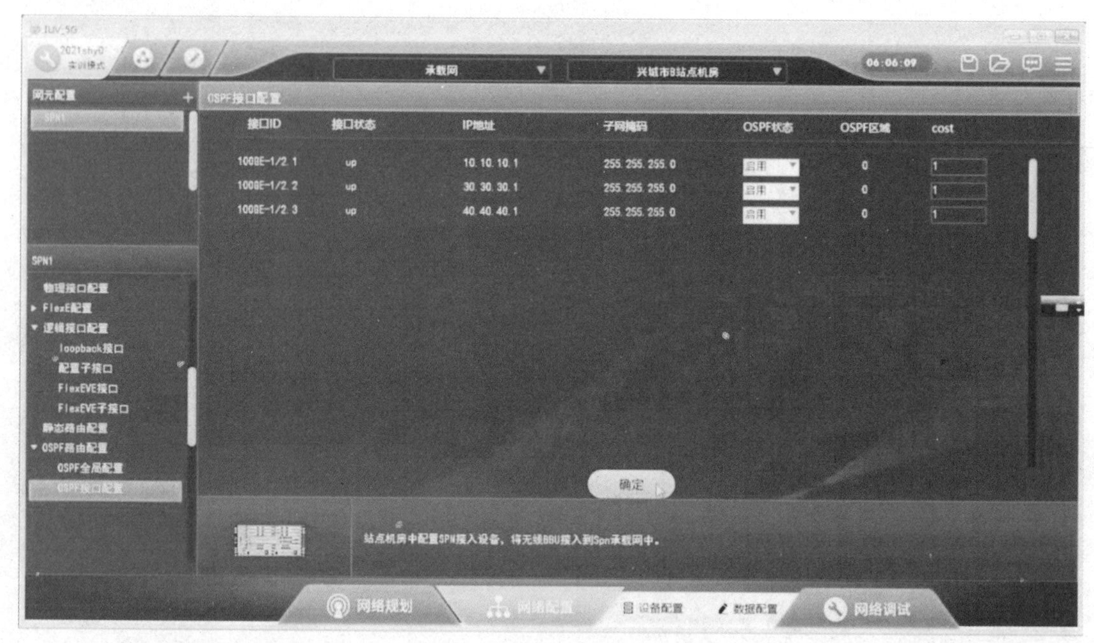

图 2-5-28　OSPF 接口配置

5.7　拓展任务

在完成基础业务调试的基础上，完成兴城市的基础优化业务。

任务6　重选切换业务调试

学习目标

1. 理解重选切换业务的原理；
2. 掌握影响重选切换业务正常进行的主要参数；
3. 掌握重选切换业务的调试流程及方法。

建议学时

4 学时

6.1　任务描述

在完成定点测试后进行 DT 测试，要求小区重选和切换测试成功率达到 100%，完成 X4 ~ X6 的重选与切换，重选次数不大于 2 次，切换次数不大于 3 次。

6.2　任务分析

分析工作任务的主要内容，查阅资料，需明确表 2-6-1 中的主要问题。

表 2-6-1　任务分析表

序号	问题	答案	备注
1	重选业务正常进行的参数有哪些？		
2	重选业务与切换业务有哪些不同？		
3	在完成优化业务调试的基础上，重选业务还需要配置哪些参数？		

6.3　方案制订

根据任务要求，制作小组工作方案。

6.4 任务实施

用1+X 5G全网建设软件按照表2-6-2的步骤进行重选切换业务调试。

表2-6-2 任务实施

<table>
<tr><th>序号</th><th colspan="2">操作步骤</th><th>操作方法</th><th>操作记录</th></tr>
<tr><td rowspan="2">1</td><td rowspan="2">站点选址</td><td>放置铁塔</td><td>在“网络规划”→“站点选址”中选择适当的位置放置铁塔
根据覆盖环境选择铁塔类型；根据测试点的位置选择放置位置</td><td></td></tr>
<tr><td>铁塔参数配置</td><td>配置塔高、下倾角、方位角</td><td></td></tr>
<tr><td rowspan="2">2</td><td rowspan="2">核心网数据配置</td><td rowspan="2">HSS-APN管理</td><td>QoS分类识别码：1.5，9</td><td></td></tr>
<tr><td>Priofile管理中速率足够大</td><td></td></tr>
<tr><td rowspan="5">3</td><td rowspan="5">无线侧数据配置ITBBU</td><td>1. DU对接配置</td><td>以太网接口配置“接收带宽”和“发送带宽”足够大</td><td></td></tr>
<tr><td>2. DU功能配置</td><td>BWPUL参数中RB个数足够大
BWPDL参数中RB个数足够大</td><td></td></tr>
<tr><td>3. 物理信道配置</td><td>PUCCH、PUSCH、PDCCH、PDSCH、PBCH信道均需配置，只要DU小区标识不错，其他值选择值域范围内的默认值即可</td><td></td></tr>
<tr><td>4. 测试开关配置</td><td>RSRP测量配置：测量上报类型（SSB RSRP或SSB AND CSI RSRP）
小区业务参数配置：配置波束，波束连续，测试点一定要被波束覆盖。子波束的个数小于时域图谱位置中“1”的个数</td><td></td></tr>
<tr><td>5. CU配置</td><td>NR重选：做重选业务时，根据重选的条件进行计算，设置小区所需的最小RSRP接收水平（dBm）、小区所需的最小RSRP接收电平偏移、同频测量RSRP判决门限、服务小区重选迟滞等</td><td></td></tr>
<tr><td>4</td><td>测试终端配置</td><td colspan="2">单击“网络调试”→“网络优化”→“手机终端”，收发模式：4T4R</td><td></td></tr>
</table>

6.5　考核评价（表 2-6-3）

表 2-6-3　考核评价表

考核项目	考核内容	分值	评分细则	自我评价	小组评价	教师评价
职业素养	不迟到、不早退	2	违反一次不得分			
	积极思考、回答问题	4	根据上课情况统计			
	精益求精	4	能提出改进建议且效果明显			
	创新精神	4	优化操作步骤			
	诚实劳动	4	独立操作完成任务			
	执行命令	2	根据任务完成过程统计			
岗位技能	重选业务	25	重选次数 1 次，成功率 100%，评分 25； 重选次数 2～3 次，成功率 100%，评分 20； 重选次数 3 次以上，成功率 100%，评分 15； 其他记 0 分			
	切换业务	25	切换次数 1 次，成功率 100%，评分 25； 切换次数 2 次，成功率 100%，评分 20； 切换次数 3 次，成功率 100%，评分 15； 其他记 0 分			
行业知识	重选业务	15	根据测试结果赋分			
	切换业务	15	根据测试结果赋分			

6.6　知识点精

移动性管理主要有重选和切换两方面。如图 2-6-1 所示，用户在移动过程中，手机信号由 1 小区变为 2 小区，在此过程中，如果手机处于业务状态，如在通话，叫作切换，切换发生在连接态；如果手机此时处于空闲的状态，叫作小区重选，重选发生在空闲态和非激活态。

图 2-6-1 移动性管理

6.6.1 重选

小区重选按照小区选择、重选测量、重选启动的顺序进行。

1. 小区选择

小区选择遵循 S 准则，即 S>0 时，小区选择，也就是说，UE 选择一个小驻留。

$$Srxlev = Qrxlevmeas - (Qrxlevmin + Qrxlevminoffset) - Pcompensation$$

公式中的参数见表 2-6-4。

表 2-6-4 小区重选 S 准则参数说明

Srxlev	小区选择接收电平值（dB）
Qrxlevmeas	测量小区接收电平值（RSRP）
Qrxlevmin	小区要求的最小接收电平值（dBm）
Qrxlevminoffset	相对于 Q 的偏移量，放置“乒乓”，选择 rxlevmin
Pcompensation	max {Pemax - Pumax, 0}（dB）
Pemax	UE 上行发射时，可以采用的最大发射功率（dBm），23
Pumax	UE 能发射的最大输出功率（dBm）

UE 的最大发射功率不一定都满足基站覆盖边缘要求的 UE 在上行的最大发射功率，所以在 S 准则中加入功率补偿，如果 UE 最大发射功率小于设定的标准（3GPP 协议规定的 UE 最大发射功率是 23 dBm），则返回一个功率补偿值，提高该 UE 通过 S 准则的门槛。这样可以保证接入网络的 UE 最大发射功率满足上下行平衡的要求，避免允许一些最大发射功率不足的 UE 在小区边缘接入网络而出现上行功率受限的情况。

2. 重选测量

UE 成功驻留后，将持续进行本小区信号测量，RRC 层根据 RSRP 测量结果计算 Srxlev，并将其与 Sintrasearch 和 Snonintrasearch 比较，作为是否启动邻区测量的判决条件。

对于重选优先级高于服务小区的载频，UE 始终对其测量。

对于重选优先级等于或者低于服务小区的载频：

①同频：

当服务小区 Srxlev > Sintrasearch 时，UE 自行决定是否进行同频测量；

当服务小区 Srxlev ≤ Sintrasearch 或系统消息中 Sintrasearch 为空时，UE 必须进行同频测量。

②异频：

当服务小区 Srxlev > Snonintrasearch 时，UE 自行决定是否进行异频测量；

当服务小区 Srxlev ≤ Snonintrasearch 或系统消息中 Snonintrasearch 为空时，UE 必须进行异频测量。

重选测量参数见表2-6-5。

表2-6-5 重选测量参数说明

参数名	单位	意义
Srxlev	dB	小区接收电平
Snonintrasearch	dB	小区重选的异频测量启动门限，该值越大，异频测量启动越快
Sintrasearch	dB	小区重选的同频测量触发门限，该值越大，同频测量启动越快

3. 重选启动

同频小区及同优先级异频重选判决遵循R准则。R准则公式如下：

服务小区 Cell Rank(R值)Rs = Qmeas, s + Qhyst

候选小区 Cell Rank(R值)Rt = Qmeas, t - Qoffset

当邻小区Rn大于服务小区Rs，并持续Treselection，同时UE已在当前服务小区驻留超过1 s以上时，则触发向邻小区的重选流程。参数说明见表2-6-6。

表2-6-6 R准则参数说明

参数名	单位	意义
Qmeas,s	dBm	UE测量到的服务小区RSRP实际值
Qmeas,t	dBm	UE测量到的邻小区RSRP实际值
Qhyst	dB	服务小区的重选迟滞，常用值：2 （可使服务小区的信号强度被高估，延迟小区重选）
Qoffsets	dB	被测邻小区的偏移值：包括不同小区间的偏移（Qoffsets,t）和不同频率之间的偏移（Qoffsetfrequency），常用值：0 （可使相邻小区的信号或质量被低估，延迟小区重选；还可根据不同小区、载频设置不同偏置，影响排队结果，以控制重选的方向）
Treselection	s	该参数指示了同优先级小区重选的定时器时长，用于避免“乒乓”效应

4. 优先级不同的异频小区重选判决

高优先级小区重选判决准则：

①UE在当前小区驻留超过1 s；

②高优先级邻区的 Snonservingcell > Threshx,high；

③在一段时间（Treselection - EUTRA）内，Snonservingcell 一直好于该阈值（Threshx,high）。

同时满足以上3个条件，UE重选至高优先级的异频小区。

低优先级小区重选判决准则：

①UE驻留在当前小区超过1 s；

②高优先级和同优先级频率层上没有其他合适的小区；

③低优先级邻区的 Snonservingcell,x > Threshx,low；

④在一段时间(Treselection - EUTRA)内，Snonservingcell,x 一直好于该阈值(Threshx,low)。

同时满足以上4个条件，UE重选至低优先级的异频小区。参数说明见表2-6-7。

表2-6-7　不同级别异频小区重选准则

参数名	单位	意义
Threshserving,low	dB	小区满足选择或重选条件的最小接收功率级别值
Threshx,high	dB	小区重选至高优先级的重选判决门限，越小，则重选至高优先级小区越容易，一般设置为高于Threshserving,low
Threshx,low	dB	重选至低优先级小区的重选判决门限，越大，则重选至低优先级小区越困难，一般设置为高于Threshserving,high
Threselection-EUTRA	S	该参数指示了优先级不同的LTE小区重选的定时器时长，用于避免"乒乓"效应

6.6.2　切换

Option 3x网络中，切换主要分为LTE系统内切换和NR系统内切换。切换按照测量、判决、执行三个流程进行。

测量：由RRCConnectionReconfiguration消息携带下发；测量NR的SSB、EUTRAN的CSI-RS。

判决：UE上报MR（该MR可以是周期性的，也可以是事件性的），基站判断是否满足门限。

执行：基站将UE要切换到的目标小区下发给UE。

网管侧可根据实际情况配置具体的切换测量事件类型，现网多采用A3事件作为切换测量事件。A3事件终端测量机制如图2-6-2所示。

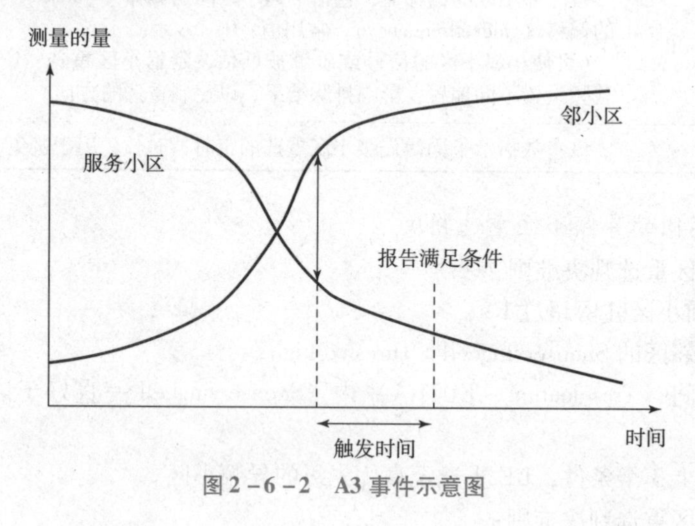

图2-6-2　A3事件示意图

当终端满足（A3事件）$Mn+Ofn+Ocn-Hys>Ms+Ofs+Ocs+Off$ 且维持Time to Trigger个时段时，上报测量报告。

当 $Mn+Ofn+Ocn+Hys\leq Ms+Ofs+Ocs+Off$ 时，离开事件。

其中，Mn是邻小区测量值；Ofn是邻小区频率偏移；Ocn是邻小区偏置；Hys是迟滞值；Ms是服务小区测量值；Ofs是服务小区频率偏移；Ocs是服务小区偏置；Off是测量结果偏置。

NR 可使用的切换事件见表 2-6-8，切换事件具体算法见 3GPP TS 38.331.5.5.4。

表 2-6-8 切换事件

事件类型	事件含义
A1	服务小区高于绝对门限
A2	服务小区低于绝对门限
A3	邻小区-服务小区高于绝对门限
A4	邻小区高于绝对门限
A5	邻小区高于绝对门限且服务小区低于绝对门限
A6	载波聚合中，辅载波与本区的 RSRP/RSRQ/SINR 差值比该值实际功率值大时，触发 RSRP/RSRQ/SINR 上报
B1	异系统邻区高于绝对门限
B2	本系统服务小区低于绝对门限且异系统邻区高于绝对门限

切换功能对应事件策略见表 2-6-9。

表 2-6-9 切换功能对应事件策略

功能	事件
基于覆盖的同频测量	A3，A5
释放 SN 小区	A2
更改 SN 小区	A3
CA 增加 Scell 测量	A4
CA 删除 Scell 测量	A2
基于覆盖的异频测量	A3，A5
打开用于切换的异频测量	A2
关闭用于切换的异频测量	A1

6.6.3 操作示范

首先需配置 X4、X6 定点测试成功，完成切换需新增如下参数。

（1）覆盖切换配置（图 2-6-3）

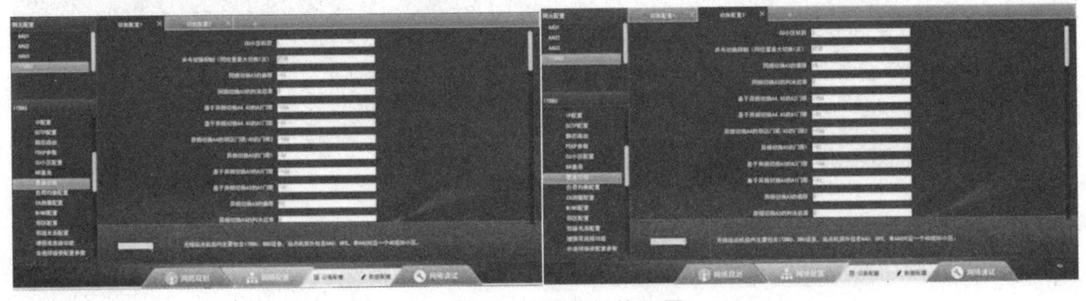

图 2-6-3 覆盖切换配置

（2）邻小区配置（图2-6-4）

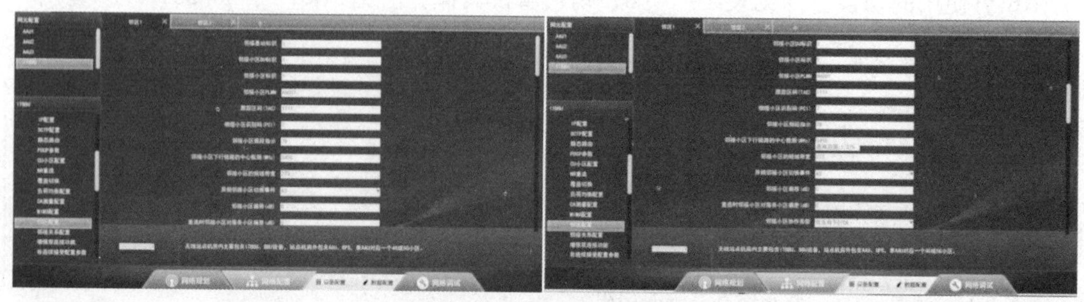

图2-6-4　邻小区配置

（3）邻接关系配置（图2-6-5）

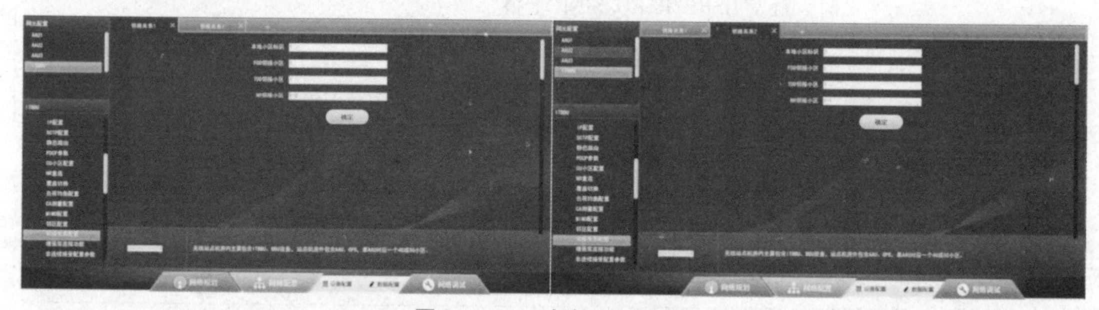

图2-6-5　邻接关系配置

（4）增强双链接功能配置（图2-6-6）

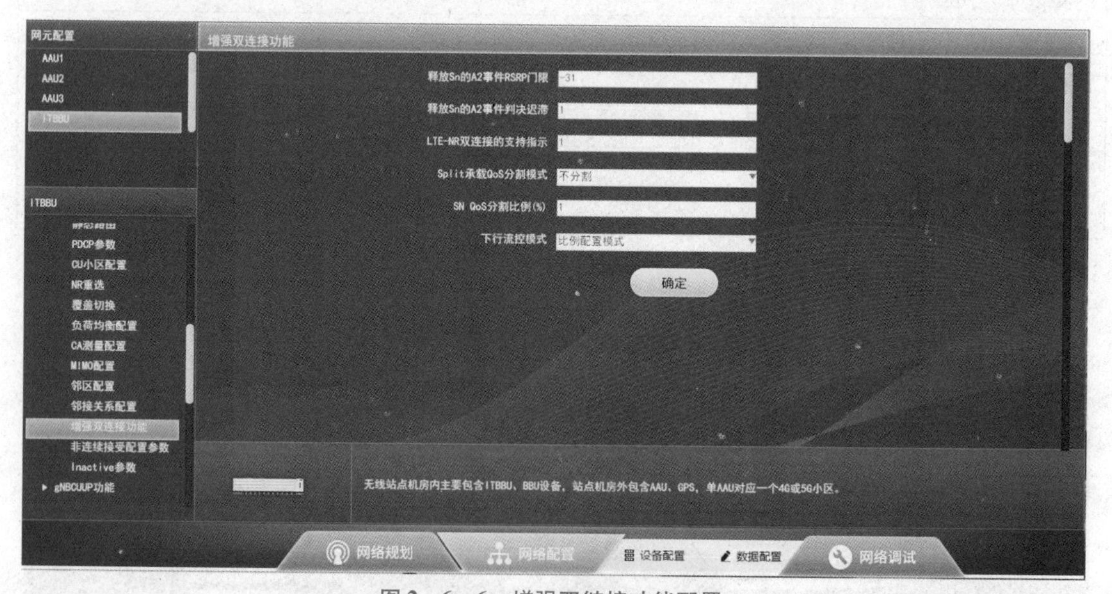

图2-6-6　增强双链接功能配置

完成后进行切换测试，选用兴城市进行X4、X6双向切换测试，如图2-6-7所示。

图 2-6-7　切换调试界面

6.7　拓展任务

完成建安市 J7→J6→J5→J4 的重选切换业务调试。

任务7　Option 2 网络漫游调试

学习目标

1. 理解漫游的原理；
2. 了解漫游流程；
3. 掌握漫游业务的配置方法。

建议学时

2 学时

7.1　任务描述

前期基础业务、优化业务、重选和切换业务的调试基本完成，现要进行城市间的漫游业务配置，完成 S_4 与 H_3 小区双向漫游。

7.2　任务分析

分析工作任务的主要内容，查阅资料，补全表 2－7－1 中的对接关系。

表 2－7－1　任务分析表

组网方式	对接关系	作用
Option 3x 架构		MME 去访问对方城市的 HSS，进行接入鉴权等信息的鉴别认证以及对方城市的号码分析、接入
		HSS 去对接对方城市的 MME，来反馈鉴别后的 MME 接入的 HSS 的信息
Option 2 架构		MME 去访问对方城市的 UDM，进行接入鉴权等信息的鉴别认证以及对方城市的号码分析、接入
		HSS 去访问对方城市的 AMF、SMF，来反馈鉴别后的 AMF、SMF 接入的 HSS 的信息

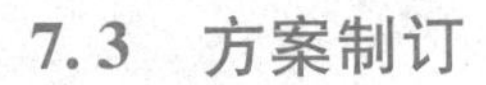

7.3　方案制订

7.4　任务实施

以 XCB3 - JAC1 为例，用 1 + X 5G 全网建设软件按照表 2 - 7 - 2 步骤进行仿真建设。

表 2 - 7 - 2　任务实施

序号	操作步骤	网元	操作提示	操作记录
1	打开软件，单击“数据配置”→“建安市”→“核心网”	MME	（1）与 HSS 对接配置：添加与 UDM 的 diameter 连接。注意区分客户端与服务端。 （2）号码分析配置：添加兴城市 UDM 的 SUPI 号分析。 （3）路由配置：增加对 UDM 的路由	
2	单击“数据配置”→“兴城市”→“核心网”	UDM	虚拟路由配置：添加至 MME 的 S6a 接口路由	
3	单击“数据配置”→“建安市”→“核心网”	HSS	（1）与 MME 对接配置：分别添加至兴城市 AMF 和 SMF 的对接配置。 （2）路由配置：分别添加至 AMF 和 SMF 的静态路由	
4	单击“数据配置”→“兴城市”→“核心网”	AMF	虚拟路由配置：添加至 HSS 的 S6a 接口路由	
		SMF	虚拟路由配置：添加至 HSS 的 S6a 接口路由	

7.5 考核评价（表 2－7－3）

表 2－7－3 考核评价表

考核项目	考核内容	分值	评分细则	自我评价	小组评价	教师评价
职业素养	不迟到、不早退	4	违反一次不得分			
	团队协作精神	4	团队分工明确，任务完成顺利			
	精益求精	4	能提出改进建议且效果明显			
	创新精神	4	优化操作步骤			
	课堂积极性	4	根据上课情况统计			
	执行命令	5	根据任务完成过程统计			
技能素养	漫游业务验证成功	40	单向成功 20 分			
知识素养	漫游原理	20	根据测试结果赋分			
	漫游流程	10	根据测试结果赋分			
	漫游配置	5	根据课堂表现赋分			

7.6 知识点精

7.6.1 漫游基础

根据归属地与拜访地的差异，漫游可分为 Local breakout（LBO）漫游与 Homrouted（HR）漫游两种类型，软件采用的是 Local breakout（LBO）类型。如图 2－7－1 和图 2－7－2 所示。

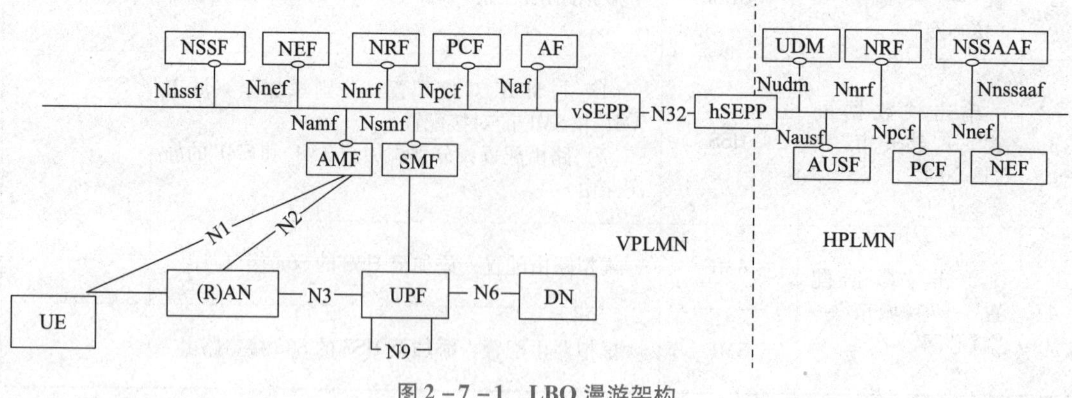

图 2－7－1 LBO 漫游架构

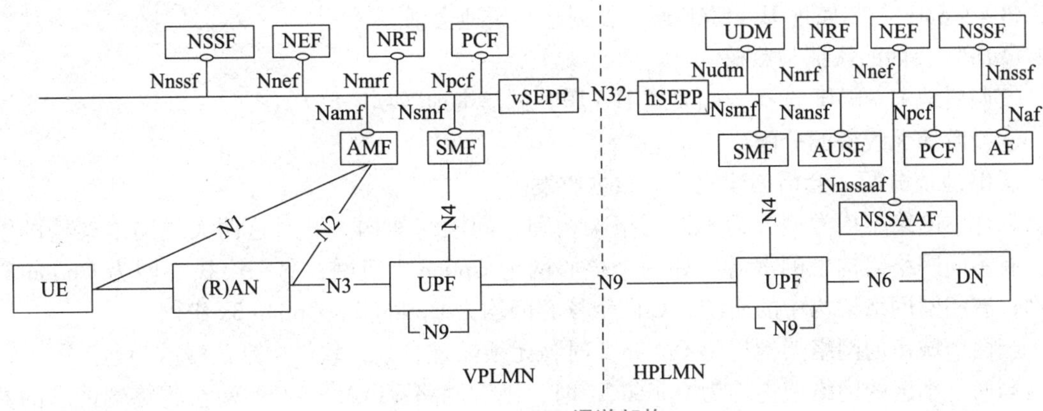

图 2-7-2　HR 漫游架构

LBO 漫游：SMF 和会话使用的 UPF 均由 VPLMN 控制。

HR 漫游：PDU 会话由 HPLMN 的 SMF、UPF 和 VPLMN 的 SMF、UPF 共同控制，UPF 由同 PLMN 的 SMF 选择。

5GC 之间的漫游流程如图 2-7-3 所示。

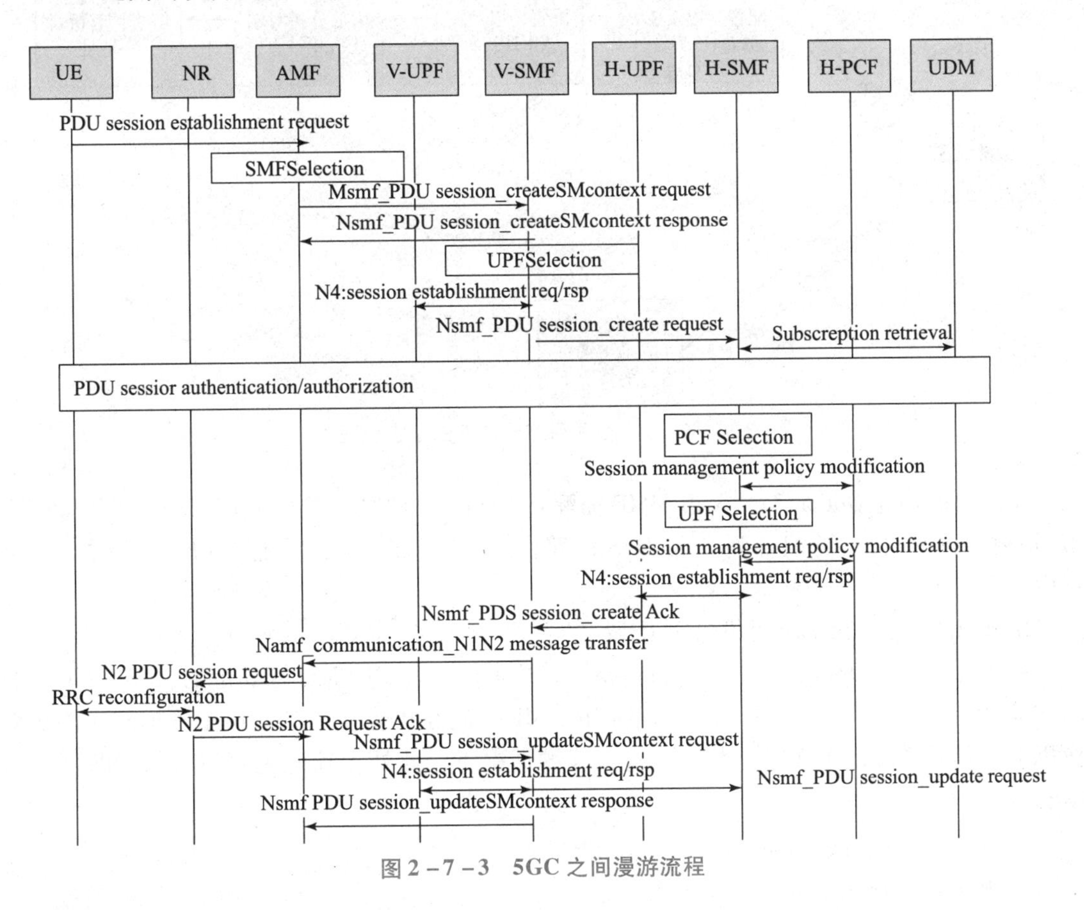

图 2-7-3　5GC 之间漫游流程

①AMF 选择本地 V-SMF 服务，创建 SM 会话上下文。

②SMF 选择本地 V-UPF 服务，创建 N4 上下文。

③V－SMF 与归属地 H－SMF 通信，创建归属地会话。

④DPU 会话的认证与鉴权。

⑤归属地 H－SMF 选择，归属地 H－UPF 创建本地 N4 上下文。

⑥漫游地无线资源分配。

⑦IP 地址分配，会话创建完成，数据收发。

软件中网络架构类型分为不同网络架构和相同网络架构。针对这两大类网络架构的漫游，有不同网络架构中的漫游，如一个核心网为 Option 2 组网，另一个核心网为 Option 3x 组网；有相同网络架构中的漫游，如两个核心网均为 Option 2、Option 3x 组网。

当两个城市的网络架构均为 Option 2 时，无须配置参数，软件中默认漫游为通。

当两个小区的网络架构均为 Option 3x 时，漫游网络 VPLMN 的 SGW 会将终端请求的数据转发到 HPLMN 的 PGW 上，它的数据出口在 VPLMN 网络中，MME 与 HSS 互相对接。

7.6.2 漫游配置

1. 相同网络框架下的漫游流程（图 2－7－4）

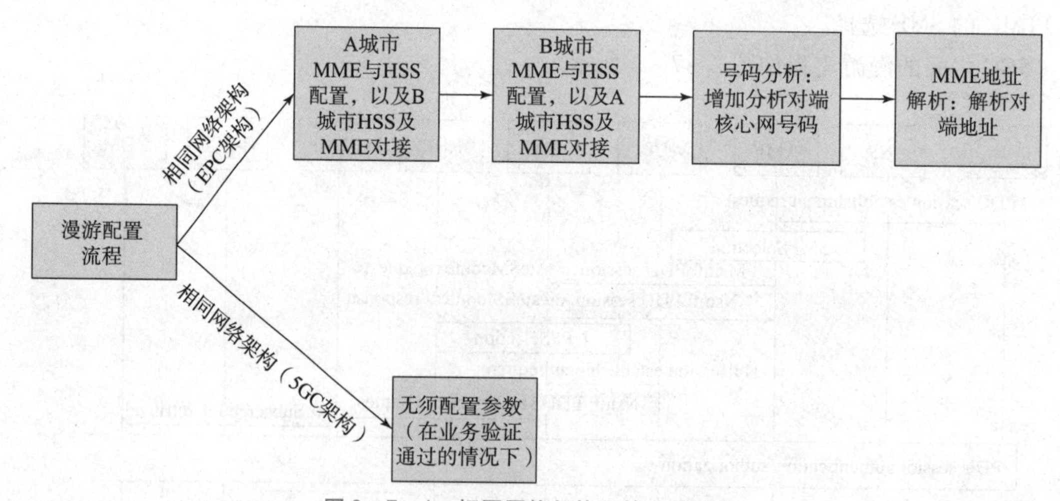

图 2－7－4 相同网络架构下的配置流程

漫游两市均为 Option 3x，A 市 MME 需配置 Diameter 偶联对接至 B 市 HSS；需配置到 B 市 HSS 的号码分析；需配置到 B 市 HSS 的路由。B 市 HSS 需配置至 A 市 MME 的对接及路由。

B 市 MME 及 A 市 HSS 也做上述配置。

漫游两市均为 Option 2 或者 Option 4a，需要确保 A 市的 AMF 与 B 市的 AUSF、A 市的 UDM 与 B 市的 AMF、A 市的 UDM 与 B 市的 SMF 之间互相能 ping 通。由于虚拟网元都在交换机上配置了网关，在确保承载网配置正确的情况下，此处无须配置其他参数，即可成功漫游。

2. 漫游两市为不同架构类型（图 2－7－5）

➢ 2→3x（A 市 3x，B 市 Option 2）

在 A 市 HSS 处添加 B 市 AMF 和 SMF 的 Diameter 连接、偶联应用属性（如填写的是 AMF 客户端地址，即属性为服务器）以及静态路由。

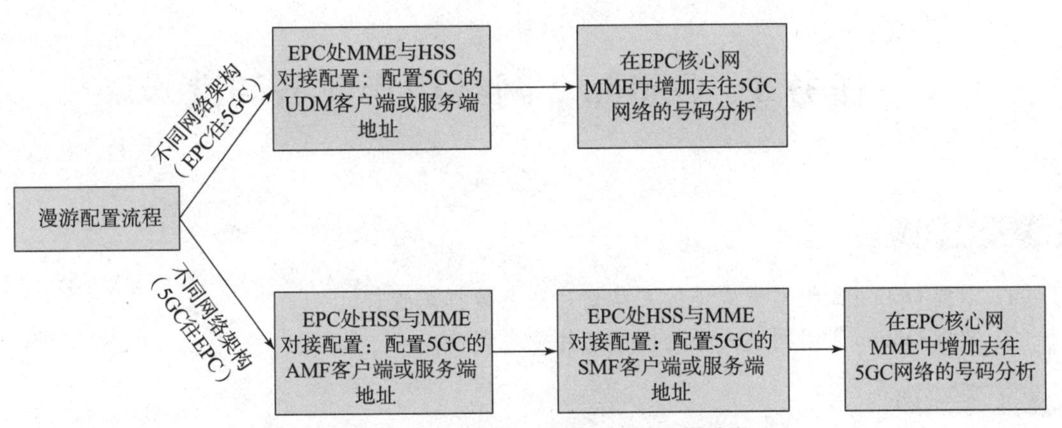

图 2-7-5　不同同网络架构下的配置流程

在 B 市 AMF 与 SMF 处添加去往 A 市 HSS S6a 接口地址的路由。

在 A 市 MME 处与 HSS 对接配置中，增加 B 市号码分析。

➢ 3x→2(A 市 3x，B 市 Option 2)

在 A 市 MME 处与 HSS 对接中增加去往 B 市 UDM 的 Diameter 连接以及路由。

在 B 市 UDM 处添加去往 A 市 MME S6a 接口地址的路由。

在 A 市 MME 处与 HSS 对接配置中增加 B 市号码分析。

7.6.3　操作示范

扫码查看。

切换与漫游实训配置

7.7　拓展任务

完成相同网络架构 Option 2 网络→Option 2 网络的漫游业务调试。

任务8　Option 2 网络切片业务调试

学习目标

1. 掌握 Option 2 组网模式下的网络切片业务数据配置；
2. 掌握 Option 2 组网模式下的网络切片业务调试。

建议学时

2 学时

8.1　任务描述

现已经完成基础业务、优化业务调试，按照建设要求，需要进行智慧医疗的网络切片业务的数据配置与业务调试。

8.2　任务分析

分析工作任务的主要内容，查阅资料，需明确表 2-8-1 中的主要问题。

表 2-8-1　任务分析表

1	网络切片的概念：
2	核心网侧 UDM 网元的数据配置参数及各参数的作用：

续表

3	切片业务的类型及部署流程：

8.3　方案制订

根据任务要求，制作小组工作方案。

8.4　任务实施

按照兴城市规划的5G-Option 2组网架构进行网络切片业务的数据配置与调试，用1+X 5G全网建设软件按照表2-8-2的步骤进行实验模式下的仿真。

表2-8-2　任务实施表

序号	操作步骤	操作提示	操作记录
1	打开软件，进入“网络调试”→“网络优化”→“网络切片编排”模块	（1）当前小区拨测成功 （2）涉及终端要验证的区域基础优化测试要成功	

续表

序号	操作步骤		操作提示	操作记录
2	业务调试与数据配置	1. 下行、上行数据测试	（1）DU 的网络切片配置 （2）CU 的网络切片配置	
		2. 下行、上行速率调试	（1）核心网侧 UDM 用户签约配置 （2）无线网侧小区业务参数配置	
		3. 智慧医疗调试	（1）核心网侧 QoS 配置 （2）无线网侧 QoS 业务配置	
3	切片编排配置		（1）业务 SNSSAI：与核心网一致 （2）业务 SST：uRLLC （3）业务 SD：与核心网一致 （4）DN 属性：医疗本地云	

8.5 考核评价（表 2-8-3）

表 2-8-3 考核评价表

考核项目	考核内容	分值	评分细则	自我评价	小组评价	教师评价
职业素养	不迟到、不早退	2	违反一次不得分			
	团队协作精神	5	团队分工明确，任务完成顺利			
	精益求精	5	能提出改进建议且效果明显			
	创新精神	5	优化操作步骤			
	课堂积极性	5	根据上课情况统计			
技能素养	网络切片配置正确	15	正确配置网络切片参数，错一个参数扣 1 分			
	下行、上行速率调试参数配置正确	20	正确配置影响上下行速率的参数，错一个参数扣 1 分			
	QoS 业务参数配置正确	7	正确配置 QoS 参数，错一个参数扣 1 分			
	上下行速率、远程医疗测试通过	6	三种测试通过，不合格一个扣 2 分			
知识素养	网络切片的概念	10	根据测试结果赋分			
	网络切片的特点	10	根据测试结果赋分			
	网络切片的实现	10	根据测试结果赋分			

8.6 知识点精

8.6.1 网络切片概述

1. 网络切片的概念

从运维管理角度来看，可以假想移动网络是我们的交通系统，车辆是用户，道路是网络。随着车辆的增多，城市道路会变得拥堵不堪。为了缓解这种情况，交通部门会根据车辆和运营方式的不同进行分流管理，移动网络也需要这样的专有通道进行分类管理。

从业务应用角度来看，我们花巨资建设的2G、3G、4G网络，只是实现了单一的电话和上网的业务需求，无法满足数据业务爆炸式增长所带来的新业务需求，因为传统网络就像混凝土房子，一旦建设完成，后续拆、改、建的难度很大。

而5G网络是要面向多连接和多样化业务的，需要能够像积木一样灵活部署，方便地进行新业务快速部署，满足人们日益增长的数据业务需求。

所以，“要有分类管理，要能灵活部署”，网络切片的概念应运而生。

2. 网络切片的特点

网络切片是一种按需组网的方式，可以让运营商在统一的基础设施上切出多个虚拟的端到端网络，每个网络切片在无线接入网、承载网、核心网上进行逻辑隔离，适配各种类型的业务应用。在一个网络切片内，至少包括无线子切片、承载子切片和核心网子切片，如图2-8-1所示。

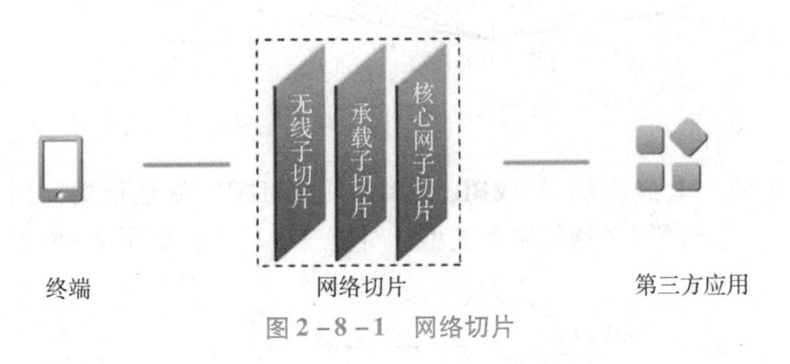

图2-8-1 网络切片

网络切片做到了端到端的按需定制，并能够保证隔离性。

（1）灵活

按需定制：按需提供网络服务，按需提供容量，按需提供切片生命周期，按需分布式部署。

（2）完整

端到端：网络切片至少包含无线接入网、承载网、核心网，也可以包含第三方应用。

（3）安全

隔离性：安全隔离、资源隔离、操作维护隔离，一个切片的异常不会影响到其他切片。

3. 网络切片的实现

要实现网络切片，NFV（网络功能虚拟化）是先决条件。以核心网为例，如图2-8-2所示，NFV从传统网元设备中分解出软硬件的部分。硬件由通用服务器统一部署，软件部分由不同的 NF（网络功能）承担，从而实现灵活组装业务的需求。

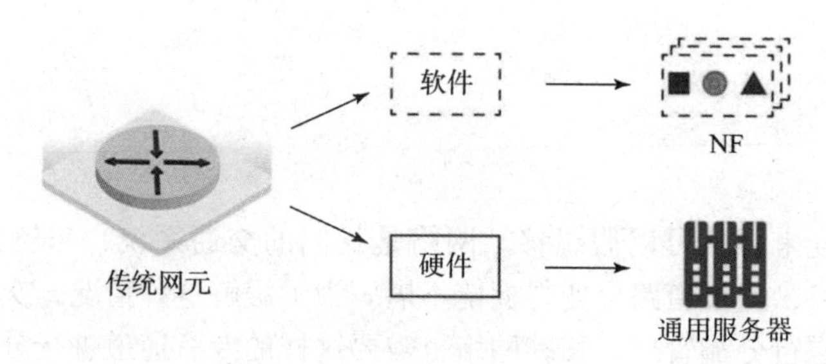

图 2-8-2　核心网网络切片

切片的逻辑概念就是对资源的重组，如图 2-8-3 所示。重组是根据 SLA（服务等级协议）为特定的通信服务类型选择它所需要的虚拟和物理资源。SLA 包括用户数、QoS、带宽等参数，不同的 SLA 定义了不同的通信服务类型。

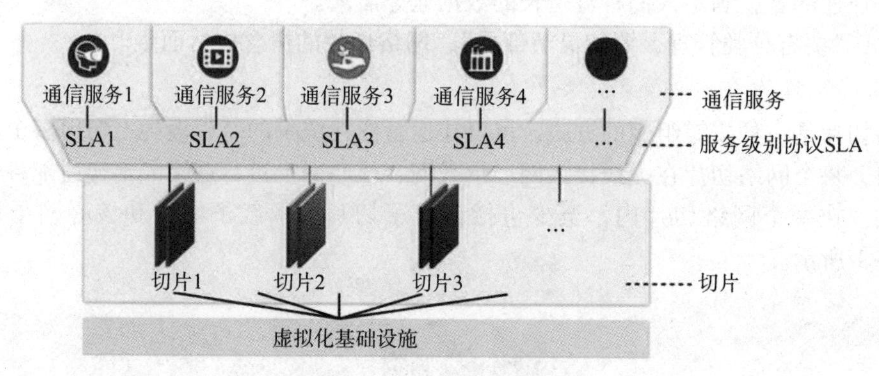

图 2-8-3　SLA 资源重组

目前 5G 主流的三大应用场景 eMBB、uRLLC、mMTC，就是根据网络对用户数、QoS、带宽等不同要求，定义的三个通信服务类型，对应三个切片，如图 2-8-4 所示。

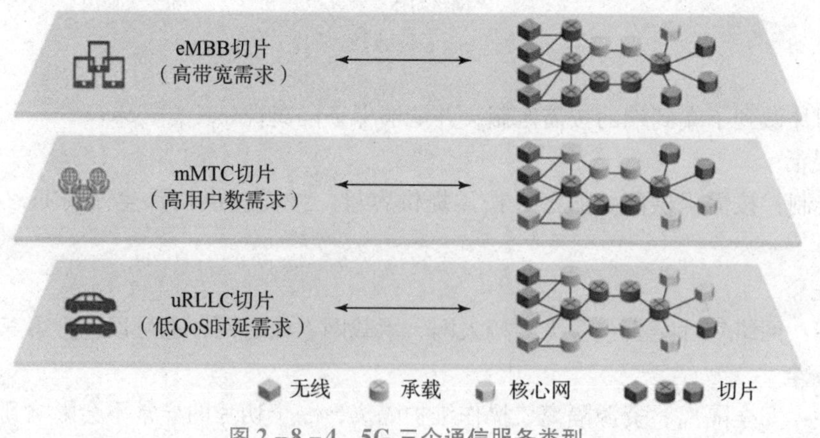

图 2-8-4　5G 三个通信服务类型

从运营商的角度来说，网络切片就是网络功能的编排部署，对应的功能实体有 CSMF（通信服务管理功能）、NSMF（切片管理功能）、NSSMF（子切片管理功能）和 MANO（管理和编排）。

编排部署的流程大致分为六个步骤，如图 2－8－5 所示。

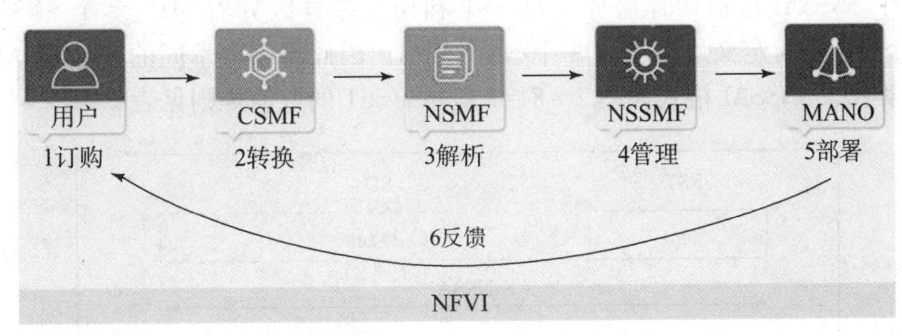

图 2－8－5　编排部署的流程

①场景用户在门户网站订购通信服务。

②CSMF 完成用户需求到 SLA 的转换。

③NSMF 根据 SLA 选择合适的子切片。

④NSSMF 负责完成子切片的资源申请，并对子切片进行生命周期管理。

⑤由 MANO 在 NFVI 上完成各个子切片以及其所依赖的网络、计算、存储资源的部署。

⑥管理系统会反向通知场景用户切片部署完成，可以使用通信服务。后续用户可以对切片进行优化调整。

网络切片切的不仅仅是网络功能和资源，更是切出更多的应用分类和更加舒适的生活。只要持续不断的有创新应用产生，市场就一定会越做越大。

8.6.2　切片业务应用

一个切片可以提供一个或多个服务，一个切片由一个或多个子切片组成，两个切片可以共享一个或多个子切片，一个 UE 能够同时支持 1～8 个网络切片。网络切片需要无线、承载、核心网共同参与，5GC 内主要涉及 SMF、AMF、NRF、PCF、UPF 网络功能。切片与会话中的 QoS 流密切相关，同一个 Session 的多个流只能在一个切片中。如果 UE 接入多个切片，AMF 在切片间需要共享。网络切片架构如图 2－8－6 所示。

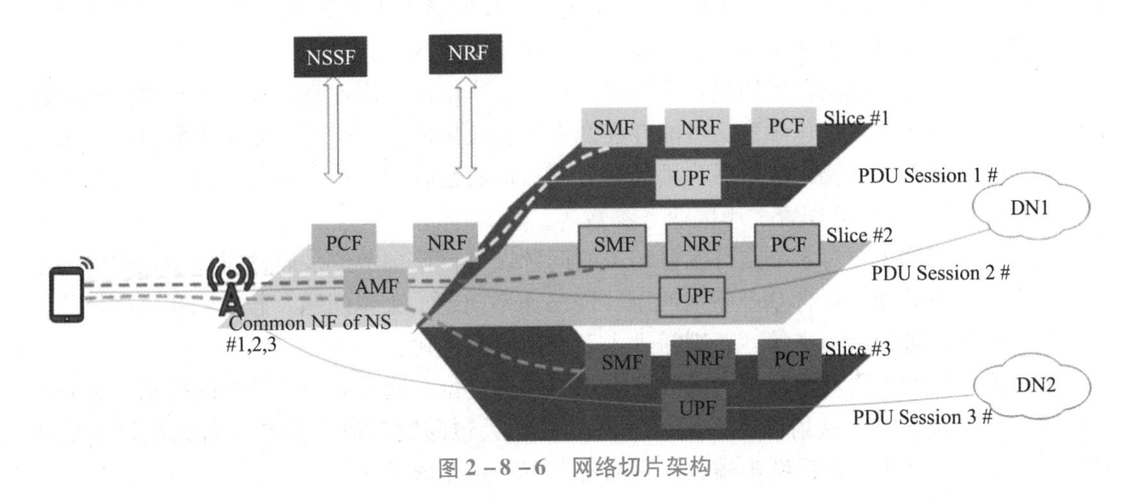

图 2－8－6　网络切片架构

8.6.3 切片选择

为区分不同的端到端网络切片，5G 系统使用的网络切片选择辅助信息 SNSSAI 来标识一个切片，一个 SNSSAI 包括切片服务类型 SST 和切片差异区分器 SD，多个 SNSSAI 可组成 NSSAI。一个 UE 当前定义最多包含 8 个 S-NSSAI，因此将需要不同的 S-NSSAI 区分不同的切片业务类型。SNSSAI 格式如图 2-8-7 所示，SST 的取值规则见表 2-8-4。

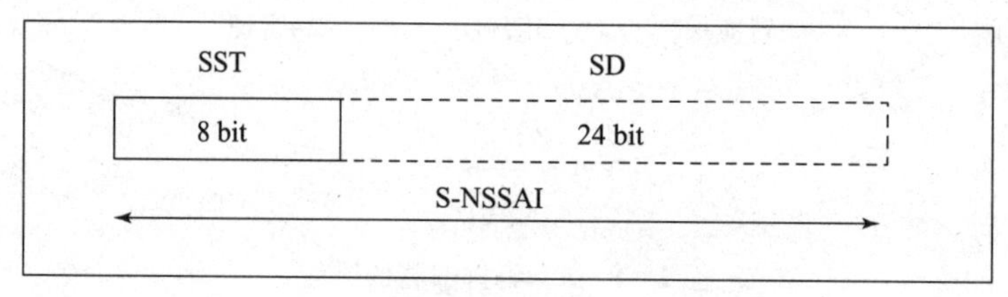

图 2-8-7　S-NSSAI 格式

表 2-8-4　SST 取值规则

切片/服务类型	SST 值	特点
eMBB	1	适用于 5G 增强型移动宽带场景
uRLLC	2	用户处理超高可靠的低时延通信
MIoT	3	适用于海量物联网的切片
V2X	4	适用于 V2X 服务处理的切片

V2X 对时延和速率均有很高要求，是 uRLLC 场景的典型应用，在 R15 协议中，其对应的 SST 为 2，R16 协议中将其从 uRLLC 中独立出来，定义了单独的 SST，取值为 4，部分厂家前期也可选择 uRLLC 对应的 SST，取值为 3。SD 可作为 SST 的补充，用于区分一个 SST 下的多个网络切片。其在 SNSSAI 中是可选信息，长度为 24 bit。由于 SD 是可选信息，因此如果没有与 SST 关联时，其值为 OxFFFFFF。

自动驾驶初测主要对驾驶路线上的问题点进行挖掘定位，通过通知消息内提示信息定位网络问题，包含 QoS 映射问题、网络速率问题、丢包问题与时延问题。若初测即完成自动驾驶测试，则无须进行后续步骤，否则需进入下一步参数优化。

5G NR 时延与丢包问题可通过对无线参数的优化来解决，需注意时延与丢包率优化参数的合理配置。对于部分优化参数，可能存在两者优化效果冲突的问题，如调大数值后，丢包率降低，但时延升高；调小数值后，丢包率升高，但时延减少。相关优化参数包含物理信道配置、RLC 配置、PDCP 配置、小区业务参数等。

智慧路灯初测主要对 8 个路灯设备相关的问题点进行挖掘定位，通过通知消息内的提示信息来定位网络问题，包含 QoS 映射问题、网络速率问题、丢包问题。若初测 8 个路灯均正常亮起，则无须进行后续步骤，否则需进入下一步参数优化。

远程医疗初测主要对体验馆内的问题点进行挖掘定位，通过通知消息内的提示信息来定位网络问题，包含 QoS 映射问题、网络速率问题、丢包问题与时延问题。若初测即完成自动驾驶测试，则无须进行后续步骤，否则需进入下一步参数优化。

5G NR 时延与丢包率优化通过对无线参数进行优化来实现。需注意时延与丢包率优化参数的合理配置，对于部分优化参数，可能存在两者优化效果冲突的问题，如调大数值后，丢包率降低，但时延升高；调小数值后，丢包率升高，但时延减少。相关优化参数包含物理信道配置、RLC 配置、PDCP 配置、小区业务参数等。

切片业务配置对比见表 2-8-5。

表 2-8-5　切片业务参数

配置区别	切片类型		
	自动驾驶	智慧农业/智慧灯杆	远程医疗
QoS	83	8，9	83
切片类型	V2X	mMTC	uRLLC
业务承载类型	Delay Critical GBR	Non-GBR	Delay Critical GBR
业务类型名称	V2X message	Non-GBR	Non-GBR

8.6.4　操作提示

登录 1+X 5G 全网建设软件，单击“兴城市”，基于已完成的前期硬件设备配置和数据配置，依次单击“网络调试”→“网络优化”→“基础优化”，将左上角手机图标拖动至商场位置，单击右下方的图标，确认基础优化测试正常。

1. 切片测试及其配置

单击右下方的图标，查看下行速率为 0 b/s，为切片业务不通，如图 2-8-8 所示。

图 2-8-8　基础业务优化界面-下行速率为 0 b/s

依次单击“网络配置”→“数据配置”，并通过上方下拉选项，选择“无线网”→“兴城市 B 站点无线机房”，依次单击“ITBBU”→“DU”→“DU 功能配置”→“网络切片配置”，进入 DU 的网络切片配置界面，如图 2-8-9 所示。按照切片场景完成数据的配置。特别注意，“分片 IP 地址”需要设置在与 DU 相同的网段内。

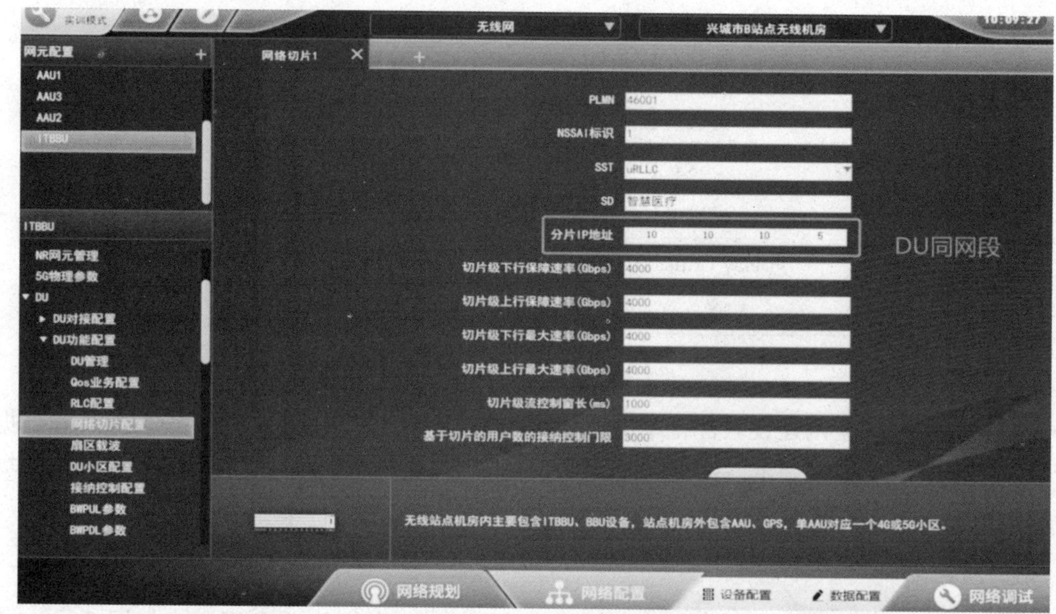

图 2-8-9　DU 网络切片配置

依次单击 ITBBU 下的“CU”→“gNBCUUP”→“网络切片”，进入 CU 的网络切片配置界面，如图 2-8-10 所示。按照切片场景完成数据的配置。特别注意，“分片 IP 地址”需要设置在与 CUUP 相同的网段内。

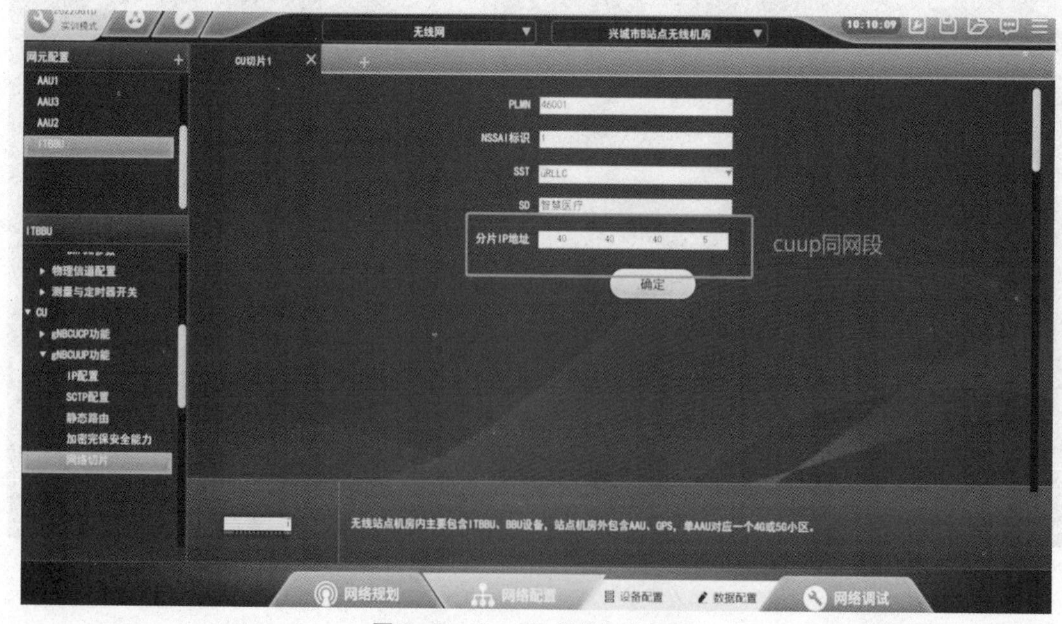

图 2-8-10　CU 网络切片配置

依次单击“网络调试”→“网络优化”→“基础优化”，进入基础优化界面，如图 2-8-11 所示。再次单击右下方的图标和图标，有画面出现，并且下行速率和上行速率不为 0，表示切片业务已调通。

图 2-8-11　切片业务调试界面

2. 调整切片上、下行速率

对于已调通的切片业务，会存在上、下行速率不佳而影响通信的问题，需要对上、下行速率进行优化。

（1）核心网侧配置上、下行速率

依次单击“网络配置”→“数据配置”，并通过上方下拉选项，选择“核心网”→“兴城市核心网机房”，进入核心网数据配置界面。

单击网元配置中的“UDM”，在下方 UDM 的配置项中单击“用户签约配置”，打开折叠选项，单击“DNN 管理”，进入 DNN 的配置界面，如图 2-8-12 所示。分别将上、下行载波的速率进行增大。

APN 载波的上、下行速率对业务的上、下行速率影响很大，比无线侧小区业务配置中的上、下行空分最大限制流更明显。

APN 载波的上、下行速率与终端的载波的上、下行速率应该匹配，如果不匹配，系统业务受限于其中速率小的一个策略。

单击“Profile 管理”，分别将 UE 的上、下行载波的速率进行增大，对对应 APN 上、下行速率参数进行配置，如图 2-8-13 所示。

（2）无线网侧配置上、下行速率（小区业务参数配置）

通过上方下拉选项，选择“无线网”→“兴城市 B 站点无线机房”，进入无线网数据配置界面。

图 2-8-12　DNN 管理配置

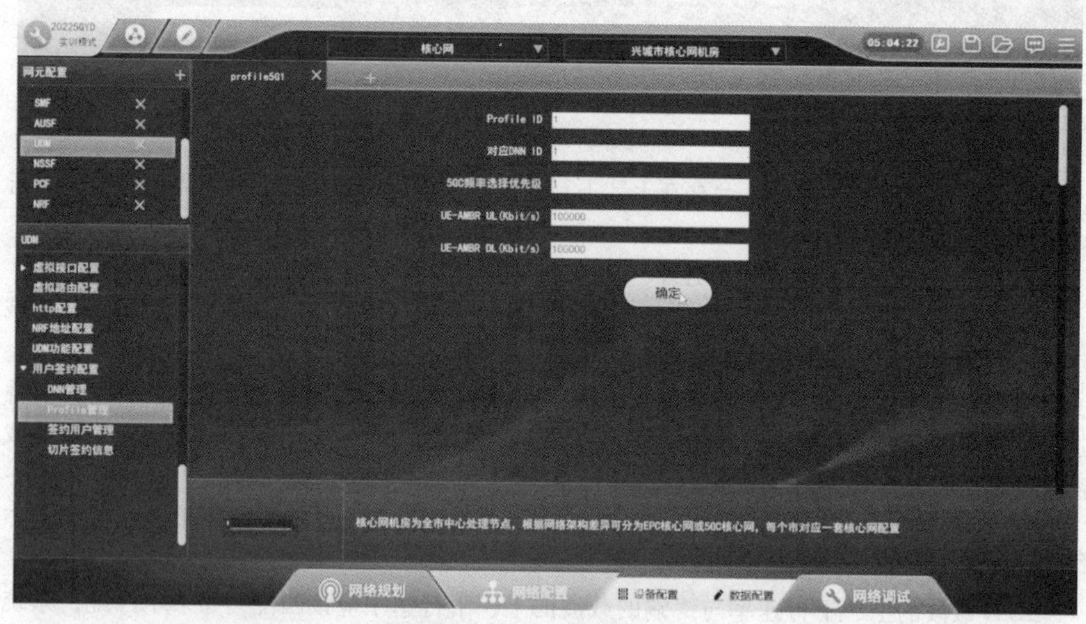

图 2-8-13　Profile 管理配置

单击左侧 ITBBU 中的“DU”，打开折叠选项，单击“测量与定时器开关”，打开折叠选项，单击“小区业务参数配置”，增大 3 个小区中的上、下行限流设置，进而增加小区上、下行速率，如图 2-8-14 所示。

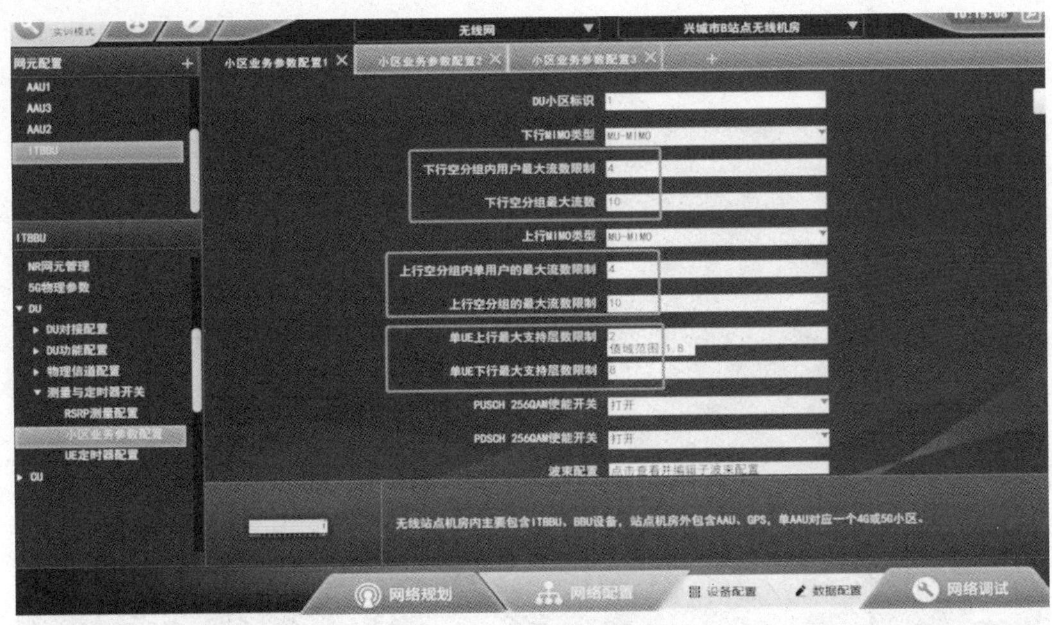

图 2-8-14 上、下行限流设置

（3）再次测试

调整完核心网和无线网小区的数据后，依次单击“网络调试”→“网络优化”→“基础优化”，进入基础优化界面。再次单击右下方的图标和图标，分别查看下行速率和上行速率增大情况。通过不断调整与测试，直到满足实际需求为止。

3. 5G 智慧医疗切片测试

单击“网络调试”→“网络优化”→“网络切片编排”，进入 uRLLC 切片测试场景。按照对应参数选择完后，单击“开始手术”按钮，如图 2-8-15 所示。

图 2-8-15 网络切片编排

在工程模式下，界面上会弹出“远程失败”提示，表示 QoS 服务不可用。单击“通知”按钮，查看告警信息，图 2－8－16 所示为兴城市 B 站点小区 QoS 通道不可用告警。

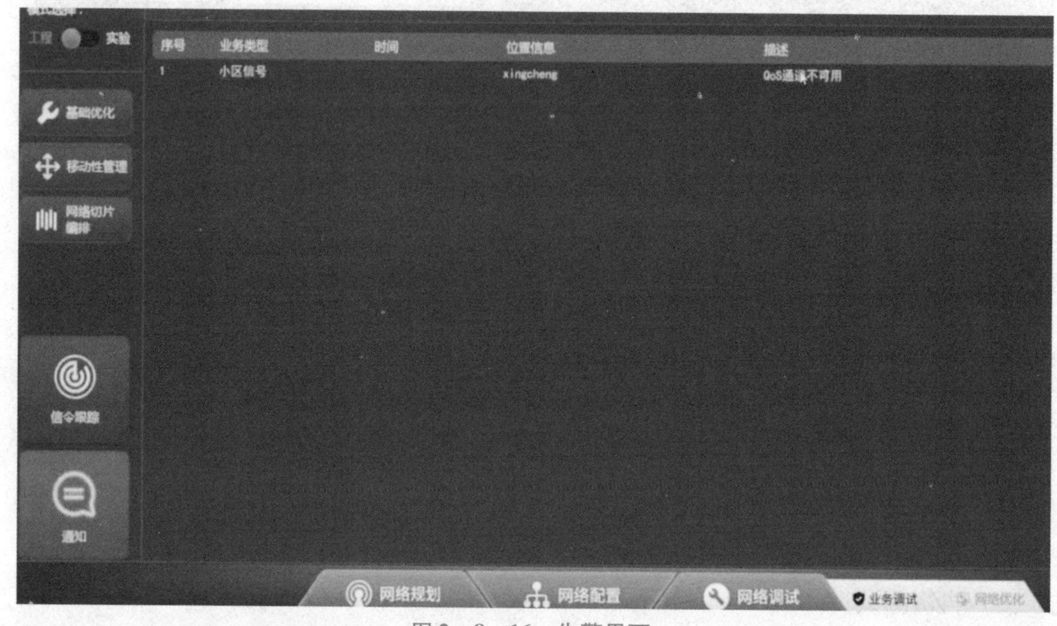

图 2－8－16　告警界面

依次单击“网络配置”→“数据配置”，并通过上方下拉选项，选择“核心网”→“兴城市核心网机房”，进入核心网数据配置界面。单击网元配置中的“UDM”，单击 UDM 中的“用户签约配置”，打开折叠选项，单击“DNN 管理”，在“5QI”中增加 83，如图 2－8－17 所示。83 是 QoS 的远程通道。

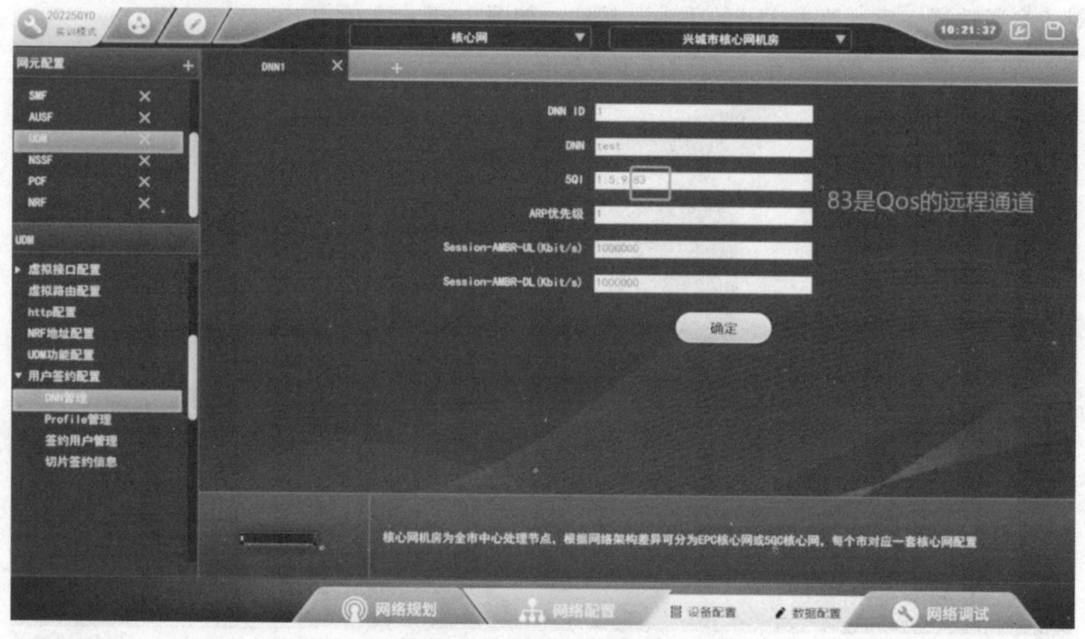

图 2－8－17　5QI 修改界面

通过上方下拉选项，选择“无线网”→“兴城市 B 站点无线机房”，进入无线侧数据配置界面。单击 ITBBU 中的“DU”，打开折叠选项，单击“DU 功能配置”，打开折叠选项，单击“QoS 业务配置”，新增一条“qos4”，并配置 QoS 分类标识为 83，依次完成其他参数，如图 2-8-18 所示。

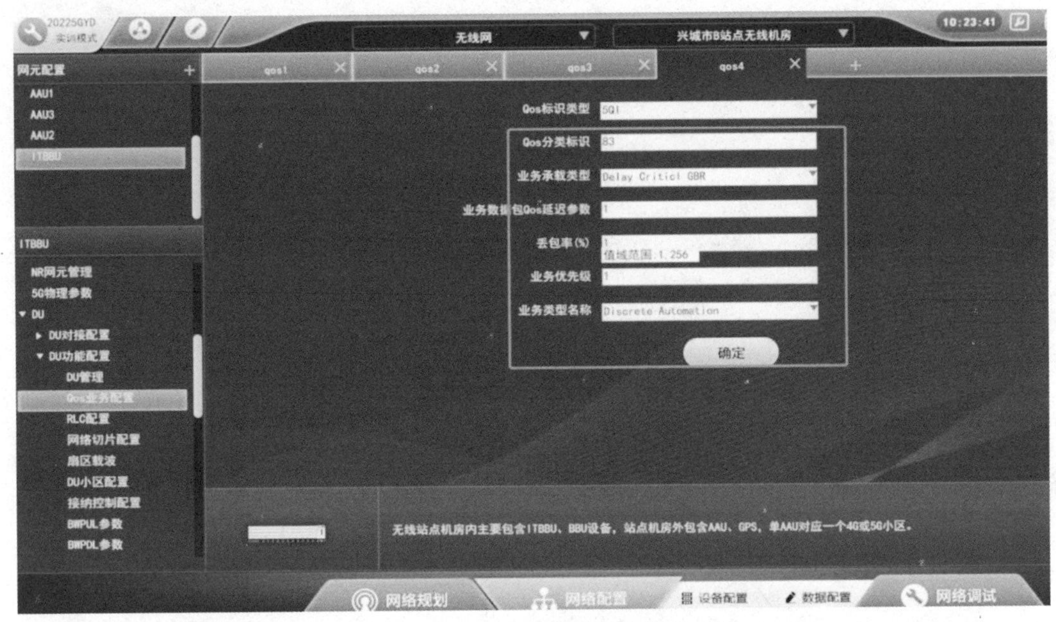

图 2-8-18　QoS 业务管理新增 QoS83

依次单击“网络调试”→“网络优化”→“网络切片编排”，进入智慧医疗界面。单击“开始手术”按钮，在诊疗状态位置显示时延信息，表示业务已配置，如图 2-8-19 所示。

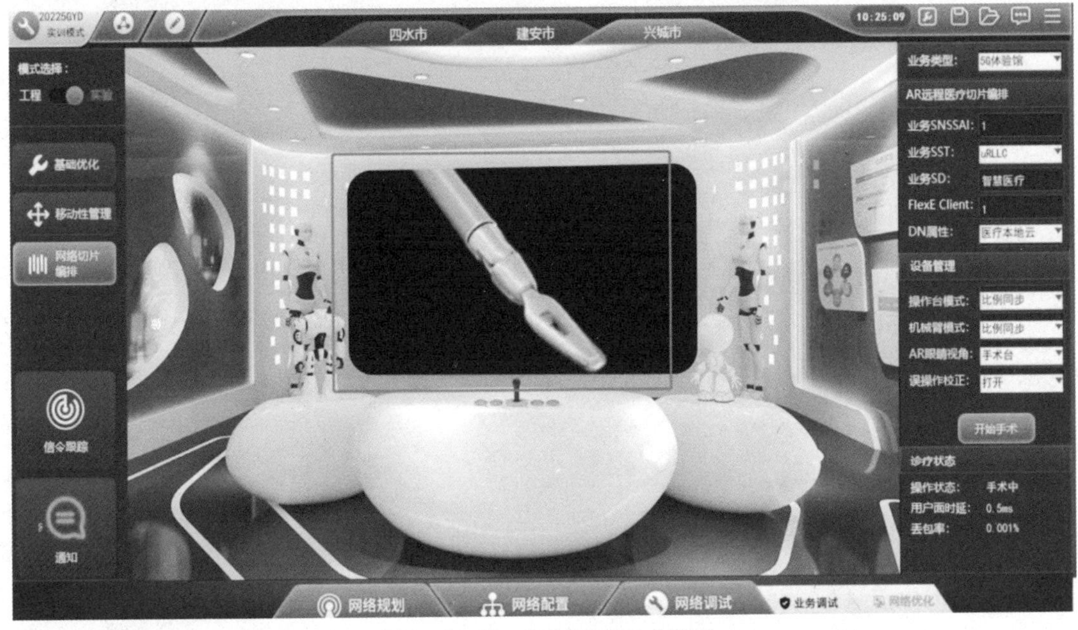

图 2-8-19　远程医疗手术界面

8.7 拓展任务

在建安市完成自动驾驶切片业务的调试。

模块三

5G – Option 4a 网络建设

学习目标

1. 掌握 Option 4a 组网模式的网络架构；
2. 掌握 Option 4a 组网模式中的各网元与接口；
3. 能够进行 Option 4a 网络的网络规划；
4. 能安装 Option 4a 网络设备；
5. 能配置 Option 4a 网络的数据；
6. 能进行 Option 4a 网络基础业务调试。

建议学时

12 学时

工作情境描述

C 城市作为国内首批 5G 网络试点城市，积极抢抓“新基建”战略机遇，快速部署 5G 网络建设。率先在 5G + 智慧城市领域展开积极探索，计划加快建设一批智慧应用示范标杆项目，以某社区作为智慧建设区域试点，启动了“5G 智慧社区试点项目”。根据项目规划，三期任务要实现 5G Option 4a 网络基础业务正常运行，同时实现智慧试点应用落地。作为该项目主要技术人员，根据无线网络规划要求，完善现有网络配置，确保整个项目顺利完成。

工作流程

1. 网络规划
2. 设备安装
3. 数据配置
4. 基础业务调试

任务1　Option 4a 网络拓扑规划

学习目标

1. 掌握 Option 4a 组网模式的网络结构；
2. 能够合理设计 5G - Option 4a 的网络拓扑图。

建议学时

2 学时

1.1　任务描述

根据现网网络结构的特点与环境，设计 Option 4a 网络拓扑图，使其拓扑规划合理，在软件上完成 Option 4a 网络拓扑结构的设计。

1.2　任务分析

分析工作任务的主要内容，查阅资料，需明确表 3 - 1 - 1 中的主要问题。

表 3 - 1 - 1　任务分析表

序号	问题	答案	备注
1	Option 4a 组网模式的核心网设备是什么？		
2	Option 4a 组网模式的承载网设备是什么？		
3	Option 4a 组网模式的接入网设备是什么？		
4	5G 基站的部署方式是什么？		

1.3　方案制订

根据任务要求，制作小组工作方案。

1.4 任务实施

以建安市为例进行5G-Option 3x网络建设，用1+X 5G全网建设软件按照表3-1-2中的步骤进行仿真建设。

表3-1-2 任务实施

操作步骤	操作提示	操作记录
打开软件，进入拓扑规划模块	(1) 输入账号和密码 (2) 选择建设城市	
布放核心网网元并连接	(1) 核心网网元间通信用什么设备完成 (2) 冗余的作用是什么	
布放承载网网元并连接	(1) 承载网分几层？分层的目的是什么 (2) SPN的特点是什么	
布放接入网网元并连接	选择哪种5G基站的部署方式	
核心网-承载网-接入线缆连接	如何进行连线及网元设备的删除	

1.5 考核评价（表3-1-3）

表3-1-3 考核评价表

考核项目	考核内容	分值	评分细则	自我评价	小组评价	教师评价
职业素养	不迟到、不早退	2	违反一次不得分			
	积极思考、回答问题	4	根据上课情况统计			

续表

考核项目	考核内容	分值	评分细则	自我评价	小组评价	教师评价
职业素养	精益求精	5	能提出改进建议且效果明显			
	创新精神	5	优化操作步骤			
	执行命令	4	根据任务完成过程统计			
岗位技能	核心网网元布放	10	网元完整，布放位置正确			
	核心网线缆	5	线缆连接正确			
	核心网冗余	10	设计冗余并线缆连接正确			
	承载网元布放	10	网元选择合理、布放位置正确			
	承载线缆连接正确	5	线缆连接正确			
	接入网元布放正确	10	网元选择合理、布放位置正确			
	接入线缆连接正确	5	线缆连接正确			
	网络拓扑规划	10	网络拓扑分层合理、结构完整、线缆连接正确			
行业知识	5G 核心网的结构	5	根据测试结果赋分			
	5G 接入网的特点	5	根据测试结果赋分			
	承载网的作用及结构	5	根据测试结果赋分			

1.6 知识点精

1.6.1 Option 4a 网络结构

Option 4a 网络以 5G 基站作为控制面锚点接入 5G 核心网，4G 基站辅助 5G 基站进行用户数据的处理。

NR 作为 MN（主节点）提供连续覆盖（NR 作为控制面锚点），eLTE 作为 SN（辅助节点）提供流量补充，引入 5G 核心网。Option 4a 的用户面分别经由 gNB、NGC 进行分流，网络部署方式如图 3－1－1 所示。

Option 4a 网络支持 5G NR 和 LTE 双连接，带来流量增益；引入 5G 核心网，支持 5G 新和新业务。eLTE 涉及现网 LTE 无线的改造量较大，并且产业成熟时间可能会相对较晚；新

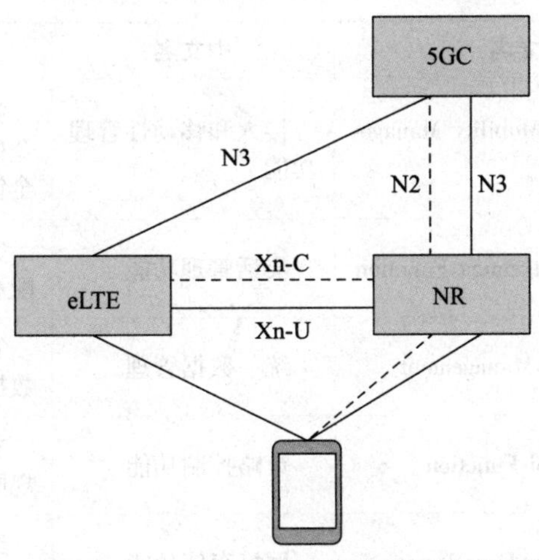

图 3-1-1　Option 4a 网络部署方式

建 5GNR 可能需要与升级的 eLTE 设备厂商绑定。NR 作为 MN，eLTE 作为 SN，由 NR 提供连续覆盖，适用于 5G 商用中后期部署场景。

Option 4a 的网络架构可视为 Option 2 的核心网与 Option 3x 的无线网相结合，如图 3-1-2 所示。

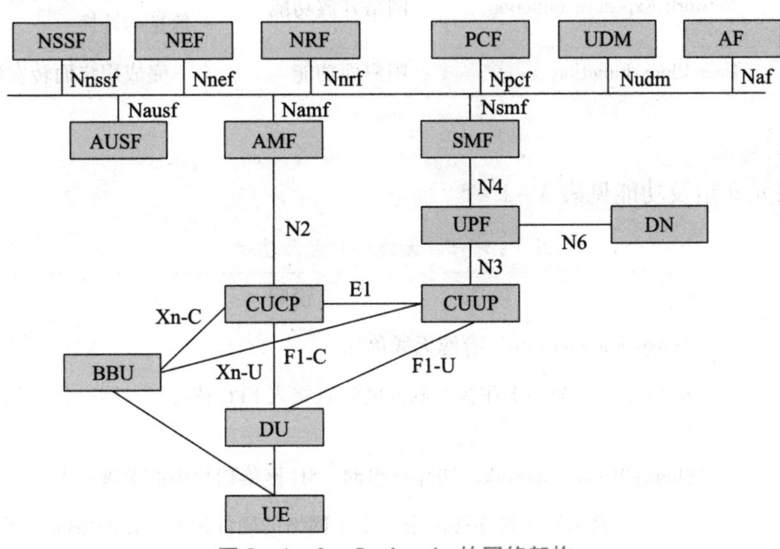

图 3-1-2　Option 4a 的网络架构

1.6.2　Option 4 网元及接口

1. 核心网网元

核心网的网元见表 3-1-4。

表 3-1-4　5G 核心网网元及功能

网络功能	英文名	中文名	功能
AMF	Access and Mobility Management Function	接入和移动性管理功能	完成移动性管理、NAS MM 信令处理、NAS SM 信令路由、安全锚点和安全上下文管理等
SMF	Session Management Function	会话管理功能	完成会话管理、UE IP 地址分配和管理、UP 选择和控制等
UDM	Unified Data Management	统一数据管理	管理和存储签名数据、鉴权数据
PCF	Policy Control Function	策略控制功能	支持统一策略框架，提供策略规则
NRF	NF Repository Function	网络存储功能	维护已部署 NF 的信息，处理从其他 NF 过来的 NF 发现请求
NSSF	Network Slice Selection Function	网络切片选择功能	完成切片选择功能
AUSF	Authentication Server Function	鉴权服务器功能	完成鉴权服务功能
NEF	Network Exposure Function	网络开放功能	开放各网络功能，进行内外部信息的转换
UPF	User Plane Function	用户面功能	完成用户面转发处理

2. 无线侧网元

无线侧网元介绍及功能见表 3-1-5。

表 3-1-5　无线侧网元及功能

名称	说明
AAU	Active Antenna Unit，有源天线单元
BBU	在 Option 3x 架构下作为控制面的锚点接入 EPC 核心网，同时负责部分用户数据的处理
SPN	Slicing Packet Network，切片分组网，5G 网络切片中的关键技术
RT	Router，路由器，是连接两个或多个网络的硬件设备，在网络间起网关的作用
ODF	Optical Distribution Frame，即光纤配线架，是专为光纤通信机房设计的光纤配线设备，具有光缆固定和保护功能、光缆终接和跳线功能
5G 基带处理单元（ITBBU）	用于放置 4G 基带处理板、5G 基带处理板、虚拟通用计算板、虚拟电源分配板、虚拟环境监控板、4G 虚拟交换板、5G 虚拟交换板等设备
基带处理板	4G 基带处理板（BP4G）：用来处理物理层的协议和 3GPP 定义的 2G、3G、4G 协议。 5G 基带处理板（BP5G）：用来处理物理层的协议和 3GPP 定义的 5G 协议

续表

名称	说明
虚拟交换板	主要实现基带单元的控制管理、以太网交换、传输接口处理、系统时钟的恢复和分发及空口高层协议的处理
虚拟通用计算板	可用作移动边缘计算（MEC）、应用服务器、缓存中心等
虚拟电源分配板	功能包括：①实现 -48 V 直流输入电源的保护、滤波、防反接，额定电流 50 A。②输出支持 -48 V Oring 功能，支持主备功能。③支持欠压告警，支持电压和电流监控。④支持温度监控
虚拟环境监控板	功能包括：①支持 12 路干接点，4 路双向，8 路输入。②支持 1 路全双工或半双工 RS485 监控接口。③支持 1 路 RS232 监控接口

核心网各个网络功能之间采用 http 协议、请求/响应协议，各个网络功能所使用的是客户端访问服务端或服务端访问客户端的模式，故核心网网络功能之间没有固定的接口。

核心网与无线对接的接口及无线侧内部对接的接口见表 3-1-6。

表 3-1-6　各网元接口及功能

接口名称	接口解释
N2	该接口指的是 5G 核心网的 AMF 与 5G 无线侧的 CUCP 的对接，实现控制面信令的传输
N3	该接口指的是 5G 核心网的 UPF 与 5G 无线侧的 CUUP 的对接，实现数据面的传输
N4	该接口指的是 5G 核心网的 SMF 与 UPF 的对接，该接口负责传输用户承载建立的相关控制信息
Xn	该接口指的是 5G 无线网的 BBU 与 CU 的对接
X2	eNodeB 与 eNodeB 之间、eNodeB 与 gNodeB 之间对接接口
Uu	无线空中接口，主要完成 UE 和 eNodeB 基站之间的无线数据的交换
F1	CU 和 DU 之间的接口
E1	CUCP 与 CUUP 逻辑实体之间的接口

1.7　拓展任务

画出三个城市整体的拓扑规划。

任务2　Option 4a 网络设备配置

学习目标

1. 掌握 Option 4a 网络的设备组成；
2. 能够熟练地完成 Option 4a 的设备配置。

建议学时

2 学时

2.1　任务描述

根据已有网络规划设计及网络建设的实际情况，选择合适的设备，完成无线接入机房及核心网机房中的设备部署。

2.2　任务分析

分析工作任务的主要内容，查阅资料，需明确表 3-2-1 中的主要问题。

表 3-2-1　任务分析表

1	画出 ITBBU 的结构图：
2	ITBBU 各板卡的作用：
3	画出 Option 4a 核心网的结构图：

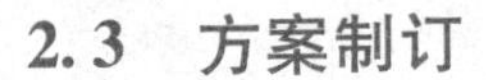

2.3　方案制订

2.4　任务实施

以四市为例进行 5G-Option 4a 网络建设，用 1+X 5G 全网建设软件按照表 3-2-2 中的步骤进行仿真建设。

表 3-2-2　任务实施

序号	操作步骤		操作提示	操作记录
1	打开软件，进入“网络配置”→“设备配置”模块		（1）输入账号和密码 （2）选择建设城市	
2	无线网设备配置	1. AAU、BBU、ITBBU、SPN、ODF 设备安装	（1）区分 4GAAU 与 5GAAU （2）SPN 的作用	
		2. ITBBU 设备的板卡安装	（1）ITBBU 各板上的作用 （2）CU、DU 的设置方式	
		3. 线缆连接	（1）选择合适的线缆 （2）线缆两端口速率匹配	
3	核心网设备配置	填 UPF2 网络功能	兴城市与四水市共用核心网，但一个 UPF 只支持一个城市，所以再添加 UPF2	

2.5 考核评价（表3-2-3）

表3-2-3 考核评价表

考核项目	考核内容	分值	评分细则	自我评价	小组评价	教师评价
职业素养	不迟到、不早退	2	违反一次不得分			
	团队协作精神	4	团队分工明确，任务完成顺利			
	精益求精	5	能提出改进建议且效果明显			
	创新精神	5	优化操作步骤			
	课堂积极性	5	根据上课情况统计			
	执行命令	4	根据任务完成过程统计			
技能素养	设备选型正确	10	根据规划计算正确选择设备，错一个扣1分			
	线缆选型正确	10	线缆选择错一个扣1分			
	端口连接正确	20	端口选择错一个扣1分，端口速率不匹配一个扣2分			
	ITBBU板卡安装正确	5	板卡错一个扣1分			
知识素养	核心网各网络功能的作用	10	根据测试结果赋分			
	无线接入网结构、接口及各网元的作用	10	根据测试结果赋分			
	ITBBU的结构及各板卡作用	10	根据测试结果赋分			

2.6 知识点精

Option 4a网络可以看作是由Option 3x的无线网和Option 2的核心网组成的，因此，其核心网与Option 2的配置是一致的，其无线网配置与Option 3x的配置一样，其区别见表3-2-4。

表 3-2-4　Option 3x、Option 2、Option 4a 设备配置的区别

区别	Option 3x	Option 2	Option 4a
无线接入网组成	4G AAU + BBU 5G AAU + DU + CU	5G AAU + DU + CU	4G AAU + BBU 5G AAU + DU + CU
核心网组成	MME、SGW、PGW、HSS	AMF、AUSF、UDM、SMF、PCF、UPF、NRF、NSSF	AMF、AUSF、UDM、SMF、PCF、UPF、NRF、NSSF

任务3 Option 4a 基础业务调试

学习目标

1. 熟悉各网元数据的意义；
2. 能够进行 Option 4a 网络的数据规划；
3. 掌握各网元对接配置、路由配置的方法；
4. 掌握数据配置的步骤；
5. 能够准确地进行 Option 4a 网络的数据配置。

建议学时

8 学时

3.1 任务描述

设备配置工作已经完成，现需要根据局方提供的网络数据、网络结构合理地规划数据并对设备进行数据配置。

3.2 任务分析

分析工作任务的主要内容，查阅资料，需明确表 3-3-1 中的主要问题。

表 3-3-1 任务分析表

序号	问题	答案	备注
1	四水市使用哪个城市的核心网？		
2	核心网中需要添加哪个网络功能？		
3	需要添加的无线链路有哪几条？		

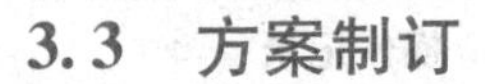

3.3　方案制订

3.4　任务实施

以四水市为例进行 5G－Option 4a 网络建设，用 1 + X 5G 全网建设软件按照表 3－3－2 中的步骤进行仿真建设。

表 3－3－2　任务实施表

序号	操作步骤	操作提示	操作记录
一、核心网数据配置			
1	打开软件，单击“网络配置”→“数据配置”，选择“兴城市”，选择“兴城核心网机房”	四水市与兴城市共用兴城市核心网机房	
2	UPF2 数据配置	在兴城市核心网数据配置模块先添加 UPF2 网络功能，再进行数据配置	
		①虚拟接口配置： 配置 N3 和 N4 的 XEGI 接口和 loop-back 接口	
		②虚拟路由配置： 配置去往 SMF 和 CUUP 的路由	
		③NRF 地址配置： 配置兴城市 NRF 的地址	

续表

序号	操作步骤	操作提示	操作记录
2	UPF2 数据配置	④对接配置： 配置 N3 接口与 N4 接口的对接	
		⑤地址池配置： DNN 名称与 SMF 中的地址一致	
		⑥UPF 公共配置： 用户面 ID 与兴城市区分，MCC、MNC 与核心网的一致	
		⑦UPF 切片功能配置： SST：mMTC；SD 与 UPF2 保持一致	
3	AMF 数据配置	①虚拟接口配置： 添加至四水市 CUCP 的 N_2 的 XEGI 接口和 loopback 接口 SCTP 配置：添加至 CUCP 的对接配置	
		②虚拟路由配置： 添加 AMF 至 CUCP 的路由，若使用默认路由，则不用添加	
		③切片策略配置： 添加四水市应用场景的 SNSSAI	
		④与 PGW 对接配置： IP 地址为 S5/S8GTP－C 与 S5/S8GTP－U 接口地址	
		⑤接口 IP 配置： 根据硬件配置的连接接口增加 SGW 的物理接口地址	
		⑥路由配置： 配置 SGW 至 MME、eNodeB、PGW 的路由，下一跳为核心网网关。如配置默认路由，目的地址与掩码都为 0	
4	SMF 数据配置	①虚拟路由配置： 增加至 UPF2 的 N4 接口路由，下一跳是 SMF 的 N4 接口网关	
		②地址池配置： 增加与 UPF2 地址池一致的地址池。UPF ID 与 UPF2 中的用户面 ID 一致	
		③N4 对接配置： 增加 UPF2 N4 接口	

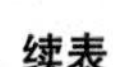

续表

序号	操作步骤	操作提示	操作记录
4	SMF 数据配置	④TAC 分段配置： 增加四水市的 TAC	
		⑤SMF 切片功能配置： UPF 支持的 SNSSAI 中添加 UPF2； SFM 支持的 SNSSAI 中添加 UPF2	
5	UDM 数据配置	用户签约信息配置： 添加一条切片签约信息，SUPI 与切片签约 1 中的一致	
6	NSSF 数据配置	切片业务配置： 增加一条切片信息，AMF IP 为四水市 AMF 服务端地址	
7	SW 数据配置	逻辑接口配置： VLAN 三层接口 增加 UPF2 N3 和 N4 接口的网关，在交换机上进行配置	
二、无线接入网数据配置			
1	单击“无线网”→“四水市 A 站点无线机房”	进入四水市 A 站点无线机房进行数据配置。与 Option 3x 的主要不同在于 Option 4a 以 5GNR 为控制面锚点，所以在配置邻接关系时，5G 小区配置 4G 小区的邻接关系	
2	4G 天线配置	单击“AAU4”→“射频配置”，根据无线数据规划表配置数据，AAU5、AAU6 的射频配置和 AAU4 的一致	
3	BBU 配置	①网元管理： 根据无线数据规划配置数据	
		②4G 物理参数配置： 将光口/网口使能，光口和网口的选择根据硬件连接	
		③IP 配置： 填写 BBU 的 IP 地址	
		④对接配置： SCTP 配置：添加与 CUCP 的 XN 偶联。 静态路由：添加与 CUUP 的 XN-U 路由	
		⑤无线参数配置： eNodeB 配置：双连接承载类型选择 MCG 模式。 TDD 小区配置：一共 3 个小区。小区的 ID、AAU、PCI 不同	

续表

<table>
<tr><th>序号</th><th>操作步骤</th><th colspan="2">操作提示</th><th>操作记录</th></tr>
<tr><td>4</td><td>5G 天线配置</td><td colspan="2">单击“AAU1”→“射频配置”，根据无线数据规划表配置数据，AAU2、AAU3 的射频配置和 AAU4 的一致</td><td></td></tr>
<tr><td rowspan="7">5</td><td rowspan="7">ITBBU 配置</td><td colspan="2">①NR 网元管理：
根据无线数据规划表配置数据。网元类型、时钟同步模式与 4G 的一致</td><td></td></tr>
<tr><td colspan="2">②5G 物理参数配置：
将光口/网口使能，光口和网口的选择根据硬件连接</td><td></td></tr>
<tr><td rowspan="5">③DU 配置</td><td>DU 对接配置：
以太网接口
IP 配置：DU 的 IP 根据规划表配置。
SCTP 配置：至 CUCP 的对接配置</td><td></td></tr>
<tr><td>DU 功能配置：
DU 管理：基站标识、DU 标识、PLMN 全网致。
QoS 业务配置：根据所支持的业务类型配置。
扇区载波：3 个小区。
DU 小区配置：3 个小区根据规划表配置。
接纳控制配置：
BWPUL 参数：3 个小区的小区标识、上行 BWP 索引不同。
BWPDL 参数</td><td></td></tr>
<tr><td>物理信道配置：
PRACH 信道配置：小区标识、起始逻辑根序列索引不同。注意起始逻辑根序列在整个软件中不能重复；3 个小区的 PRACH 格式必须一致；UE 接入和切换可用 preamble 码个数一定要小于前导码个数</td><td></td></tr>
<tr><td>SRS 公用参数：
小区标识不同，SRS 轮发开关打开，其他参数在取值范围内即可</td><td></td></tr>
<tr><td>测量与定时器开关：
小区业务参数配置
帧结构与网络规划一致</td><td></td></tr>
</table>

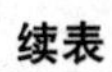

续表

序号	操作步骤	操作提示		操作记录
5	ITBBU 配置	④CU 配置	gNBCUCP 功能： CU 管理：基站标识、CU 标识、基站 CU 名称全网一致；PLMN 与核心网一致。 CU 承载链路端口：与硬件连接一致。 IP 配置：配置 CUCP 的 IP 地址及 VLAN。 SCTP 配置：配置至 AMF、CUUP、DU、BBU 的对接链路。 静态路由：添加至 AMF 的 N2 接口路由。 CU 小区：3 个低频小区。 邻区配置：根据 BBU 三个 TDD 小区参数配置。 邻接关系配置：TDD 邻接小区标识（TDD 基站标识-TDD 小区标识）配置	
			gNBCUUP 功能： IP 配置：配置 CUUP 的 IP 地址及 VLAN。 SCTP 配置：信令面链路，至 CUCP。 静态路由：用户面链路，至 BBU、UPF	
6	SPN 数据配置	逻辑接口配置	配置子接口：DU、CUCP、CUUP 接口	
三、测试终端数据配置				
测试终端数据配置与 Option 3x、Option 2 的相同。测试终端数据配置完成后进行业务验证				

3.5 考核评价（表 3-3-3）

表 3-3-3 考核评价表

考核项目	考核内容	分值	评分细则	自我评价	小组评价	教师评价
职业素养	不迟到、不早退	4	违反一次不得分			
	团队协作精神	4	团队分工明确，任务完成顺利			

续表

考核项目	考核内容	分值	评分细则	自我评价	小组评价	教师评价
职业素养	精益求精	4	能提出改进建议且效果明显			
	创新精神	4	优化操作步骤			
	课堂积极性	4	根据上课情况统计			
	执行命令	4	根据任务完成过程统计			
	诚实劳动	4	与其他组的规划不一样			
技能素养	UPF2 数据配置	10	每一个规划参数 1 分			
	核心网其他网络功能数据配置正确	14	每一个数据配置单元 1 分			
	BBU 数据配置	10	每一个数据配置单元 1 分			
	ITBBU 数据配置	10	每一个数据配置单元 1 分			
	射频单元数据配置	8	每个 AAU 数据配置 1 分			
知识素养	IP、VLAN 知识	10	根据测试结果赋分			
	各参数关系	10	根据测试结果赋分			

3.6 知识点精

从网络结构来看，见表 3－3－4，Option 4a 的核心是 5GC，与 Option 2 相同，无线侧是 4G 基站 +5G 基站的形式，与 Option 3x 类似，不同是 Option 4a 无线侧控制面锚点在 5G－NR 上，4G 的基站是增强型的 4G 基站。所以，在数据配置时，BBU 无须配置 NR 邻接小区，而在 ITBBU 的 CUCP 配置中，需要配置 4G 的邻接小区。

表 3－3－4　Option 3x、Option 2、Option 4a 数据配置的区别

区别	Option 3x	Option 2	Option 4a
组网类型	NSA	SA	NSA
分流模式	SCG Split（辅小区组分流模式）	无	MCG（主小区模式）
邻区配置	4G BBU 中配置 5G NR 小区	无	5G CUCP 中配置 4G BBU 小区

SCG Split 模式：用户面的数据首先发送到 gNodeB，经由 gNodeB 传送给 5GC，从核心网来的数据进入 gNodeB 的 PDCP，再由 gNodeB 的 PDCP 进行数据分流，通过 X2－U 接口分流数据到 eNodeB 侧的 RLC。

MCG 模式：用户面的数据首先发送到 eNodeB 的小区中，经由 eNodeB 传送给 5GC，从核心网来的数据经由 5GC 进行分流，然后经由 N3 链路分别传输给 gNodeB 与 eNodeB 的小区。

3.7　拓展任务

完成四水市智慧农业的切片业务调试。